普通高等教育"十二五"应用型规划教材

建筑抗震设计

主　编　梁炯丰　彭　军　邹万杰
副主编　肖　烨　任　玥

U0242812

东南大学出版社
·南京·

内 容 简 介

本书是结合我国最新的《建筑抗震设计规范》(GB 50011—2010)编写的抗震结构设计教材。内容包括绪论,场地、地基与基础,结构地震反应分析与抗震验算,多高层钢筋混凝土房屋抗震设计,多层砌体结构房屋抗震设计,多层和高层钢结构建筑抗震设计,单层钢筋混凝土柱厂房抗震设计,隔震与消能减震及非结构构件抗震设计。

本书可作为高等院校应用型本科土木工程专业或成人教育土建类的教学用书,也可供土木工程技术人员参考。

图书在版编目(CIP)数据

建筑抗震设计 / 梁炯丰,彭军,邹万杰主编. --南京:东
南大学出版社,2015.7(2022.12 重印)
　　ISBN 978-7-5641-5867-5

　　Ⅰ. ①建… Ⅱ. ①梁… ②彭… ③邹… Ⅲ.①建筑结构—
防震设计　　Ⅳ. ①TU352.104

中国版本图书馆CIP数据核字(2015)第142209号

建筑抗震设计

出版发行：东南大学出版社
社　　址：南京市四牌楼 2 号　　邮编：210096
出 版 人：江建中
责任编辑：史建农　　戴坚敏
网　　址：http://www.seupress.com
电子邮箱：press@seupress.com
经　　销：全国各地新华书店
印　　刷：常州市武进第三印刷有限公司
开　　本：787mm×1092mm　1/16
印　　张：14.25
字　　数：365 千字
版　　次：2015 年 7 月第 1 版
印　　次：2022 年 12 月第 4 次印刷
书　　号：ISBN 978-7-5641-5867-5
印　　数：5001—6000 册
定　　价：39.00 元

本社图书若有印装质量问题,请直接与营销部联系。电话：025 - 83791830

前　言

地震是一种突发性的自然灾害,强烈地震在瞬时就能对地面建筑造成严重破坏。我国是一个多地震国家,地震区分布广。历次地震表明,地震对人民生命财产造成的损失是巨大的。所以,对建筑结构进行必要的抗震设计是减轻地震灾害积极有效的措施。

本书主要内容包括绪论,场地、地基与基础,结构地震反应分析与抗震验算,多高层钢筋混凝土房屋抗震设计,多层砌体结构房屋抗震设计,多层和高层钢结构建筑抗震设计,单层钢筋混凝土柱厂房抗震设计,隔震与消能减震及非结构构件抗震设计。

本书由东华理工大学梁炯丰、榆林学院彭军、广西科技大学邹万杰担任主编,由东华理工大学肖烨、湖北工业大学商贸学院任玥担任副主编,全书由梁炯丰统稿。

本书的编写工作主要得到江西省教育科学"十二五"规划课题(12YB162)和江西省学位与研究生教育教学改革研究项目(JXYJG—2013—073)的资助,同时还要感谢国家自然科学基金项目(No. 51368001)、江西省自然科学基金项目(No. 20122BAB216005、20142BAB216002)、中国博士后基金项目(No. 2014M562132)、江西省教育厅基金项目(No. GJJ12393、GJJ13455)、江西省新能源工艺与装备工程技术研究中心开放基金项目(No. JXNE—2014—08)、广西防灾减灾与工程安全重点实验室开放基金项目(No. 2013ZDK01)及中南大学博士后基金项目的大力支持。

编写过程中参考和引用了国内外近年来正式出版的相关规范、教材等,在此向有关作者谨表感谢。由于编者水平有限,书中难免存在缺点和错误,热切希望读者批评指正。

编　者

2015 年 6 月

目　录

1

绪　论

学习目标

本章主要讲述了地震类型及成因,世界及我国地震活动性以及地震灾害情况;介绍了地震波、震级、地震烈度等度量指标;阐述了工程结构抗震设防依据和抗震设计思想;给出了工程结构抗震概念设计的基本要求和地震应急等知识。

1.1　地震成因

地震是一种突发的自然灾害,主要由地下薄弱岩层突然破裂,在原有累积弹性应力作用下断层两侧发生回跳而引起振动,或者地球板块相互挤压、冲掩引起振动,并以波的形式将岩层振动传至地表引起地面的剧烈颠簸和摇晃,这种地面运动叫做地震。由于这种地震是地壳构造变动所引起的,故又称为构造地震。我国是世界上多发地震国家之一。自上世纪以来的80多年内,共发生破坏性地震2 600余次,其中6级以上破坏性地震500余次,平均每年5.4次,7级以上的地震9次。这些地震给人民生命财产和国民经济造成了十分严重的损失,这是必须深刻吸取的教训。

鉴于2008年5·12大地震以来,我国的地震活动又进入了一个新的活跃期。近两年内5级以上地震的次数已大大高于21世纪以来年平均发震次数。预计这个新的地震活跃期可能持续到21世纪末。为了最大限度地减轻地震灾害,做好新建工程的抗震设计,是一项重要的根本性减灾措施。

1.1.1　地球构造

地球是一个近似于球体的椭球体,平均半径约6 370 km,赤道半径约6 378 km,两极半径约6 357 km。从物质成分和构造特征来划分,地球可分为三大部分——地壳、地幔和地核,如图1-1所示。

1)地壳

地壳是地球外表面的一层很薄的外壳,它由各种不均匀的岩石组成。地壳表面为沉积层,陆地下面主要有花岗岩和玄武

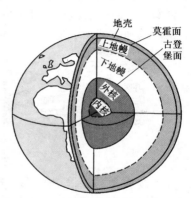

图 1-1　地球分层剖面

岩层,海洋下面的地壳一般只有玄武岩层。地壳的下界称为莫霍界面,是一个地震波传播速度发生急剧变化的不连续面。地壳的厚度在全球变化很大,各处厚薄相差也很大,最厚处达70 km,最薄处约 5 km。

2）地幔

地壳以下到深度约 2 895 km 的古登堡界面为止的部分称为地幔,约占地球体积的 5/6。地幔主要由质地坚硬的橄榄岩组成,这种物质具有黏弹性。地幔上部存在一个厚度约几千米的软流层。由于温度和压力分布不均匀,就发生了地幔内部的物质对流运动。

3）地核

古登堡界面以下直到地心的部分为地核,又可分为外核和内核。其主要构成物质是镍和铁,温度高达 4 000～5 000℃。据推测,外核可能处于液态,内核可能是固态。

1.1.2 地震类型与成因

地球内部发生地震的地方称为震源。震源在地球表面的投影称为震中。地球上某一地点到震中的距离称为震中距。震中附近地区称为震中区,破坏最为严重的地区称为极震区,震源到震中的垂直距离称为震源深度,如图 1-2 所示。

地震按其成因可以划分为诱发地震和天然地震两大类。

诱发地震主要是由于人工爆破、矿山开采及重大工程活动(如兴建水库)所引发的地震,诱发地震一般不太强烈,仅有个别情况(如水库地震)会造成严重的地震灾害。

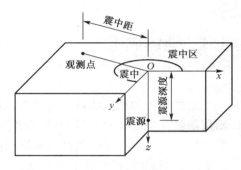

图 1-2 地震术语示意图

天然地震包括构造地震、火山地震和陷落地震。前者由地壳构造运动所产生,后者则由火山爆发所引起。比较而言,构造地震发生数量大(占地震发生总数约 90%)、影响范围广,是地震工程的主要研究对象。构造地震是由于地应力在某一地区逐渐增加,岩石变形也不断增加,当地应力超过岩石的极限强度时,在岩石的薄弱处突然发生断裂和错动(图 1-3),部分应变能突然释放,引起振动,其中一部分能量以波的形式传到地面,就产生了地震,构造地震发生断裂错动的地方所形成的断层叫发震断层。

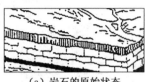

（a）岩石的原始状态　　　　　（b）受力发生弯曲　　　　　（c）岩层破裂发生振动

图 1-3 岩层的变形与破裂

按震源的深浅,地震又可分为浅源地震、中源地震和深源地震。浅源地震的震源深度在 60 km 以内,约占地震总数的 70%,一年中全世界所有地震释放能量约 85% 来自浅源地震。浅源地震波及范围较小,破坏程度较大。中源地震的震源深度在 $60\sim300$ km 之内,约占地震总数的 25%。深源地震的震源深度在 300 km 以上,约占地震总数的 5%。

1.1.3 地震波

地震引起的振动以波的形式从震源向各个方向传播并释放能量,这就是地震波。根据在地壳中传播的位置不同,地震波可分为体波和面波。

1) 体波

在地球内部传播的波称为体波。体波有纵波和横波两种形式。纵波是由震源向外传递的压缩波,其介质质点的运动方向与波的前进方向一致(图 1-4(a))。纵波一般周期较短、振幅较小,在地面引起上下颠簸运动。横波是由震源向外传递的剪切波,其质点的运动方向与波的前进方向相垂直(图 1-4(b))。横波一般周期较长,振幅较大,引起地面水平方向的运动。

图 1-4 体波质点振动形式

2) 面波

沿地球表面传播的波称为面波。面波主要有瑞雷波和乐夫波两种形式。瑞雷波传播时,质点在波的前进方向与地表法向组成的平面内作逆向的椭圆运动(图 1-5(a))。这种运动形式被认为是形成地面晃动的主要原因。乐夫波传播时,质点在与波的前进方向相垂直的水平方向运动(图 1-5(b)),在地面上表现为蛇形运动。面波周期长,振幅大。由于面波比体波衰减慢,故能传播到很远的地方。

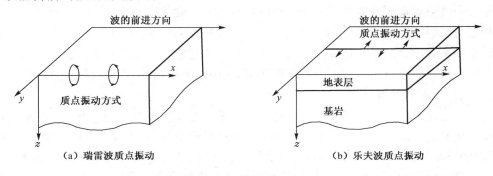

图 1-5 面波质点振动方式

地震波的传播速度,以纵波最快,横波次之,面波最慢。所以,在地震发生的中心地区,人们的感觉是先上下颠簸,后左右摇晃。当横波或面波到达时,地面振动最为猛烈,产生的破坏作用也较大。在离震中较远的地方,由于地震波在传播过程中能量逐渐衰减,地面振动减弱,破坏作用也逐渐减轻。

1.2 地震震级与地震烈度

1.2.1 地震震级

地震震级是度量地震中震源所释放能量多少的指标。人们通过地震地面运动的振幅来量测地震震级。根据我国现用仪器,近震(震中距小于 100 km)震级 M 按下式计算:

$$M = \lg A + R(\Delta) \tag{1-1}$$

式中:A ——记录图上量得的以 μm 为单位的最大水平位移(振幅);

$R(\Delta)$ ——随震中距而变化的起算函数。

地震震级是表征地震大小或强弱的指标,是一次地震释放能量多少的量度,它是地震的基本参数之一。一次地震只有一个震级。震级直接与震源释放的能量 E 的多少有关,可以用下式表示:

$$\lg E = 1.5M + 11.8 \tag{1-2}$$

上式表示的震级通常又称为里氏震级。

式(1-2)表明,震级每增加一级,地震所释放出的能量约增加 30 倍。大于 2.5 级的浅震,在震中附近地区的人就有感觉,叫做有感地震;5 级以上的地震会造成明显的破坏,叫做破坏性地震。世界上已记录到的最大地震的震级为 8.9 级。

1.2.2 地震烈度

地震烈度表示地震造成地面上各地点的破坏程度。地震烈度与震级、震中距、震源深度、地质构造、建筑物和构筑物的地基条件有关。烈度的大小是根据人的感觉、地面房屋受破坏程度等综合因素评定的结果。地震震级和地震烈度是描述地震现象的两个参数。一次地震只有一个震级而地震烈度值可以有多个。震级越大,震中烈度越高;离震中越远,地震烈度越低;震源深度越浅,地震烈度越高;震源深度深,地震烈度低。

对应于一次地震,在受到影响的区域内,可以按照地震烈度表中的标准对一些有代表性的地点评定出地震烈度。具有相同烈度的各个地点的外包络线,称为等烈度线。等烈度线(或称等震线)的形状与发震断裂取向、地形、土质等条件有关,多数近似呈椭圆形。一般情况下,等烈度线的度数随震中距的增大而递减,但有时由于局部地形或地质的影响,也会在某一烈度区内出现小块高一度或低一度的异常区(称为烈度异常)。利用历史地震的等烈度线资料,可以针对不同地区建立宏观的地震烈度衰减规律关系式。

震中区的地震烈度称为震中烈度。依据震级粗略地估算震中烈度的方法是:震级减 1 后

乘 1.5,即为震中烈度。即

$$I_0 = 3(M-1)/2 \qquad (1-3)$$

式中：I_0——震中烈度；

M——震级。

1.2.3 基本烈度

基本烈度是指一个地区在一定时期(我国取 50 年)内在一般场地条件下按一定概率(我国取 10%)可能遭遇到的最大地震烈度。它是一个地区进行抗震设防的依据。

根据地震危险性分析,一般认为我国地震烈度的概率密度函数符合极值Ⅲ型分布,如图 1-6 所示,即

$$f(I) = \frac{k(\omega-I)^{k-1}}{(\omega-\varepsilon)^k} \cdot e^{-\left(\frac{\omega-I}{\omega-\varepsilon}\right)^k} \qquad (1-4)$$

式中：k——形状参数,取决于一个地区地震背景的复杂性；

ω——地震烈度上限值,取 $\omega = 12$;

ε——烈度概率密度曲线上峰值所对应的强度。

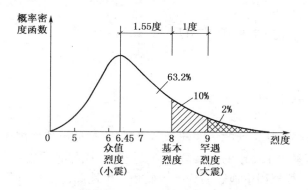

图 1-6 三种烈度含义及其关系

从概率意义上说,小震就是发生机会较多的地震。根据分析,当年限为 50 年时,上述概率密度曲线的峰值烈度所对应的被超越概率为 63.2%,因此,可以将这一峰值烈度定义为小震烈度,又称多遇地震烈度。而全国地震区划图所规定的各地基本烈度,可取为中震对应的烈度,它在 50 年内的超越概率一般为 10%。大震是罕遇地震,它所对应的地震烈度在 50 年内超越概率 2%左右,这个烈度又可称为罕遇地震烈度。通过对我国 45 个城镇的地震危险性分析结果的统计分析得到:基本烈度较多遇烈度约高 1.55 度,而较罕遇烈度约低 1 度(图 1-7)。

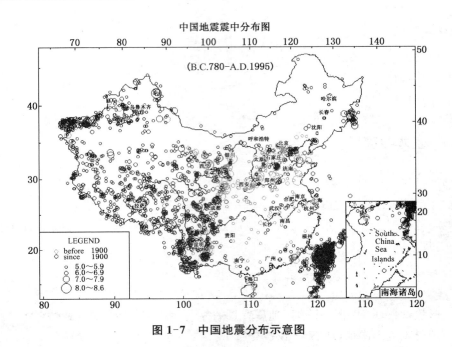

图 1-7　中国地震分布示意图

1.3　地震活动、分布与地震灾害

1.3.1　世界地震活动

地震是一种随机现象，从统计的角度，地震的时空分布呈现某种规律性。在地理位置上，地震震中呈带状分布，集中于一定的区域；在时间过程上，地震活动疏密交替，能够区分出相对活跃期和相对平静期。根据历史地震的分布特征和产生地震的地质背景，可以编制世界地震震中分布图。由此可明确地球上的地震活动分布在两个主要地震带和其他几个次要地震带。世界上的两个主要地震带是：

1）环太平洋地震带

它从南美洲西海岸起，经北美洲西海岸、阿留申群岛转向西南至日本列岛；然后分成东西两支，西支经我国台湾省、菲律宾至印尼，东支经马里亚纳群岛至新几内亚；两支汇合后，经所罗门群岛至汤加，再向南转向新西兰，该地震带的地震活动最强，全球地震总数的 75% 左右发生于此。

2）欧亚地震带

又称地中海南亚地震带，西起大西洋的亚速岛，经意大利、土耳其、伊朗、印度北部，再经我国西部和西南地区，由缅甸至印尼与环太平洋地带相衔接。全球地震总数的 22% 左右发生于此地震带内。

除了上述两条主要地震带以外，在大西洋、太平洋、印度洋中也有一些洋脊地震带，沿着洋底隆起的山脉延伸。这些地震带与人类活动关系不大,地震发生的次数在地震总数中占的比例亦不高。由分布图可知,上述地震带大多数位于板块边缘,或者邻近板块边缘。

1.3.2 我国地震活动

我国地处环太平洋地震带和欧亚地震带之间,是一个多地震国家。1900 年以来,中国死于地震的人数达 55 万之多,占全球地震死亡人数的 53%;1949 年以来,100 多次破坏性地震袭击了 22 个省(自治区、直辖市),其中涉及东部地区 14 个省份,造成 27 万余人丧生,占全国各类灾害死亡人数的 54%,地震成灾面积达 30 多万 km^2,房屋倒塌达 700 万间。地震及其他自然灾害严重是中国的基本国情之一。

我国的地震活动主要分布在 5 个地区的 23 条地震带上。这 5 个地区是:①台湾省及其附近海域;②西南地区,主要是西藏、四川西部和云南中西部;③西北地区,主要在甘肃河西走廊、青海、宁夏、天山南北麓;④华北地区,主要在太行山两侧、汾渭河谷、阴山-燕山一带、山东中部和渤海湾;⑤东南沿海的广东、福建等地。我国的台湾省位于环太平洋地震带上,西藏、新疆、云南、四川、青海等省区位于喜马拉雅—地中海地震带上,其他省区处于相关的地震带上。

1.3.3 地震灾害

地震灾害因其发生突然,被认为是威胁人类生存与发展的最大自然灾害之一。全世界平均每年发生破坏性地震近千次,其中震级达 7 级以上的大地震约十几次。

地震灾害主要表现在 3 个方面:地表破坏、建筑物破坏和由地震引起的各种次生灾害。

1) 地表破坏

地表破坏主要表现为地裂缝、地面下沉、冒砂和滑坡等形式。

(1) 地裂缝

强烈的地震发生时,地面断层将达到地表,从而改变地形和地貌。地表的竖向错动将形成悬崖峭壁,地表大的水平位移将产生地面的错动、挤压、扭曲。地裂缝将造成地面工程结构的严重破坏,使得公路中断、铁轨扭曲、桥梁断裂、房屋破坏、河流改道、水坝受损等。

地裂缝是地震时最常见的地表破坏,地裂缝的数量、长短、深浅等与地震的强烈程度、地表情况、受力特征等因素有关。主要有两种类型:一种是强烈地震时由于地下断层错动延伸到地表而形成的裂缝,称为构造地裂缝,这类裂缝与地下断层带的走向一致,一般规模较大,形状比较规则;另一种地裂缝是在故河道、湖河岸边、陡坡等土质松软地方产生的地表交错裂缝,规模较小,形状大小各不相同。

(2) 喷砂冒水

当地下水位较高、砂层埋深较浅的平原地区,特别是河流两岸最低平的地方,地震时地震波产生的强烈振动使得地下水位急剧增加,地下水经过地裂缝或土质松软的地方冒出地面,当地表土层为砂土或粉土时,则夹带着砂土或粉土一起冒出地面,形成喷砂冒水现象,实际上是砂土液化的表现。

(3) 地表下沉

在强烈地震作用下,在地下存在溶洞的地区或者由于人们的生产活动产生的空洞,如矿井或者地铁等,强烈地震发生时,地面土体将会产生下沉,造成大面积陷落。

（4）河岸、陡坡滑坡

在河岸、陡坡等地方,强烈的地震使得土体失稳,造成塌方,淹没农田、村庄,堵塞河流,大面积塌方使得房屋倒塌。

2）建筑物的破坏

建筑物的破坏是造成人民生命财产损失的主要原因,其破坏可能是由于地基失效引起,也可能是由于上部结构承载力不足形成的破坏或结构丧失整体稳定性造成。地震历史资料表明,由于地基失效引起的建筑物破坏仅仅占结构破坏的 10% 左右,其余 90% 是由于结构承载力不足或丧失整体稳定造成的。世界各国的抗震设计规范都将主要精力集中在上部结构破坏机理的分析和研究上。

3）次生灾害

强烈地震除了引起结构的破坏外,一般常常会引起其他一些次生灾害,如火灾、水灾、泥石流、海啸、滑坡等。一般来说,地震本身造成的直接损失往往还小于由于地震所产生的次生灾害所造成的间接损失。例如,1995 年的日本阪神大地震,震后火灾多达 500 余处,震中区木结构房屋几乎全部烧毁。此外,地震引起的海啸,也会对海边建筑物造成巨大的破坏。

1.4 工程抗震设防

1.4.1 抗震设防的目的和要求

工程抗震设防的基本目的是在一定的经济条件下,最大限度地限制和减轻建筑物的地震破坏,保障人民生命财产的安全。为了实现这一目的,近年来,许多国家的抗震设计规范都趋向于以"小震不坏、中震可修、大震不倒"作为建筑抗震设计的基本准则。

对应于前述设计准则,我国《建筑抗震设计规范》(GB 50011—2010)明确提出了三个水准的抗震设防要求:

第一水准:当遭受低于本地区设防烈度多遇地震影响时,建筑物一般不受损坏或不需修理仍可继续使用。

第二水准:当遭受相当于本地区设防烈度的地震影响时,建筑物可能损坏,但经一般修理即可恢复正常使用。

第三水准:当遭受高于本地区设防烈度的罕遇地震影响时,建筑物不致倒塌或发生危及生命安全的严重破坏。

1.4.2 两阶段设计方法

在进行建筑抗震设计时,原则上应满足上述三个水准的抗震设防要求。在具体做法上,我国建筑抗震设计规范采用了简化的两阶段设计方法。

1）第一阶段设计

按与地震烈度对应的地震作用效应和其他荷载效应的组合验算结构构件的承载能力和结构的弹性变形。采用第一水准烈度的地震动参数，计算出结构在弹性状态下的地震作用效应，与风、重力等荷载效应组合，并引入承载力抗震调整系数，进行构件截面设计，从而满足第一水准的强度要求；同时，采用同一地震动参数计算出结构的弹性层间位移角，使其不超过规定的限值；另外，采用相应的措施，保证结构具有相应的延性、变形能力和塑性耗能能力，从而满足第二水准的变形要求。

2）第二阶段设计

采用第三水准烈度的地震动参数，计算出结构的弹塑性层间位移角，满足规定的要求，并采取必要的抗震构造措施，从而满足第三水准的防倒塌要求。

1.4.3 建筑物重要性分类与设防标准

对于不同使用性质的建筑物，地震破坏所造成后果的严重性是不一样的。因此，对于不同用途建筑物的抗震设防，不宜采用同一标准，而应根据其破坏后果加以区别对待。为此，我国建筑抗震设计规范将建筑物按其用途的重要性分为四类：

甲类建筑：指重大建筑工程和地震时可能发生严重次生灾害的建筑。这类建筑的破坏会导致严重的后果，其确定须经国家规定的批准权限予以批准。

乙类建筑：指地震时使用功能不能中断或需尽快恢复的建筑。例如抗震城市中生命线工程的核心建筑。城市生命线工程一般包括供水、供气、供电、交通、通信、消防、医疗救护等系统。

丙类建筑：指一般建筑，包括除甲、乙类建筑以外的一般工业与民用建筑，如普通工业厂房、居民住宅、商业建筑等。

丁类建筑：指次要建筑，包括一般的仓库、人员较少的辅助建筑物等。

对各类建筑抗震设防标准的具体规定为：

（1）甲类建筑：地震作用应高于本地区抗震设防烈度的要求，其值应按批准的地震安全性评价结果确定；抗震措施，当抗震设防烈度为6～8度时，应符合本地区抗震设防烈度提高1度的要求，当为9度时，应符合比9度抗震设防更高的要求。

（2）乙类建筑：地震作用应符合本地区抗震设防烈度的要求；抗震措施，一般情况下，当抗震设防烈度为6～8度时，应符合本地区抗震设防烈度提高1度的要求，当为9度时，应符合比9度抗震设防更高的要求；地基基础的抗震措施，应符合有关规定。对较小的乙类建筑，当其结构改用抗震性能较好的结构类型时，应允许仍按本地区抗震设防烈度的要求采取抗震措施。

（3）丙类建筑：地震作用和抗震措施均应符合本地区抗震设防烈度的要求。

（4）丁类建筑：一般情况下，地震作用仍应符合本地区抗震设防烈度的要求；抗震措施应允许比本地区抗震设防烈度的要求适当降低，但抗震设防烈度为6度时不应降低。

抗震设防烈度为6度时，除《建筑抗震设计规范》（GB 50011—2010）有具体规定外，对乙、丙、丁类建筑可不进行地震作用计算。

1.5 抗震概念设计

一般说来,建筑抗震设计包括三个层次的内容与要求:概念设计、抗震计算与构造措施。所谓概念设计是指根据地震灾害和工程经验等所形成的基本设计原则和设计思想,进行建筑和结构的总体布置并确定细部构造的过程;概念设计在总体上把握抗震设计的基本原则。抗震计算为建筑抗震设计提供定量手段。构造措施则可以在保证结构整体性、加强局部薄弱环节等意义上保证抗震计算结果的有效性。建筑抗震概念设计一般主要包括:注意场地选择和地基基础设计,把握建筑结构的规则性,选择合理的抗震结构体系,设置多道防线,重视非结构因素,确保材料和施工质量。

1.5.1 注意场地选择和地基基础设计

建筑场地的地质条件与地形地貌对建筑物震害有显著影响,这已为大量的震害实例所证实。从建筑抗震概念设计的角度考察,首先应注意建筑场地的选择。简单地说,地震区的建筑宜选择有利地段、避开不利地段、不在危险地段建设。建筑场地为Ⅰ类时,甲、乙类建筑应允许仍按本地区抗震设防烈度的要求采取抗震构造措施;丙类建筑允许按本地区抗震设防烈度降低1度的要求采取抗震构造措施,但抗震设防烈度为6度时仍应按本地区抗震设防烈度的要求采取抗震构造措施。

地基和基础设计应符合下列要求:

(1) 同一结构单元的基础不宜设置在性质截然不同的地基上。

(2) 同一结构单元不宜部分采用天然地基部分采用桩基。

(3) 地基为软弱黏性土、液化土、新近填土或严重不均匀土时,应估计地震时地基不均匀沉降或其他不利影响,并采取相应的措施。

1.5.2 把握建筑结构的规则性

建筑物平、立面布置的基本原则是:对称、规则、质量与刚度变化均匀。

结构对称有利于减轻结构的地震扭转效应。而形状规则的建筑物,地震时结构各部分的振动易于协调一致,应力集中现象较少,因而有利于抗震。质量与刚度变化均匀有两方面的含义:其一是在结构平面方向应尽量使结构刚度中心与质量中心相一致,否则,扭转效应将使远离刚度中心的构件产生较严重的震害;其二是沿结构高度方向结构质量与刚度不宜有悬殊的变化,竖向抗侧力构件的截面尺寸和材料强度宜自上而下逐渐减小。地震震害实例和大量理论分析均表明:结构刚度有突然削弱的薄弱层,在地震中会造成变形集中,从而加速结构的倒塌破坏过程,而且结构上部刚度较小时,会形成地震反应的"鞭梢效应",即变形在结构顶部集中的现象。

表1-1和表1-2分别列举了平面不规则和竖向不规则的建筑类型。对于因建筑或工艺要

求形成的体型复杂结构物,可以设置抗震缝,将结构物分成规则的结构单元。但对高层建筑,要注意使设缝后形成的结构单元的自振周期避开场地土的卓越周期。对于不宜设置抗震缝的体型复杂的建筑,则应进行较精细的结构抗震分析。

表 1-1 平面不规则的类型

不规则类型	定 义
扭转不规则	楼层的最大弹性水平位移(或层间位移)大于该楼层两端弹性水平位移(或层间位移)平均值的 1.2 倍
凹凸不规则	结构平面凹进的一侧尺寸大于相应投影方向总尺寸的 30%
楼板局部不连续	楼板的尺寸和平面刚度急剧变化,例如有效楼板宽度小于该层楼板典型宽度的 50%,或开洞面积大于该层楼面面积的 30%,或较大的楼层错层

表 1-2 竖向不规则的类型

不规则类型	定 义
侧向刚度不规则	该层的侧向刚度小于相邻上一层的 70%,或小于其上相邻三个楼层侧向刚度平均值的 80%;除顶层外,局部收进的水平向尺寸大于相邻下一层的 25%
竖向抗侧力构件不连续	竖向抗侧力构件(柱、抗震墙、抗震支撑)的内力由水平转换构件(梁、桁架等)向下传递
楼层承载力突变	抗侧力结构的层间受剪承载力小于相邻上一楼层的 80%

1.5.3 合理抗震结构体系

结构体系应根据建筑的抗震设防类别、抗震设防烈度、建筑高度、场地条件、地基、结构材料和施工等因素,经技术、经济和使用条件综合比较确定。

结构体系应符合下列各项要求:

(1)应具有明确的计算简图和合理的地震作用传递途径。

(2)应避免因部分结构或构件破坏而导致整个结构丧失抗震能力或对重力荷载的承载能力。

(3)应具备必要的抗震承载力、良好的变形能力和消耗地震能量的能力。

(4)对可能出现的薄弱部位,应采取措施提高抗震能力。

(5)宜具有合理的刚度和承载力分布,避免因局部削弱或突变形成薄弱部位,产生过大的应力集中或塑性变形集中。

(6)结构在两个主轴方向的动力特性宜相近。

结构构件应符合下列要求:

(1)砌体结构应按规定设置钢筋混凝土圈梁和构造柱、芯柱,或采用配筋砌体等。

(2)混凝土结构构件应合理地选择尺寸、配置纵向受力钢筋和箍筋,避免剪切破坏先于弯曲破坏、混凝土的压溃先于钢筋的屈服、钢筋的锚固粘结破坏先于构件破坏。

(3)预应力混凝土的抗侧力构件,应配有足够的非预应力钢筋。

(4)钢结构构件应合理控制尺寸,避免局部失稳或整个构件失稳。

结构各构件之间的连接,应符合下列要求:

（1）构件节点的破坏，不应先于其连接的构件。

（2）预埋件的锚固破坏，不应先于连接件。

（3）装配式结构构件的连接，应能保证结构的整体性。

（4）预应力混凝土构件的预应力钢筋，宜在节点核心区以外锚固。

1.5.4 设置多道防线

在建筑抗震设计中，有意识地使结构具有多道抗震防线，是抗震概念设计的一个重要组成部分。

多道抗震防线的概念可以从图 1-8 的解释中得到基本认识。在图 1-8（a）中，强梁弱柱型的框架结构在底层柱的上下端出现塑性铰，或单肢剪力墙结构在底部出现屈服变形，将迅速导致结构的倒塌。而在图 1-8（b）中，强柱弱梁型的框架结构或双肢剪力墙加连系梁的结构，则需要全部梁端出现塑性铰并迫使结构底部也出现屈服变形时，结构才会破坏。显然，后者至少存在两道抗震防线，一是从弹性到部分梁（或连系梁）出现塑性铰，二是从梁塑性铰发生较大转动到柱根（或剪力墙底部）破坏。在两道防线之间，大量地震输入能量被结构的弹塑性变形所消耗。

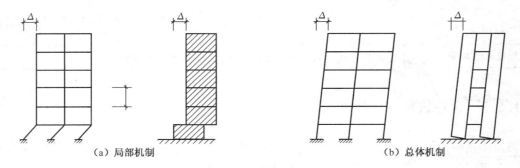

（a）局部机制　　　　　　　　　　　（b）总体机制

图 1-8 结构屈服机制

在建筑抗震设计中，可以利用多种手段实现设置多道防线的目的。例如：采用超静定结构、有目的地设置人工塑性铰、利用框架的填充墙、设置耗能元件或耗能装置等等。但在各种灵活多样的设计手法中应该共同注意的原则是：①不同的设防阶段应使结构周期有明显差别，以避免共振；②最后一道防线要具备一定的强度和足够的变形潜力。

1.5.5 注意非结构因素

非结构因素含义较为宽泛，其中最主要的是非结构构件的处理。非结构构件的存在，会影响主体结构的动力特性（如结构阻尼、结构振动周期等）。同时，一些非结构构件（如玻璃幕墙、吊顶、室内设备等）在地震中往往会先破坏。因此，在结构抗震概念设计中，应特别注意非结构构件与主体结构之间要有可靠的连接或锚固。同时，对可能对主体结构振动造成影响的非结构构件，如围护墙、隔墙等，应注意分析或估计其对主体结构可能带来的影响，并采取相应的抗震措施。

1.5.6 结构材料和施工

抗震结构在材料选用、施工程序特别是材料代用上有其特殊的要求,主要是指减少材料的脆性和贯彻原设计意图。因此,抗震结构对材料和施工质量的特别要求,应在设计文件中注明。为保证抗震结构的基本承载能力和变形能力,结构材料性能指标应符合最低要求。

1.6 地震应急和救生必读

1.6.1 紧急避险逃生

1)紧急避险的重要性

经验表明,破坏性地震发生时,从人们发现地光、地声,感觉有震动,到房屋破坏、倒塌,形成灾害,有十几秒,最多三十几秒的时间。这段极短的时间称为预警时间。人们只要掌握一定的知识,事先有一些准备,又能临震保持头脑清醒,就可能抓住这段宝贵的时间,成功地避震脱险。

有人调查过唐山地震幸存者中的 974 人,发现其中 258 人采取了避险措施。这 258 人中有 188 人成功脱险,占 72.9%。说明只要避险方法正确,脱险的可能性是很大的。

2)逃生原则

破坏性地震突然发生时,采取就近躲避,震后迅速撤离的方法是应急避险的好办法。当然,如果身处平房或楼房一层,能直接跑到室外安全地点也是可行的。在 1556 年陕西华县 8 级大地震的记载中也有总结:"卒然闻变,不可疾出,伏而待定,纵有覆巢,可冀完卵。"意思是说,突然发生地震时,不要急着向外逃,而要躲避一时等待地震过去,还是有希望存活的。这"伏而待定",高度概括了紧急避震的一条重要原则。为什么地震瞬间不宜夺路而逃呢?这是因为:现在城市居民多住高层楼房,根本来不及跑到楼外,反倒会因楼道中的拥挤践踏造成伤亡;地震时人们进入或离开建筑物时,被砸死砸伤的可能性最大;地震时房屋剧烈摇晃,造成门窗变形,很可能打不开门窗而失去求生的时间;大地震时,人们在房中被摇晃甚至抛甩,站立和跑动都十分困难;除了"伏而待定"这一原则外,地震时还应注意不要顾此失彼。短暂的时间内首先要设法保全自己;只有自己能脱险,才可能去抢救亲人或别的心爱的东西。

3)因地制宜,就近避震

"伏而待定","伏"在哪里更安全呢?经验表明:如果你在室内,应就近躲到坚实的家具下,如写字台、结实的床、农村土炕的炕沿下,也可躲到墙角或管道多、整体性好的小跨度卫生间和厨房等处。注意不要躲到外墙窗下、电梯间,更不要跳楼,这些都是十分危险的。如果你在教室里,要在教师指挥下迅速抱头、闭眼、蹲到各自的课桌下。地震一停,迅速有秩序撤离,撤离时千万不要拥挤。如果你在影剧院、体育场或饭店,要迅速抱头卧在座位下面;也可在舞台或乐池下躲避;门口的观众可迅速跑出门外或体育场场内。如果你在室外,要尽量远离狭窄街道、高大建筑、高烟囱、变压器、玻璃幕墙建筑、高架桥和存有危险品、易燃品的场所。地震停下后,为防止余震伤人,不要轻易跑回未倒塌的建筑物内。如果你在百货商场,应就近躲藏在柱子或大型商品旁,但要尽量避开玻璃柜。在楼上时,要看准机会逐步向底层转移。如果你在工厂的车间里,应就近蹲在大型机床和设备旁边,但要注意离开电源、气源、火源等危险地点。如果你在行驶的汽车、电车或火车内,应抓牢扶手,以免摔伤、碰伤,同时要注意行李掉下来伤人。座位上面朝行李方向的人,可用胳膊靠在前排椅子上护住头面部;背向行李方向的人可用双手护住后脑,并抬膝护腹,紧缩身体。地震后,迅速下车向开阔地转移。无论在何处躲避,都要尽量用棉被、枕头、书包或其他软物体保护头部。如果正在使用明火,应迅速把明火灭掉。

4)正确应付地震时的特殊危险

当遇到燃气泄漏时,可用湿毛巾或湿衣服捂住口、鼻,不可使用明火,不要开关电器,注意防止金属物体之间的撞击。当遇到火灾时,要趴在地下,用湿毛巾捂住口、鼻,逆风匍匐转移到安全地带。当遇到有毒气体泄漏时,要用湿毛巾捂住口、鼻,按逆风方向跑到上风地带。

1.6.2 大震后自救与互救

自救互救意义重大。自救和互救是大地震发生后最先开始的基本救助形式。震时被压埋的人员绝大多数是靠自救和互救而存活的。

据统计,唐山大地震后的抢险救灾中,抢救时间与救活率的关系为:

半小时内　救活率95%;

第一天　救活率81%;

第二天　救活率53%;

第三天　救活率36.7%;

第四天　救活率19%;

第五天　救活率7.4%。

以上数字说明,在抢救生命的过程中,时间就是生命,耽误的时间越短,人们生存的希望就越大。因此应当不等不靠,尽早尽快地开展自救互救。

1)自救原则

大地震中被倒塌建筑物压埋的人,只要神志清醒,身体没有重大创伤,都应该坚定获救的信心,妥善保护好自己,积极实施自救。要尽量用湿毛巾、衣物或其他布料捂住口、鼻和头部,防止灰尘呛闷发生窒息,也可以避免建筑物进一步倒塌造成的伤害。尽量活动手、脚,清除脸上的灰土和压在身上的物件。用周围可以挪动的物品支撑身体上方的重物,避免进一步塌落;扩大活动空间,保持足够的空气。几个人同时被压埋时,要互相鼓励,共同计划,团结配合,必要时采取脱险行动。寻找和开辟通道,设法逃离险境,朝着有光亮更安全宽敞的地方移动。一时无法脱险,要尽量节省气力。如能找到代用品和水,要计划着节约使用,尽量延长生存时间,等待获救。保存体力,不要盲目大声呼救。在周围十分安静,或听到上面(外面)有人活动时,用砖、铁管等物敲打墙壁,向外界传递消息。当确定不远处有人时,再呼救。

2)互救原则

互救是指已经脱险的人和专门的抢险营救人员对压埋在废墟中的人进行营救。为了最大限度地营救遇险者,应遵循以下原则:先救压埋人员多的地方,也就是"先多后少"。先救近处被压埋人员,也就是"先近后远"。先救容易救出的人员,也就是"先易后难"。先救轻伤和强壮人员,扩大营救队伍,也就是"先轻后重"。如果有医务人员被压埋,应优先营救,增加抢救力量。

3)找寻被压埋的人

利用救助犬和测定微量二氧化碳气体的方法,可以很方便地对遇险者定位。但为了抢时间,也可以用简易的方法找寻被压埋的生存者。一是问,向了解情况的生存者询问,了解什么人住在哪些建筑内、震时是否外出、有什么生活习惯等,从中寻找可靠的线索。二是看,观察废墟叠压的情况,特别是住有人的部位是否有生存空间;也要观察废墟中有没有人爬动的痕迹或血迹。三是听,倾听存活人员的动静。听的方法是:卧地贴耳细听;利用夜间安静时听;一边敲打(或吹哨)一边听。有时你敲他也敲,内外就联系上了。四是分析,分析倒塌建筑原来的结构、用处、材料、层次、倒塌状况,判断被压埋人员的生存情况。

4)科学挖掘

挖掘时要注意保护好支撑物,清除压埋阻挡物,保证压埋者生存空间。在使用挖掘机械时要十分谨慎,越是接近压埋者,越应多采用手工操作。没有起吊工具无法救出时,可以送流汁食物维持生命,并做好记号,等待援助,切不可蛮干。救人时,应先确定压埋者头部的位置,用最快速度使头部充分暴露,并清除口、鼻腔内的灰土,保持呼吸通畅。然后再暴露胸腹腔,如有窒息,应立即进行人工呼吸。要妥善加强压埋者上方的支撑,防止营救过程中上方重物新的塌落。压埋者不能自行出来时,要仔细询问和观察,确定伤情;不要生拉硬扯,以防造成新的损伤。对于脊椎损伤者,挖掘时要避免加重损伤。在转送搬运时,不能扶着走,不能用软担架,更不能用一人抱胸、一人抬腿的方式。最好是三四个人扶托伤员的头、背、臀、腿,平放在硬担架或门板上,用布带固定后搬运。遇到四肢骨折、关节损伤的压埋者,应就地取材,用木棍、树枝、硬纸板等实施夹板固定。固定时应显露伤肢末端以便观察血液循环情况。搬运呼吸困难的伤员时,应采用俯卧位,并将头部转向一侧,以免引起窒息。

1.6.3 卫生防疫工作

(1)搞好卫生防疫的重要性。在地震发生后,由于大量房屋倒塌,下水道堵塞,造成垃圾遍地,污水流溢;再加上畜禽尸体腐烂变臭,极易引发一些传染病并迅速蔓延。历史上就有"大灾后必有大疫"的说法。因此,在震后救灾工作中,认真搞好卫生防疫非常重要。

(2)把好"病从口入"关。夏秋季节,痢疾、肠炎、肝炎、伤寒等传染病很容易发生和流行。预防肠道传染病的最主要措施,就是搞好水源卫生、食品卫生,管理好垃圾、粪便。饮用水源要设专人保护,水井要清掏和消毒。饮水时,最好先进行净化、消毒;要创造条件喝开水。搞好食品卫生很重要。要派专人对救灾食品的储存、运输和分发进行监督;救灾食品、挖掘出的食品应检验合格后再食用。对机关食堂、营业性饮食店要加强检查和监督,督促做好防蝇、餐具消毒等工作。管好厕所和垃圾。震后因厕所倒塌,人们大小便无固定地点;垃圾与废墟分不清,蚊蝇孳生严重。所以震后应有计划地修建简易防蝇厕所,固定地点堆放垃圾,并组织清洁队按时清掏,运到指定地点统一处理。

（3）消灭蚊蝇。蚊蝇是乙型脑炎、痢疾等传染病的传播者。消灭蚊蝇,不仅要大范围喷洒药物,还要利用汽车在街道喷药,用喷雾器在室内喷药,不给蚊蝇留下孳生的场所。在有疟疾发生的地区,要特别注意防蚊。晚上睡觉要防止蚊子叮咬。如果发现病人突然发高热、头痛、呕吐、脖子发硬等,就要想到可能得了脑炎,赶快找医生诊治。

（4）保持良好的卫生习惯。地震灾区的每一位公民,在抗震救灾期间,都应力求保持乐观向上的情绪,注意身体健康,加强身体锻炼。应根据天气的变化随时增减衣服,注意防寒保暖,预防感冒、气管炎、流行性感冒等呼吸道传染病。老人和儿童要特别注意防止肺炎。冬季应注意头部和手、脚的保暖,防止冻疮;夏季要准备些凉开水,吃一些咸菜,补充体内因大量出汗而损失的盐分和水分,预防中暑。

本章小结

1. 地震按其成因可分为 4 种类型,即构造地震、火山地震、陷落地震和诱发地震。由于地壳运动推挤地壳岩层使其薄弱部位发生断裂错动而引起的地震叫构造地震,这类地震分布最广,危害最大。此外,按震源深浅的不同,地震还可分为浅源地震、中源地震和深源地震 3 种类型。

2. 地震波是一种弹性波,它包括在地球内部传播的体波和在地表附近传播的面波。体波可分为纵波和横波,面波可分为瑞雷波和乐夫波。地震波传播速度以纵波最快,横波次之,面波最慢。纵波使工程结构产生上下颠簸,横波使工程结构产生水平摇晃。当体波和面波同时到达时振动最为剧烈。一般情况下,横波产生的水平振动是导致工程结构破坏的主要原因。

3. 震级和烈度是两个容易混淆的概念。地震震级是表示地震本身大小的等级,它是以地震释放的能量为尺度,根据记录到的地震波来确定的。地震烈度是指某地区地面和各类建筑物遭受一次地震影响的强弱程度,它是按地震造成的后果分类的。相对震源来说,烈度就是地震的强度,一次地震只有一个震级,烈度随距离震中的远近而异。

4. 地震震害主要有地表破坏、建筑物的破坏和次生灾害造成的破坏等,其中建筑物的破坏情况不仅与结构类型和抗震构造措施等有关,而且还与场地等工程地质条件有关,因此抗震设计时应综合考虑各方面的因素,以达到工程结构的抗震设防目标和目的。

5. 工程结构的抗震设防目标是要求建筑物在使用期间,对不同频率和强度的地震,应具有不同的抵御能力,即"小震不坏,中震可修,大震不倒"。基于这一抗震设防目标,《建筑抗震设计规范》用 3 个地震烈度水准来考虑,即多遇烈度、基本烈度和罕遇烈度,其中基本烈度相当于抗震设防烈度。

6. 为了实现上述 3 个烈度水准的抗震设防要求,《建筑抗震设计规范》提出了两阶段抗震设计方法,并要求通过对地震作用的取值和抗震构造措施的采取等来实现,同时还提出了概念设计的基本要求。

7. 建筑物的抗震设防类别主要根据其重要性程度来划分,即按其受地震破坏时产生的后果,可将建筑分为 4 类:甲类建筑、乙类建筑、丙类建筑和丁类建筑。建筑物的抗震设防类别不同,其地震作用的取值和抗震措施的采取也不相同。

8. 抗震概念设计就是依据历次震害总结出的经验,进行合理结构布置,采取可靠的构造措施,提高结构抗震性能。概念设计包括结构平面和竖向布置,复杂体型处理,结构体系选择以及结构构件强度、刚度和延性的合理匹配,非结构构件的连接等方面的内容。

思　考　题

1.1　地震按其成因分为几种类型？按其震源深浅又分为哪几种类型？

1.2　地震波包含了哪几种波？它们的传播特点是什么？对地面运动影响如何？

1.3　震级和烈度有什么区别和联系？

1.4　什么是建筑抗震三水准设防目标和两阶段设计方法？

1.5　我国《建筑抗震设计规范》根据重要性将抗震类别分为哪几类？不同类别的建筑对应的抗震设防标准是什么？

1.6　试论述概念设计、抗震计算、构造措施三者之间的关系。

1.7　在选择建筑抗震结构体系时，应注意需要符合哪些要求？

2 场地、地基与基础

本章主要介绍了建筑场地的有关规定;场地土类型和场地类别的划分方法;天然地基及基础抗震承载力验算的一般原则;地基土液化现象及判别方法,可液化地基和软土地基的抗震措施。

2.1 概述

场地是指建筑物所在地,其范围大体相对于厂区、居民点和自然村的范围。地震对建筑物的破坏作用是通过场地、地基和基础传递给上部结构的,同时场地与地基在地震时又支承着上部结构,因此,场地、地基与基础具有双重作用。故研究建筑结构在地震作用下的震害形态、破坏机理以及抗震设计等问题,都离不开对场地土和地基的研究,而研究场地和地基在地震作用下的反应及其对上部结构影响,正是场地抗震评价的重要任务。

2.2 场地

建筑场地的地质条件与地形地貌对建筑物震害有显著影响,这已为大量的震害实例所证实。另外,由于地基失效所造成的建筑物破坏,单靠工程措施很难达到设防目的,或者所花代价昂贵。因此,需要合理地选择建筑场地,以达到减轻建筑物震害的目的。

2.2.1 建筑地段的划分

《建筑抗震设计规范》根据场地上建筑物的震害轻重程度,按表2-1把建筑场地划分为对建筑物抗震有利、不利和危险的地段。这样,在选择建筑场地时,宜尽量选择对结构抗震有利的地段;尽可能避开对结构抗震不利的地段;除非特殊需要,不得在抗震危险地段上建造工程结构。当确实需要在不利地段或危险地段建造工程时,应遵循建筑抗震设计的有关要求,进行详细的场地评价并采取必要的抗震措施。

表 2-1　有利、不利和危险地段的划分

地段类别	地质、地形、地貌
有利地段	稳定基岩,坚硬土,开阔、平坦、密实、均匀的中硬土等
不利地段	软弱土,液化土,条状突出的山嘴,高耸孤立的山丘,非岩质的陡坡,河岸和边坡的边缘,平面分布上成因、岩性、状态明显不均匀的土层(如故河道、疏松的断破裂带、暗埋的塘浜沟谷和半填半挖地基)等
危险地段	地震时可能发生滑坡、崩塌、地陷、地裂、泥石流等及发震断裂带上可能发生地表错位的部位

2.2.2　建筑场地类别划分

国内外大量震害表明,不同场地上的建筑震害差异是十分明显的。因此,研究场地条件对建筑震害的影响是建筑抗震设计中十分重要的问题。一般认为,场地条件对建筑震害的主要影响因素是:场地土的刚度(即坚硬或密实程度)大小和场地覆盖层厚度。震害经验指出,土质愈软,覆盖层愈厚,建筑物震害愈严重,反之愈轻。

1）场地土类型划分

场地土,是指场地范围内的地基土。《建筑抗震设计规范》土层等效剪切波速和场地覆盖层厚度将建筑场地土分为 5 类,当无实测剪切波速时,也可以根据岩土性状来划分,具体划分方法见表 2-2。

表 2-2　土的类型划分和剪切波速范围

土的类型	岩土名称和性状	土层剪切波速范围(m/s)
岩石	坚硬、较硬且完整的岩石	$v_s > 800$
坚硬土或软质岩石	破碎和较破碎的岩石或软和较软的岩石,密实的碎石土	$800 \geqslant v_s > 500$
中硬土	中密、稍密的碎石土,密实、中密的砾、粗、中砂,$f_{ak} > 150$ 的黏性土和粉土,坚硬黄土	$500 \geqslant v_s > 250$
中软土	稍密的砾、粗、中砂,除松散外的细、粉砂,$f_{ak} \leqslant 150$ 的黏性土和粉土,$f_{ak} > 130$ 的填土,可塑新黄土	$250 \geqslant v_s > 150$
软弱土	淤泥和淤泥质土,松散的砂,新近沉积的黏性土和粉土,$f_{ak} \leqslant 130$ 的填土,流塑黄土	$v_s \leqslant 150$

注：f_{ak} 为由荷载试验等方法得到的地基土静承载力特征值,单位为 kPa；v_s 为岩土剪切波速。

2）场地覆盖层厚度

场地覆盖层厚度是指从地表到地下基岩面的距离。从地震波传播的观点看,基岩界面是地震波传播途中一个强烈的折射与反射面,当下层剪切波速比上层剪切波速大得多时,下层可当作基岩。《建筑抗震设计规范》按下列要求确定建筑场地覆盖层厚度：

（1）一般情况下,应按地面至剪切波速大于 500 m/s 的土层顶面的距离确定。

（2）当地面 5 m 以下存在剪切波速大于相邻上层土剪切波速 2.5 倍的土层,且其下卧岩土的剪切波速均不小于 400 m/s 时,可按地面至该土层顶面的距离确定。

（3）剪切波速大于 500 m/s 的孤石、透镜体,应视同周围土层。

（4）土层中的火山岩硬夹层应视为刚体,其厚度应从覆盖土层中扣除。

3）土层等效剪切波速

土层等效剪切波速反映各土层的综合刚度,其值可根据地震波通过计算深度范围内各土层的总时间等于该波通过同一计算深度的单一折算土层所需的时间求得。土层等效剪切波速 v_{se} 则应按下式计算:

$$v_{se} = d_0 / \sum_{i=1}^{n} (d_i / v_{si}) \tag{2-1}$$

式中:v_{se}——土层等效剪切波速(m/s);

$\qquad d_0$——计算深度,取覆盖层厚度和 20 m 两者的较小值;

$\qquad n$——计算深度范围内土层的分层数;

$\qquad v_{si}$——第 i 层土的剪切波速(m/s);

$\qquad d_i$——第 i 层土的厚度(m)。

对于 10 层和高度 24 m 以下的丙类建筑及丁类建筑,当无实测剪切波速时,也可以根据岩土性状按表 2-2 划分土的类型,并利用当地经验在该表所示的波速范围内估计各土层的剪切波速。

4）建筑场地类别划分

建筑的场地类别,应根据土层等效剪切波速和场地覆盖层厚度按表 2-3 划分为 4 类。

表 2-3　各类建筑场地的覆盖层厚度（m）

等效剪切波速（m/s）	场 地 类 别				
	I_0	I_1	II	III	IV
$v_{se} > 800$	0				
$800 \geqslant v_{se} > 500$		0			
$500 \geqslant v_{se} > 250$		<5	≥5		
$250 \geqslant v_{se} > 150$		<3	3～50	>50	
$v_{se} \leqslant 150$		<3	3～15	15～80	>80

【例题 2-1】 已知某建筑场地的钻孔地质资料如表 2-4 所示,试确定该场地的类别。

表 2-4　钻孔资料

土层底部深度（m）	土层厚度（m）	岩土名称	土层剪切波速（m/s）
2.00	2.00	杂填土	220
5.00	3.00	粉土	300
8.50	3.50	中砂	390
15.7	7.20	碎石砂	550

【解】 （1）确定覆盖层厚度

因为地表下 8.5 m 以下土层的 $v_s = 550$ m/s > 500 m/s，故 $d_0 = 8.5$ m，又因为 $d_{ov} < 20$ m，所以土层计算深度 $d_0 = 8.5$ m。

（2）计算等效剪切波速，按式（2-1）有

$$v_{se} = \frac{8.5}{\dfrac{2.0}{220} + \dfrac{3.0}{300} + \dfrac{3.5}{390}}$$

$$= 303.6 \text{ m/s}$$

查表 2-3，v_{se} 位于 250～500 m/s 之间，且 $d_0 > 5$ m，故属于 Ⅱ 类场地。

2.3 天然地基和基础

2.3.1 一般原则

地基是指建筑物基础下面受力层范围内的土层。从国内多次强地震中遭遇破坏的建筑来看，天然地基上只有少数房屋是因地基的原因而导致上部结构破坏，而且这类地基多为液化地基、易产生震陷的软土地基和严重不均匀地基。多数常规的天然地基具有较好的抗震性能，极少发现因地基承载力不足而导致的震害。基于这种情况，我国《建筑抗震设计规范》对于量大面广的一般性地基和基础不做抗震验算，而对于容易产生地基基础震害的液化地基、软土地基和严重不均匀地基，则规定了相应的抗震措施，以避免或减轻震害。

根据房屋震害调查统计资料，我国建筑抗震设计规范规定，下述建筑可不进行天然地基及基础的抗震承载力验算：

（1）地基主要受力层范围内不存在软弱黏性土层的一般厂房、单层空旷房屋、砌体房屋、不超过 8 层且高度在 24 m 以下的一般民用框架房屋及框架—抗震墙房屋。这里的软弱黏性土层是指设防烈度为 7 度、8 度和 9 度时，地基土承载力特征值分别小于 80 kPa、100 kPa 和 120 kPa 的土层。

（2）规范中规定可不进行上部结构抗震验算的建筑。

当地基主要受力层范围内存在软弱黏性土层与湿陷性黄土时，应结合具体情况综合考虑，采用桩基、地基加固处理（如置换、加密、强夯等）或加强基础和上部结构处理等各项措施，也可根据软土震陷量的计算采取相应措施。对可液化地基，应采取 2.4 节中的相应措施。

2.3.2 地基抗震承载力

地基土抗震承载力的计算采取在地基土承载力特征值的基础上乘以提高系数的方法。我国建筑抗震设计规范规定，在进行天然地基抗震验算时，地基土的抗震承载力按下式计算：

$$f_{aE} = \xi_a \cdot f_a \qquad (2\text{-}2)$$

式中：f_{aE}——调整后的地基土抗震承载力（kPa）；

ξ_a——地基土抗震承载力调整系数，按表 2-5 采用；

f_a——深宽修正后的地基土承载力特征值，按现行《建筑地基基础设计规范》（GB 50007）采用（kPa）。

表 2-5 地基土抗震承载力调整系数

岩土名称和性状	ξ_a
岩石，密实的碎石土，密实的砾、粗、中砂，$f_{ak} \geqslant 300$ kPa 的黏性土和粉土	1.5
中密、稍密的碎石土，中密和稍密的砾、粗、中砂，密实和中密的细、粉砂，$150 \text{ kPa} \leqslant f_{ak} < 300 \text{ kPa}$ 的黏性土和粉土，坚硬黄土	1.3
稍密的细、粉砂，$100 \text{ kPa} \leqslant f_{ak} < 150 \text{ kPa}$ 的黏性土和粉土，可塑黄土	1.1
淤泥、淤泥质土，松散的砂，杂填土，新近堆积黄土及流塑黄土	1.0

2.3.3 天然地基抗震承载力验算

验算天然地基地震作用下的竖向承载力时，按地震作用效应标准组合的基础底面平均压力和边缘最大压力应符合下列各式要求（见图 2-1）：

$$p \leqslant f_{aE} \qquad (2\text{-}3)$$

$$p_{max} \leqslant 1.2 f_{aE} \qquad (2\text{-}4)$$

式中：p——地震作用效应标准组合的基础底面平均压力（kPa）；

p_{max}——地震作用效应标准组合的基础边缘的最大压力（kPa）。

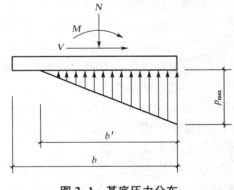

图 2-1 基底压力分布

同时，对于高宽比大于 4 的高层建筑，在地震作用下基础底面不宜出现拉应力；对于其他建筑，则要求基础底面零应力面积不超过基础底面的 15%。

2.4 地基土的液化

2.4.1 液化的概念

饱和松散的砂土或粉土（不含黄土），地震时易发生液化现象，使地基承载力丧失或减弱，甚至喷水冒砂，这种现象一般称为砂土液化或地基土液化。其产生的机理是：地震时，饱和砂土和粉土颗粒在强烈振动下发生相对位移，颗粒结构趋于压密，颗粒间孔隙水来不及排泄而受到挤压,因而使孔隙水压力急剧增加。当孔隙水压力上升到与土颗粒所受到的总的正压应力接近或相等时,土粒之间因摩擦产生的抗剪能力消失,土颗粒便形同"液体"一样处于悬浮状态,形成所谓液化现象。液化可引起地面喷水冒砂、地基不均匀沉陷、地裂或土体滑移,从而造成建筑物破坏。

震害调查表明,影响地基土液化的因素主要有以下几个方面:

(1)土层的地质年代。地质年代的新老表示土层沉积时间的长短,地质年代越古老的土层,其固结度、密实度和结构性就越好,抵抗液化能力就越强。

(2)土的组成。一般说来,细砂较粗砂容易液化,颗粒均匀单一的较颗粒级配良好的容易液化。细砂容易液化的主要原因是其透水性差,地震时易产生孔隙水超压作用。

(3)相对密度。松砂较密砂容易液化;对于粉土,其黏性颗粒含量决定了这类土壤的性质,黏性颗粒少的比多的容易液化。

(4)土层的埋深。砂土层埋深越大,其上有效覆盖压力就越大,则土的侧限压力也就越大,就越不容易液化。

(5)地下水位。地下水位浅时较地下水位深时容易发生液化。对于砂土,一般地下水位小于 4 m 时易液化,超过此深度后几乎不发生液化。

(6)地震烈度和地震持续时间。地震烈度越高和地震持续时间越长,越容易发生液化。

2.4.2　液化的判别

地基土液化判别过程可以分为初判和再判两大步骤。

1)初判

饱和的砂土或粉土(不含黄土)当符合下列条件之一时,可初步判别为不液化或不考虑液化影响:

(1)地质年代为第四纪晚更新世(Q_3)及其以前时且处于 7 度或 8 度时可判为不液化土。

(2)粉土的黏粒(粒径小于 0.005 mm 的颗粒)含量百分率当烈度为 7 度、8 度、9 度时分别不小于 10%、13%、16% 时,可判为不液化土。

(3)地下水位深度和上覆盖非液化土层厚度满足式(2-5)、式(2-6)或式(2-7)之一时,可不考虑液化影响。

$$d_u > d_o + d_b - 2 \tag{2-5}$$

$$d_w > d_o + d_b - 3 \tag{2-6}$$

$$d_u + d_w > 1.5d_o + 2d_b - 4.5 \tag{2-7}$$

式中:d_w——地下水位深度(m),按建筑设计基准期内年平均最高水位采用,也可按近期内年最高水位采用;

d_b——基础埋置深度(m),小于 2 m 时应采用 2 m;

d_o——液化土特征深度,按表 2-6 采用;

d_u——上覆盖非液化土层厚度(m),计算时应注意将淤泥和淤泥质土层扣除。

表 2-6　液化土特征深度（m）

饱和土类别	烈　　　度		
	7 度	8 度	9 度
粉土	6	7	8
砂土	7	8	9

2）再判——标准贯入试验判别

当上述所有条件均不能满足时,地基土存在液化可能。此时,应采用标准贯入试验进一步判别其是否液化。

标准贯入试验设备由穿心锤（标准重量 63.5 kg）、触探杆、贯入器等组成（图 2-2）。试验时,先用钻具钻至试验土层标高以上 15 cm,再将标准贯入器打至试验土层标高位置,然后,在锤的落距为 76 cm 的条件下,连续打入土层 30 cm,记录所得锤击数为 $N_{63.5}$。

当地面下 20 m 深度范围土的实测标准贯入锤击数 $N_{63.5}$ 小于按式（2-8）确定的下限值 N_{cr} 时,则应判为液化土,否则为不液化土。

$$N_{cr} = N_0\beta\big[\ln(0.6d_s + 1.5) - 0.1d_w\big]\sqrt{3/\rho_c} \qquad (d_s \leqslant 20)$$
$$\tag{2-8}$$

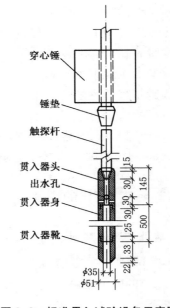

图 2-2　标准贯入试验设备示意图

式中：N_{cr}——判别标准贯入液化锤击数临界值;

　　　N_0——液化判别标准贯入锤击数基准值,按表 2-7 采用;

　　　d_s——饱和土标准贯入点深度（m）;

　　　d_w——地下水位深度（m）;

　　　ρ_c——土体黏粒含量百分率,当 ρ_c（%）小于 3 或为砂土时,取 $\rho_c = 3$;

　　　β——调整系数,设计地震第一组取 0.80,第二组取 0.95,第三组取 1.05。

表 2-7　液化判别标准贯入锤击数基准值 N_0

设计基本地震加速度（g）	0.10	0.15	0.20	0.30	0.40
液化判别标准贯入锤击数基准值	7	10	12	16	19

从式（2-8）可以看出,地基土液化的临界指标 N_{cr} 的确定主要考虑了土层所处的深度、地下水位深度、饱和土的黏粒含量以及地震烈度等影响土层液化的要素。

2.4.3　液化地基的评价

当经过上述两步判别证实地基土确实存在液化趋势后,应进一步定量分析、评价液化土可能造成的危害程度。这一工作,通常是通过计算地基液化指数来实现的。

地基土的液化指数可按下式确定：

$$I_{IE} = \sum_{i=1}^{n} \left(1 - \frac{N_i}{N_{cri}} \right) d_i W_i \qquad (2-9)$$

式中：I_{IE}——液化指数；

  n——在判别深度范围内每一个钻孔标准贯入试验点的总数；

  N_i、N_{cri}——分别为第 i 点标准贯入锤击数的实测值和临界值，当实测值大于临界值时应取临界值的数值；

  d_i——第 i 点所代表的土层厚度(m)，可采用与该标准贯入试验点相邻的上、下两标准贯入试验点深度差的一半，但上界不高于地下水位深度，下界不深于液化深度；

  W_i——第 i 土层单位土层厚度的层位影响权函数值(单位为 m^{-1})，当该层中点深度不大于 5 m 时应采用 10，等于 20 m 时应采用零值，5～20 m 时应按线性内插法取值。

根据液化指数 I_{IE} 的大小，可将液化地基划分为 3 个等级，见表 2-8。

表 2-8　液化等级与液化指数的对应关系

液化等级	轻微	中等	严重
液化指数	$0 < I_{IE} \leqslant 6$	$6 < I_{IE} \leqslant 18$	$I_{IE} > 18$

不同等级的液化地基，地面的喷砂冒水情况和对建筑物造成的危害有着显著的不同，见表 2-9。

表 2-9　不同液化等级的可能震害

液化等级	液化指数	地面喷水冒砂情况	对建筑的危害情况
轻微	<6	地面无喷水冒砂，或仅在洼地、河边有零星的喷水冒砂点	危害性小，一般不至于引起明显的震害
中等	6～18	喷水冒砂可能性大，从轻微到严重均有，多数属中等	危害性较大，可造成不均匀沉陷和开裂，有时不均匀沉陷可能达到 200 mm
严重	>18	一般喷水冒砂都很严重，地面变形很明显	危害性大，不均匀沉陷可能大于 200 mm，高重心结构可能产生不容许的倾斜

2.4.4　地基抗液化措施

对于液化地基，要根据建筑物的重要性、地基液化等级的大小，针对不同情况采取不同层次的措施。当液化土层比较平坦、均匀时，可依据表 2-10 选取适当的抗液化措施。通常情况下，不应将未经处理的液化土层作为天然地基的持力层。

表 2-10　抗液化措施

建筑类别	地基的液化等级		
	轻微	中等	严重
乙类	部分消除液化沉陷，或对基础和上部结构进行处理	全部消除液化沉陷，或部分消除液化沉陷且对基础和上部结构进行处理	全部消除液化沉陷

续表 2-10

建筑类别	地基的液化等级		
	轻微	中等	严重
丙类	对基础和上部结构进行处理,亦可不采取措施	对基础和上部结构进行处理,或采用更高要求的措施	全部消除液化沉陷,或部分消除液化沉陷且对基础和上部结构进行处理
丁类	可不采取措施	可不采取措施	对基础和上部结构进行处理,或采用其他经济的措施

表 2-10 中全部消除地基液化沉陷、部分消除地基液化沉陷、进行基础和上部结构处理等措施的具体要求如下:

1)全部消除地基液化沉陷

可采用桩基、深基础、土层加密法或挖除全部液化土层等措施。

(1)采用桩基时,桩基伸入液化深度以下稳定土层中的长度(不包括桩尖部分)应按计算确定,对碎石土、砾、粗、中砂、坚硬黏性土不应小于 0.8 m,其他非岩石不宜小于 1.5 m。

(2)采用深基础时,基础底面埋入液化深度以下稳定土层中的深度不应小于 0.5 m。

(3)采用加密方法(如振冲、振动加密、挤密碎石桩、强夯等)对可液化地基进行加固时,应处理至液化深度下界,且处理后土层的标准贯入锤击数实测值应大于相应下限值。

(4)当直接位于基底下的可液化土层较薄时,可采用全部挖除液化土层,然后分层回填非液化土。

(5)在采用加密法或换土法处理时,在基础边缘以外的处理宽度,应超过基础底面下处理深度的 1/2,且不小于处理宽度的 1/5。

2)部分消除液化地基沉陷

(1)处理深度应使处理后的地基液化指数减少,其值不宜大于 5;大面积筏基、箱基的中心区域,处理后的液化指数可比上述规定降低 1;对于独立基础和条形基础,尚不应小于基础底面下液化土特征深度和基础宽度的较大值。

(2)在处理深度范围内,应使处理后液化土层的标准贯入锤击数大于相应的临界值。

3)基础和上部结构处理

(1)选择合适的地基埋深,调整基础底面积,减少基础偏心。

(2)加强基础的整体性和刚性。

(3)增强上部结构整体刚度和均匀对称性,合理设置沉降缝。

(4)管道穿过建筑处应预留足够尺寸或采用柔性接头等。

本章小结

1. 场地条件对建筑物震害影响的主要因素是场地土的刚度(即坚硬或密实程度)和场地覆盖层厚度,因此对建筑场地类别的划分是根据土层等效剪切波速和场地覆盖层厚度进行的。

2. 天然地基抗震验算时,作用于建筑物上的各类荷载与地震作用组合后,可认为其在基础底面所产生的压力是直线分布的,基础底面平均压力和边缘最大压力应分别不超过调整后的地基土抗震承载力及其 1.2 倍;并且对于高宽比大于 4 的高层建筑,在地震作用下基础底面不宜出现拉应力;其他建筑,基础底面与地基土之间零应力区面积不应超过基础底面面积的 15%。

3. 地震引起饱和砂土和粉土的颗粒趋于密实,同时孔隙水来不及排出,致使孔隙水压力增大,颗粒间的有效应力减少,到达一定程度,土体完全丧失抗剪能力,呈液体状态,称砂土液化。砂土液化可引起地面喷水冒砂、地基不均匀沉陷、斜坡失稳、滑移,从而造成建筑物破坏。其影响因素包括:土层的地质年代、土的组成、土层的相对密度、土层的埋深、地下水位的深度以及地震烈度和地震持续时间。

4. 当建筑物的地基有饱和砂土或粉土时,应经过勘察试验来确定土层在地震时是否液化,以便采取相应的抗液化措施。由于6度区液化对房屋结构所造成的震害比较轻,一般情况下可不进行判别和处理,但对液化沉陷敏感的乙类建筑可按7度的要求进行判别和处理,7~9度时乙类建筑可按本地区抗震设防烈度的要求进行判别和处理。

5. 地基抗液化措施应根据建筑物的抗震设防类别和地基的液化等级,结合具体情况综合确定,主要包括全部消除液化沉陷、部分消除液化沉陷以及基础和上部结构处理。

2.1　什么是场地,怎样划分场地土类型和场地类别?

2.2　如何确定地基抗震承载力?简述天然地基抗震承载力的验算方法。

2.3　什么是场地覆盖层厚度?如何确定?

2.4　什么是砂土液化?液化会造成哪些危害?影响液化的主要因素有哪些?

2.5　怎样判别地基土的液化,如何确定地基土液化的危害程度?

2.6　简述可液化地基的抗液化措施。

2.7　已知某建筑场地的钻孔资料见表2-11,试计算该场地土层的自振周期,并按《建筑抗震设计规范》的规定来确定该建筑场地的类别。

表 2-11　土层资料

土的名称	层底深度(m)	土层厚度(m)	土层剪切波速 v_{si}(m/s)
杂填土	6.00	6.00	100
可塑粉质黏土	11.00	5.00	150
饱和砂土	20.00	9.00	340
基岩	—	—	>500

2.8　已知某6层、高度为20 m的丙类建筑的场地地质钻孔资料如表2-12所示(无剪切波速数据),试确定该建筑场地的类别。

表 2-12　土层资料

土的名称	层底深度(m)	土层厚度(m)	地基土静承载力特征值/(kPa)
杂填土	2.00	2.00	110
黏性土	6.00	4.00	160
粉土	8.50	2.50	180
中密的碎石土	15.50	7.00	—
基岩	—	—	—

3

结构地震反应分析与抗震验算

学习目标

本章主要介绍了建筑结构的地震反应分析和抗震验算方法。主要内容包括:单自由度弹性体系地震反应分析的基本理论与方法、单自由度弹性体系的水平地震作用计算及其反应谱理论、多自由度弹性体系地震反应分析的振型分解法、多自由度体系的水平地震作用计算、地基与结构相互作用的基本原理和计算方法、竖向地震作用的基本概念和计算、建筑结构的抗震验算等。

3.1 概述

结构的地震作用计算和抗震验算是建筑抗震设计的重要内容,是确定所设计的结构满足最低抗震设防要求的关键步骤。地震时由于地面运动使原来处于静止的结构受到动力作用,产生强迫震动。地震时由于地面加速度在结构上产生的惯性力称为结构的地震作用。地震作用下在结构中产生的内力、变形和位移等称为结构的地震反应,或称为结构的地震作用效应。建筑结构抗震设计首先要计算结构的地震作用,由此求出结构和构件的地震作用效应,然后验算结构和构件的抗震承载力及变形。

地震作用与一般荷载不同,它不仅与地面加速度的大小、持续时间及强度有关,而且还与结构的动力特性,如结构的自振频率、阻尼等有密切的关系。由于地震时地面运动是一种随机过程,运动极不规则,且工程结构物一般是由各种构件组成的空间体系,其动力特性十分复杂,所以确定地震作用要比确定一般荷载复杂得多。

目前,在我国和其他许多国家的抗震设计规范中,广泛采用反应谱理论来确定地震作用,其中以加速度反应谱应用最多。所谓加速度反应谱,就是单质点弹性体系在一定的地面运动作用下,最大反应加速度(一般用相对值)与体系自振周期的变化曲线。如果已知体系的自振周期,利用反应谱曲线和相应计算公式,就可很方便地确定体系的反应加速度,进而求出地震作用。应用反应谱理论不仅可以解决单质点体系的地震反应计算问题,而且通过振型分解法还可以计算多质点体系的地震反应。

在工程上,除采用反应谱计算结构地震作用外,对于高层建筑和特别不规则建筑等,还常采用时程分析法来计算结构的地震反应。这个方法先选定地震地面加速度图,然后用数值积分方法求解运动方程,算出每一时间增量处的结构反应,如位移、速度和加速度反应。

3.2 单自由度弹性体系的水平地震反应

为了简化结构地震反应分析,通常把具体的结构体系抽象为质点体系。所谓单质点弹性体系,是指可以将结构参与振动的全部质量集中于一点,用无质量的弹性直杆支撑于地面的体系。例如,水塔建筑的水箱部分是结构的主要质量,而塔柱部分是结构的次要质量,可将水箱的全部质量及部分塔柱质量集中到水箱质心处,使结构成为一单质点体系(图 3-1)。

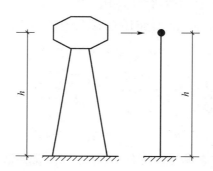

图 3-1　水塔及其计算简图

为了研究单质点弹性体系的地震反应,首先建立体系在地震作用下的运动方程(如图 3-2),其中 $x_g(t)$ 表示地面水平运动的位移,$x(t)$ 表示质点相对于地面的相对弹性位移或相对位移反应,它们皆为时间 t 的函数。

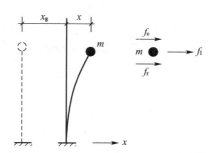

图 3-2　单自由度体系在地震作用下的振动

若取质点 m 为隔离体,由动力学可知,该质点上作用有 3 种力,即惯性力 f_I、阻尼力 f_c 和弹性恢复力 f_r。

惯性力是质点的质量 m 与绝对加速度 $[\ddot{x}_g + \ddot{x}]$ 的乘积,但方向与质点运动加速度方向相反:

$$f_I = -m[\ddot{x}_g + \ddot{x}] \tag{3-1}$$

阻尼力是使结构振动衰减的力,它由外部介质阻力、构件和支座部分连接处的摩擦和材料的非弹性变形以及通过地基散失能量(由地基震动引起)等原因引起。在工程计算中一般采用

黏滞阻尼理论确定,即假定阻尼力与质点速度成正比,但方向与质点运动速度相反:

$$f_c = -c\dot{x} \tag{3-2}$$

式中:c——阻尼系数。

弹性恢复力是使质点从振动位置回到平衡位置的力,其大小与质点 m 的相对位移 x 成正比,即

$$f_r = -kx \tag{3-3}$$

式中:k——弹性直杆的刚度系数,即质点发生单位水平位移时在质点处所施加的力;

负号表示 f_r 力的指向总是与位移方向相反。

根据达朗贝尔(D'Alembert)原理,作用在其上的主动力、约束力和惯性力三者相互平衡,即

$$f_I + f_c + f_r = 0 \tag{3-4}$$

将式(3-1)、式(3-2)及式(3-3)代入式(3-4),得

$$m\ddot{x} + c\dot{x} + kx = -m\ddot{x}_g \tag{3-5}$$

式(3-5)即为单自由度体系的运动方程,为一个二阶常系数非齐次线性微分方程。为便于方程的求解,将式(3-5)两边同除以 m,得

$$\ddot{x} + \frac{c}{m}\dot{x} + \frac{k}{m}x = -\ddot{x}_g \tag{3-6}$$

$$\omega = \sqrt{\frac{k}{m}} \tag{3-7}$$

$$\xi = \frac{c}{2\omega m} \tag{3-8}$$

则式(3-6)可写成

$$\ddot{x} + 2\omega\xi\dot{x} + \omega^2 x = -\ddot{x}_g \tag{3-9}$$

式(3-9)就是所要建立的单质点弹性体系在地震作用下的运动微分方程,该方程是一个二阶常系数非齐次线性微分方程,它的解包含两部分:一个是对应于齐次微分方程的通解;另一个是微分方程的特解。前者表示自由振动,后者表示强迫振动。也就是说,单自由度弹性体系的地震反应由下面关系给出:

$$\text{体系地震反应 } x(t) = \text{自由振动反应 } x_1(t) + \text{强迫振动反应 } x_2(t) \tag{3-10}$$

在式(3-9)中令右端项为零可求得体系的自由振动反应,具体的求解见结构动力学教材,此处不予详述。若给定初始位移和初始速度,在小阻尼($\xi < 1$)条件下,体系自由振动反应由下式给出:

$$x_1(t) = e^{-\xi\omega t}\left[x_0\cos\omega_D t + \frac{\dot{x}_0 + \xi\omega x_0}{\omega_D}\sin\omega_D t\right] \tag{3-11}$$

式中：x_0、$\dot{x}_0$——分别为 $t=0$ 时的初位移和初速度；

ω_D——有阻尼体系的自由振动频率，$\omega_D = \omega\sqrt{1-\xi^2}$。

在式（3-9）中的 $\ddot{x}_g$ 为地面水平地震动加速度，在工程设计中一般取实测地震波记录。由于地震动的随机性，对强迫振动反应不可能求得解析表达式，只能借助数值积分的方法求出数值解。在动力学中，式（3-9）的强迫振动反应由下面的杜哈梅（Duhamel）积分给出：

$$x_2(t) = \int_0^t \mathrm{d}x(t) = -\frac{1}{\omega_D}\int_0^t \ddot{x}_g(\tau)\mathrm{e}^{-\xi\omega(t-\tau)}\sin\omega_D(t-\tau)\mathrm{d}\tau \qquad (3\text{-}12)$$

当体系初始处于静止状态时，即初位移和初速度均为零，则由式（3-11）可知，体系自由振动反应 $x_1(t)=0$。另外，即使初位移和初速度不为零，由式（3-11）给出的自由振动反应也会由于阻尼的存在而迅速衰减，因此在地震反应分析时可不考虑其影响。对于一般工程结构，阻尼比 $\xi \ll 1$，约在 $0.01 \sim 0.10$ 之间，此时 $\omega_D \approx \omega$。于是，体系的地震反应为

$$x(t) = = -\frac{1}{\omega}\int_0^t \ddot{x}_g(\tau)\mathrm{e}^{-\xi\omega(t-\tau)}\sin\omega(t-\tau)\mathrm{d}\tau \qquad (3\text{-}13)$$

3.3 单自由度弹性体系的水平地震作用计算的反应谱法

3.3.1 单自由度弹性体系的水平地震作用

对于结构设计来说，感兴趣的是结构的最大反应，因此，将质点所受最大惯性力定义为单自由度弹性体系的地震作用，即

$$F = |m(\ddot{x}_g + \ddot{x})|_{\max} = m|\ddot{x}_g + \ddot{x}|_{\max} \qquad (3\text{-}14)$$

将单自由度弹性体系运动方程式（3-5）改写成

$$m(\ddot{x}_g + \ddot{x}) = -(c\dot{x} + kx) \qquad (3\text{-}15)$$

并注意到物体振动的一般规律为：加速度最大时，速度最小（$\dot{x} \to 0$），则由式（3-15）近似可得

$$|m(\ddot{x}_g + \ddot{x})|_{\max} = k|x|_{\max} \qquad (3\text{-}16)$$

即

$$F = k|x|_{\max} = m\omega\left|\int_0^t \ddot{x}_g(\tau)\mathrm{e}^{-\xi\omega(t-\tau)}\sin\omega(t-\tau)\mathrm{d}\tau\right|_{\max} = mS_a \qquad (3\text{-}17)$$

式中：S_a——质点振动加速度最大绝对值，即

$$S_a = \omega\left|\int_0^t \ddot{x}_g(\tau)\mathrm{e}^{-\xi\omega(t-\tau)}\sin\omega(t-\tau)\mathrm{d}\tau\right|_{\max} \qquad (3\text{-}18)$$

3.3.2 地震系数、动力系数

为了便于工程应用,将式(3-17)作如下变换:

$$F = mS_a = mg \frac{|\ddot{x}_g|_{max}}{g} \frac{S_a}{|\ddot{x}_g|_{max}} = Gk\beta \tag{3-19}$$

式中:G——体系的重量;

$\qquad k$——地震系数;

$\qquad \beta$——动力系数。

1)地震系数

地震系数 k 是地面运动加速度最大绝对值与重力加速度的比值。即

$$k = \frac{|\ddot{x}_g|_{max}}{g} \tag{3-20}$$

也就是以重力加速度为单位的地震动峰值加速度。显然,地面加速度愈大,地震的影响就愈强烈,即地震烈度愈大。所以,地震系数与地震烈度有关,都是地震强烈程度的参数。

我国《建筑抗震设计规范》(GB 50011—2010)采用的地震系数与基本烈度之间的对应关系见表3-1。

表 3-1 地震系数 k 与地震烈度关系

基本烈度	6	7	8	9
地震系数 k	0.05	0.10(0.15)	0.20(0.30)	0.40

注:括号中数值分别用于设计基本地震加速度为 $0.15g$ 和 $0.30g$ 的地区。

2)动力系数

动力系数 β 是单质点弹性体系在地震作用下最大反应加速度与地面最大加速度之比,即

$$\beta = \frac{S_a}{|\ddot{x}_g|_{max}} \tag{3-21}$$

也就是质点最大反应加速度比地面最大加速度放大的倍数。

为使动力系数能用于结构抗震设计,采取以下措施:

(1)取确定的阻尼比 $\xi = 0.05$。因大多数实际建筑结构的阻尼比在 0.05 左右。

(2)按场地、震中距将地震动分类。

(3)计算每一类地震动记录动力系数的平均值:

$$\bar{\beta} = \frac{\sum_{i=1}^{n} \beta_i \Big|_{\xi=0.05}}{n} \tag{3-22}$$

上述措施(1)考虑了阻尼比对地震反应谱的影响,措施(2)考虑了地震动频率的主要影响

因素,措施(3)考虑了类别相同的不同地震动记录地震反应谱的变异性。

3)地震影响系数

为简化计算,令

$$\alpha = k\bar{\beta} \tag{3-23}$$

α 称为地震影响系数。由于 α 与 $\bar{\beta}$ 仅相差一常系数(地震系数),因而 α 的物理意义与 $\bar{\beta}$ 相同,是一设计反应谱。由此得到的 α 经平滑后如图 3-3 所示。图中

$$\alpha_{max} = k\beta_{max} \tag{3-24}$$

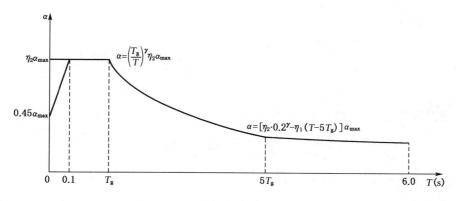

图 3-3　地震影响系数谱曲线

式中:T_g——特征周期,与场地条件和设计地震分组有关,按表 3-2 确定;

$\quad\quad T$——结构自振周期;

$\quad\quad \gamma$——衰减指数;

$\quad\quad \eta_1$——直线下降段斜率调整系数;

$\quad\quad \eta_2$——阻尼调整系数。

表 3-2　特征周期值 T_g(s)

设计地震分组	场 地 类 别				
	I_0	I_1	II	III	IV
第一组	0.20	0.25	0.35	0.45	0.65
第二组	0.25	0.30	0.40	0.55	0.75
第三组	0.30	0.35	0.45	0.65	0.90

目前,我国建筑抗震采用两阶段设计:第一阶段进行结构强度与弹性变形验算时采用多遇地震烈度,其 k 值相当于基本烈度的 1/3;第二阶段进行结构弹塑性变形验算时采用罕遇地震烈度,其 k 值相当于基本烈度的 1.5～2 倍(烈度越高,k 值越小)。由此,由表 3-1 及式(3-24)可得各设计阶段的 α_{max} 值,如表 3-3 所示。

表 3-3　水平地震影响系数最大值 $\alpha_{\max}$

地震影响	设 防 烈 度			
	6 度	7 度	8 度	9 度
多遇地震	0.04	0.08(0.12)	0.16(0.24)	0.32
罕遇地震	0.28	0.50(0.72)	0.90(1.20)	1.40

注:括号中数值分别用于设计基本地震加速度取 0.15g 和 0.30g 的地区。

4)阻尼对地震影响系数的影响

当建筑结构阻尼比按有关规定不等于 0.05 时,其水平地震影响系数仍按图 3-3 确定,但形状参数应作调整。

(1)曲线下降段的衰减指数,按下式确定:

$$\gamma = 0.9 + \frac{0.05 - \xi}{0.3 + 6\xi} \tag{3-25}$$

(2)直线下降段的下降斜率调整系数,按下式确定:

$$\eta_1 = 0.02 + \frac{0.05 - \xi}{4 + 32\xi} \tag{3-26}$$

(3)阻尼调整系数,按下式确定:

$$\eta_2 = 1 + \frac{0.05 - \xi}{0.08 + 1.6\xi} \tag{3-27}$$

当 $\eta_2 < 0.55$ 时,取 $\eta_2 = 0.55$。

5)地震作用计算

抗震设计时单自由度体系水平地震作用计算公式为

$$F = \alpha G \tag{3-28}$$

地震影响系数与地震反应谱的关系为

$$\alpha(T) = \frac{mS_a(T)}{G} = \frac{S_a(T)}{g} \tag{3-29}$$

【例题 3-1】　已知某单跨单层厂房结构,可简化为单自由度体系,其质点集中质量 $m = 95.92 \times 10^3 \, \text{kg}$。设屋盖刚度无限大,忽略柱自重。柱侧移刚度 $k_1 = k_2 = 3.1 \times 10^3 \, \text{kN/m}$,结构阻尼比为 $\xi = 0.05$,为 Ⅰ₁ 类场地,设计地震分组为第二组,设计基本地震加速度为 0.20g。求厂房在多遇地震时水平地震作用。

【解】　(1)根据已知条件,柱抗侧移刚度为两柱抗侧移刚度之和

$$k = k_1 + k_2 = 6.2 \times 10^3 \, \text{kN/m} = 6.2 \times 10^6 \, \text{N/m}$$

即结构的自振为

$$T = 2\pi\sqrt{\frac{m}{k}} = 2\pi\sqrt{\frac{95.92 \times 10^3}{6.2 \times 10^6}} = 0.781 \, \text{s}$$

（2）确定地震影响系数最大值 $\alpha_{\max}$ 和特征周期 T_g

由表 3-1 可知，设计基本地震加速度为 $0.20g$ 所对应的抗震设防烈度为 8 度。由表 3-3 查得，在多遇地震时，$\alpha_{\max}=0.16$，由表 3-2 得，在 I_1 类场地、设计分组为第二组，特征周期 $T_g=0.30$ s。

（3）计算地震影响系数 α（可通过反应谱确定）

由图 3-3 可知，因为 $T_g<T<5T_g$，所以 α 处于反应谱曲线下降段，即

$$\alpha=\left(\frac{T_g}{T}\right)^{\gamma}\eta_2\alpha_{\max}$$

当阻尼比 $\xi=0.05$，由式(3-25)和式(3-27)可得 $\gamma=0.9$，$\eta_2=1.0$，则

$$\alpha=\left(\frac{T_g}{T}\right)^{\gamma}\eta_2\alpha_{\max}=\left(\frac{0.30}{0.781}\right)^{0.9}\times(1.0\times0.16)=0.068$$

（4）计算水平地震作用

由公式(3-28)得

$$F=\alpha G=0.068\times940=63.9\text{ kN}$$

3.4　多自由度弹性体系的水平地震反应

3.4.1　运动微分方程的建立

在单向水平地面运动作用下，多自由度体系的变形如图 3-4 所示。设该体系各质点的相对水平位移为 $x_i(i=1,2,\cdots,n)$，其中 n 为体系自由度数，则各质点所受的水平惯性力为

$$f_{\text{I}1}=-m_1(\ddot{x}_g+\ddot{x}_1)$$
$$f_{\text{I}2}=-m_2(\ddot{x}_g+\ddot{x}_2)$$
$$\cdots\cdots$$
$$f_{\text{I}n}=-m_n(\ddot{x}_g+\ddot{x}_n)$$

将上列公式表达成向量和矩阵的形式为

$$\{F\}=-[M](\{\ddot{x}\}+\{1\}\ddot{x}_g) \qquad (3\text{-}30)$$

其中

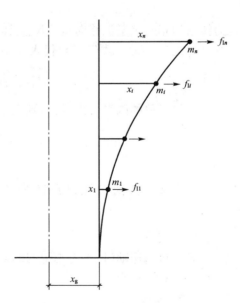

图 3-4　多自由度体系的变形

$$\{F\}=[f_{\text{I}1},f_{\text{I}2},\cdots,f_{\text{I}n}]^{\text{T}} \qquad (3\text{-}31\text{a})$$

$$\{\ddot{x}\}=[\ddot{x}_1,\ddot{x}_2,\cdots,\ddot{x}_n]^{\text{T}} \qquad (3\text{-}31\text{b})$$

$$\{1\} = [1, 1, \cdots, 1]^{\mathrm{T}} \tag{3-31c}$$

$$[M] = \begin{bmatrix} m_1 & & & 0 \\ & m_2 & & \\ & & \ddots & \\ 0 & & & m_n \end{bmatrix}, \ [C] = \begin{bmatrix} c_{11} & c_{12} & \cdots & c_{1n} \\ c_{21} & c_{22} & \cdots & c_{2n} \\ \vdots & \vdots & \vdots & \vdots \\ c_{n1} & c_{n2} & \cdots & c_{nn} \end{bmatrix}, \ [K] = \begin{bmatrix} k_{11} & k_{12} & \cdots & k_{1n} \\ k_{21} & k_{22} & \cdots & k_{2n} \\ \vdots & \vdots & \vdots & \vdots \\ k_{n1} & k_{n2} & \cdots & k_{nn} \end{bmatrix}$$

$$\tag{3-32}$$

式中：$[M]$、$[C]$、$[K]$——分别为体系的质量矩阵、阻尼矩阵、刚度矩阵，其中$[M]$为对角矩阵，

               $[K]$为对称矩阵；

    m_i——集中质量；

    k_{ij}——刚度系数，$k_{ij} = k_{ji}$，当j自由度产生单位位移，其余自由度不动时，在i自由度上

        需要施加的力；

    c_{ij}——阻尼系数，当j自由度产生单位速度，其余自由度不动时，在i自由度上产生的阻

        尼力；

    $\ddot{x}_i$——质点i相对水平加速度。

由结构力学的矩阵位移法，可列出该体系的刚度方程为

$$[K]\{x\} = \{F\} \tag{3-33}$$

其中

$$\{x\} = [x_1, x_2, \cdots, x_n]^{\mathrm{T}} \tag{3-34}$$

为体系的相对水平位移向量；$[K]$为体系与$\{x\}$相应的刚度矩阵。

将式(3-30)～式(3-34)代入式(3-5)得多自由度体系无阻尼运动方程为

$$[M]\{\ddot{x}\} + [K]\{x\} = -[M]\{1\}\ddot{x}_{\mathrm{g}} \tag{3-35}$$

若将阻尼的因素考虑进去，则上式应为

$$[M]\{\ddot{x}\} + [C]\{\dot{x}\} + [K]\{x\} = -[M]\{1\}\ddot{x}_{\mathrm{g}} \tag{3-36}$$

3.4.2　多自由度体系的自由振动

1）主振型

研究自由振动时，不考虑阻尼的影响。此时体系所受外力为零，则由式(3-35)得多自由度自由振动方程为

$$[M]\{\ddot{x}\} + [K]\{x\} = \{0\} \tag{3-37}$$

设方程的解为如下形式

$$\{x\} = \{\varphi\}\sin(\omega t + \varphi) \tag{3-38}$$

这里$\{\varphi\}$是位移幅值向量，即

$$\{\varphi\} = [\varphi_1, \varphi_2, \cdots, \varphi_n]^T$$

将式(3-38)代入式(3-37),得

$$([K] - \omega^2[M])\{\varphi\}\sin(\omega t + \varphi) = \{0\} \tag{3-39}$$

消去公因子 $\sin(\omega t + \varphi) \neq 0$,即得

$$([K] - \omega^2[M])\{\varphi\} = \{0\} \tag{3-40}$$

上式是位移幅值$\{\varphi\}$的齐次方程,称之为特征方程。为了得到$\{\varphi\}$的非零解,应使系数行列式为零,即

$$[K] - \omega^2[M] = \{0\} \tag{3-41}$$

方程(3-41)称为体系的特征值方程。将行列式展开,可得到一个关于频率参数 ω^2 的 n 次代数方程(n 是体系自由度的次数)。求出这个方程的 n 个根 $\omega_1^2, \omega_2^2, \cdots, \omega_n^2$。把全部自振频率按照由小到大的顺序排列而成的向量称为频率向量ω,其中最小的频率称为基本频率或第一频率。

令$\{\varphi_i\}$表示与频率ω_i相应的主振型向量

$$\{\varphi_i\} = [\varphi_{i1}, \varphi_{i2}, \cdots, \varphi_{in-1}, \varphi_{in}]^T$$

将ω_i和$\{\varphi_i\}$代入式(3-36),得

$$([K] - \omega_i^2[M])\{\varphi_i\} = \{0\} \tag{3-42}$$

令 $i = 1, 2, \cdots, n$,可得出 n 个向量方程,由此可求出 n 个主振型向量

$$\{\varphi_i\} = [\varphi_{i1}, \varphi_{i2}, \cdots, \varphi_{in-1}, \varphi_{in}]^T$$

每一个向量方程(3-38)都代表 n 个联立方程,由于这是一组齐次方程,由代数知识可知,即可唯一地确定主振型$\{\varphi_i\}$的形状,但不能唯一地确定它的振幅。

为了使主振型$\{\varphi_i\}$的振幅也具有确定值,可以规定主振型$\{\varphi_i\}$中的某个元素为某个给定值,如规定第一个元素 φ_i 等于1,这样得到的主振型称为标准化主振型,通常简称振型。

2)主振型的正交性

将体系动力特征方程改写为

$$[K]\{\varphi\} = \omega^2[M]\{\varphi\} \tag{3-43}$$

上式对体系任意第 i 阶和第 j 阶频率和振型均应成立,即

$$[K]\{\varphi_i\} = \omega_i^2[M]\{\varphi_i\} \tag{3-44a}$$

$$[K]\{\varphi_j\} = \omega_j^2[M]\{\varphi_j\} \tag{3-44b}$$

对式(3-54a)两边左乘$\{\varphi_j\}^T$,并对式(3-44b)两边左乘$\{\varphi_i\}^T$,得

$$\{\varphi_j\}^T[K]\{\varphi_i\} = \omega_i^2\{\varphi_j\}^T[M]\{\varphi_i\} \tag{3-44c}$$

$$\{\varphi_i\}^T[K]\{\varphi_j\} = \omega_j^2\{\varphi_i\}^T[M]\{\varphi_j\} \tag{3-44d}$$

将式(3-44d)两边转置，并注意到刚度矩阵和质量矩阵的对称性，得

$$\{\varphi_j\}^{\mathrm{T}}[K]\{\varphi_i\} = \omega_j^2 \{\varphi_j\}^{\mathrm{T}}[M]\{\varphi_i\} \tag{3-44e}$$

将式(3-44c)与式(3-44e)相减得

$$(\omega_i^2 - \omega_j^2) \{\varphi_j\}^{\mathrm{T}}[M]\{\varphi_i\} = 0 \tag{3-44f}$$

如果 $\bar{\omega}_i \neq \bar{\omega}_j$，则得

$$\{\varphi_j\}^{\mathrm{T}}[M]\{\varphi_i\} = 0 \qquad i \neq j \tag{3-45}$$

上式就是所要证明的第一个正交关系式。它表明，相对于质量矩阵 $[M]$ 来说，不同频率相应的主振型是彼此正交的。

如果将式(3-45)代入式(3-44c)得出第二个正交关系如下：

$$\{\varphi_j\}^{\mathrm{T}}[K]\{\varphi_i\} = 0 \qquad i \neq j \tag{3-46}$$

上式表明，相对于刚度矩阵 $[K]$ 来说，不同频率相应的主振型也是彼此正交的。

3.4.3　运动微分方程的解

将体系任一质点的位移 $\{x\}$ 按主振型展开得

$$\{x\} = \sum_{j=1}^{n} q_j \{\varphi_j\} \tag{3-47}$$

式中 $q_j(j = 1, 2, \cdots, n)$ 称为广义坐标，它是时间 t 的函数。

将式(3-47)代入多自由度体系一般有阻尼运动方程(3-36)得

$$\sum_{j=1}^{n} ([M]\{\varphi_j\}\ddot{q}_j + [C]\{\varphi_j\}\dot{q}_j + [K]\{\varphi_j\}q_j) = -[M]\{1\}\ddot{x}_g \tag{3-48}$$

将上式两边左乘 $\{\varphi_i\}^{\mathrm{T}}$ 得

$$\sum_{j=1}^{n} (\{\varphi_i\}^{\mathrm{T}}[M]\{\varphi_j\}\ddot{q}_j + \{\varphi_i\}^{\mathrm{T}}[C]\{\varphi_j\}\dot{q}_j + \{\varphi_i\}^{\mathrm{T}}[K]\{\varphi_j\}q_j) = -\{\varphi_i\}^{\mathrm{T}}[M]\{1\}\ddot{x}_g$$

$$\tag{3-49}$$

注意到振型关于质量矩阵和刚度矩阵的正交性，并设振型关于阻尼矩阵也正交，即

$$\{\varphi_i\}^{\mathrm{T}}[C]\{\varphi_j\} = 0 \qquad i \neq j \tag{3-50}$$

则式(3-49)成为

$$\{\varphi_i\}^{\mathrm{T}}[M]\{\varphi_i\}\ddot{q}_i + \{\varphi_i\}^{\mathrm{T}}[C]\{\varphi_i\}\dot{q}_i + \{\varphi_i\}^{\mathrm{T}}[K]\{\varphi_i\}q_i = -\{\varphi_i\}^{\mathrm{T}}[M]\{1\}\ddot{x}_g \tag{3-51}$$

将式(3-44a)两边左乘 $\{\varphi_i\}^{\mathrm{T}}$

$$\{\varphi_i\}^{\mathrm{T}}[K]\{\varphi_i\} = \omega_i^2 \{\varphi_i\}^{\mathrm{T}}[M]\{\varphi_i\} \tag{3-52}$$

则可得

$$\omega_i^2 = \frac{\{\varphi_i\}^{\mathrm{T}}[K]\{\varphi_i\}}{\{\varphi_i\}^{\mathrm{T}}[M]\{\varphi_i\}} \tag{3-53}$$

令

$$2\omega_i\xi_i = \frac{\{\varphi_i\}^{\mathrm{T}}[C]\{\varphi_i\}}{\{\varphi_i\}^{\mathrm{T}}[M]\{\varphi_i\}} \tag{3-54}$$

$$\gamma_i = \frac{\{\varphi_i\}^{\mathrm{T}}[M]\{1\}}{\{\varphi_i\}^{\mathrm{T}}[M]\{\varphi_i\}} \tag{3-55}$$

将式(3-51)两边同除以$\{\varphi_i\}^{\mathrm{T}}[M]\{\varphi_i\}$可得

$$\ddot{q}_i + 2\omega_i\xi_i\dot{q}_i + \bar{\omega}_i^2 q_i = -\gamma_i\ddot{x}_{\mathrm{g}} \tag{3-56}$$

这样,经过变换,便将原来运动微分方程组(3-48)分解成n个以广义坐标q_i的独立微分方程了。它与单质点体系在地震作用下的运动微分方程(3-9)相同,所不同的只是方程(3-9)中的ξ变成ξ_i,ω变成ω_i,同时等号右边多了一个系数γ_i。所以式(3-56)的解可按式(3-9)积分求得

$$q_i(t) = -\frac{\gamma_i}{\omega_{iD}}\int_0^t \ddot{x}_{\mathrm{g}}(\tau)\mathrm{e}^{-\xi_i\omega_i(t-\tau)}\sin\omega_{iD}(t-\tau)\mathrm{d}\tau = \gamma_j\Delta_j(t) \tag{3-57}$$

其中

$$\omega_{iD} = \omega_i\sqrt{1-\xi_i^2} \tag{3-58}$$

比较(3-57)和式(3-13),可见$\Delta_i(t)$相当于阻尼比ξ_i、自振频率ω_i的单质点体系在地震作用下的位移。这个单质点体系称为振型i相应振子。

求得各振型的广义坐标q_i后,就可按式(3-57)求出原体系的位移反应:

$$(\{x(t)\} = \sum_{j=1}^n \gamma_j\Delta_j(t)\{\varphi_j\} = \sum_{j=1}^n \{x_j(t)\} \tag{3-59}$$

其中

$$\{x_j(t)\} = \gamma_j\Delta_j(t)\{\varphi_j\} \tag{3-60}$$

上式表明,多质点弹性体系质点i的地震反应等于各振型参与系数γ_i与该体型相应振子的地震位移反应的乘积,再乘以该振型质点i的相对位移,然后再把它加总起来。这种振型分解法不仅对计算多质点体系的地震位移反应十分简便,而且也为按反应谱理论计算多质点体系的地震作用提供了方便条件。

对结构抗震设计最有意义的是结构最大地震反应。下面两节分别介绍两种计算多自由度弹性体系最大地震反应的方法。

3.5 振型分解反应谱法

多质点弹性体系在地震影响下,在质点i上所产生的地震作用等于质点i上的惯性力

$$f_i = -m_i[\ddot{x}_i(t) + \ddot{x}_g(t)] \tag{3-61}$$

式中 m_i 为第 i 质点的质量，$\ddot{x}_i(t)$ 为质点 i 的相对加速度，其值等于

$$\ddot{x}_i(t) = \sum_{j=1}^{n} \gamma_j \ddot{\Delta}_j(t) \varphi_{ji} \tag{3-62}$$

$\ddot{x}_g(t)$ 为地震时地面加速度。为了使推导公式简便起见，把它写成

$$\ddot{x}_g(t) = \left(\sum_{j=1}^{n} \gamma_j \varphi_{ji}\right) \ddot{x}_g(t) \tag{3-63}$$

其中

$$\sum_{i=1}^{n} \gamma_i \{\varphi_i\} = \{1\} \tag{3-64}$$

公式(3-64)的证明从略。

将式(3-62)和式(3-63)代入式(3-61)，得

$$f_{ji} = -m_i \gamma_j \varphi_{ji} [\ddot{\Delta}_j(t) + \ddot{x}_g(t)] \tag{3-65}$$

其中 $\ddot{\Delta}_j(t) + \ddot{x}_g(t)$ 为第 j 振型对应的振子(它的自振频率为 ω_j，阻尼比为 ξ_j)的绝对加速度。

在第 j 振型第 i 质点上的地震作用最大值，可写成

$$F_{ji} = m_i \gamma_j \varphi_{ji} |\ddot{\Delta}_j(t) + \ddot{x}_g(t)|_{\max} \tag{3-66}$$

则由地震反应谱的定义，可将质点 i 的第 j 振型水平地震作用表达为

$$F_{ji} = m_i \gamma_j \varphi_{ji} S_a(T_j) \tag{3-67}$$

进行结构抗震设计需采用反应谱，由地震影响系数反应谱与地震反应谱的关系可得

$$F_{ji} = (m_i g) \gamma_j \varphi_{ji} \alpha_j = G_i \alpha_j \gamma_j \varphi_{ji} \tag{3-68}$$

式中：F_{ji}——第 j 振型第 i 质点的水平地震作用标准值；

α_j——相应于第 j 振型自振周期的影响系数；

γ_j——第 j 振型参与系数，即 $\gamma_j = \dfrac{\sum\limits_{i=1}^{n} \varphi_{ji} G_i}{\sum\limits_{i=1}^{n} \varphi_{ji}^2 G_i}$；

φ_{ji}——第 j 振型第 i 质点的相对水平位移；

G_i——集中于 i 质点的重力荷载代表值。

求出第 j 振型质点 i 上的水平地震作用 F_{ji} 后，就可按一般力学方法计算结构的地震作用效应 S_j(弯矩、剪力、轴向力和变形)。根据振型分解反应谱法确定的相应于各振型的地震作用 $F_{ji}(i=1,2,\cdots,n;j=1,2,\cdots,n)$ 均为最大值。所以，按 F_{ji} 所求得的地震作用效应 $S_j(j=1,2,\cdots,n)$ 也是最大值。但是，相应于各振型的最大地震作用效应 S_j 不会同时发生，这样就出现了如何将 S_j 进行组合，以确定合理的地震作用效应问题。

《建筑抗震设计规范》根据概率论的方法，得出了结构地震作用效应"平方和开平方"

(SRSS)的近似计算公式：

$$S = \sqrt{\sum S_j^2}$$

$(3-69)$

式中：S——水平地震效应；

  S_j——第 j 振型水平地震作用产生的作用效应，可只取 2~3 个振型，当基本自振周期大于 1.5 s 或房屋高宽比大于 5 时，振型个数可适当增加。

【例题 3-2】 一钢筋混凝土框架办公楼，层数为 3 层，计算简图如图 3-5 所示，层高均为 4 m，经过计算得集中于各楼层标高处的重力荷载代表值分别为：$G_1 = 345$ kN，$G_2 = 360$ kN，$G_3 = 340$ kN；各层侧移刚度分别为：$k_1 = 12\,500$ kN/m，$k_2 = 9\,900$ kN/m，$k_3 = 9\,800$ kN/m；体系的前 3 阶自振频率分别为：$\omega_1 = 15.90$ rad/s，$\omega_2 = 41.10$ rad/s，$\omega_3 = 62.22$ rad/s。体系的前 3 阶振型分别为

$$\{X\}_1 = \begin{Bmatrix} 0.302 \\ 0.675 \\ 1.0 \end{Bmatrix}, \{X\}_2 = \begin{Bmatrix} -0.682 \\ -0.604 \\ 1.0 \end{Bmatrix}, \{X\}_3 = \begin{Bmatrix} 2.352 \\ -2.452 \\ 1.0 \end{Bmatrix}$$

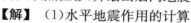

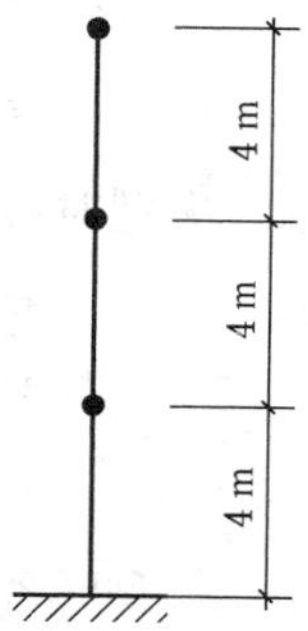

该结构建造在设防烈度为 8 度的 I 类场地上，该地区设计基本地震加速度值为 0.20g，设计地震分组为第一组，结构的阻尼比 $\xi = 0.05$，试用振型分解反映谱法计算该框架在多遇地震作用下的层间地震剪力及顶点位移，并绘出层间地震剪力图。

图 3-5 计算简图

【解】 (1)水平地震作用的计算

① 求地震影响系数

根据已知条件，由表 3-2、3-3 查得 $T_g = 0.25$ s，$\alpha_{max} = 0.16$。

结构的阻尼比 $\xi = 0.05$ 时，通过式(3-27)和式(3-25)得到 $\gamma = 0.9$，$\eta_2 = 1.0$。

再求出自振周期为

$$T_1 = \frac{2\pi}{\omega_1} = \frac{2\pi}{15.90 \text{ rad/s}} = 0.395 \text{ s}$$

$$T_2 = \frac{2\pi}{\omega_2} = \frac{2\pi}{41.10 \text{ rad/s}} = 0.153 \text{ s}$$

$$T_3 = \frac{2\pi}{\omega_3} = \frac{2\pi}{62.22 \text{ rad/s}} = 0.101 \text{ s}$$

由图 3-3 地震影响系数谱曲线可得，$T_g < T_1 < 5T_g$，所以 α 处于反应谱曲线下降段，即

$$\alpha_1 = \left(\frac{T_g}{T_1}\right)^\gamma \eta_2 \alpha_{max} = \left(\frac{0.25}{0.395}\right)^{0.9} \times (1.0 \times 0.16) = 0.106$$

由于 $0.1 < T_2, T_3 < T_g$，所以

$$\alpha_2 = \alpha_3 = \eta_2 \alpha_{max} = 0.16$$

② 求振型参与系数 γ_j

$$\gamma_1 = \frac{\sum\limits_{i=1}^{3} G_i X_{1i}}{\sum\limits_{i=1}^{3} G_i X_{1i}^2} = \frac{345 \times 0.302 + 360 \times 0.675 + 340 \times 1.0}{345 \times 0.302^2 + 360 \times 0.675^2 + 340 \times 1.0^2} = 1.283$$

$$\gamma_2 = \frac{\sum\limits_{i=1}^{3} G_i X_{2i}}{\sum\limits_{i=1}^{3} G_i X_{2i}^2} = \frac{345 \times (-0.682) + 360 \times (-0.604) + 340 \times 1.0}{345 \times (-0.682)^2 + 360 \times (-0.604)^2 + 340 \times 1.0^2} = -0.178$$

$$\gamma_3 = \frac{\sum\limits_{i=1}^{3} G_i X_{3i}}{\sum\limits_{i=1}^{3} G_i X_{3i}^2} = \frac{345 \times 2.352 + 360 \times (-2.452) + 340 \times 1.0}{345 \times 2.352^2 + 360 \times (-2.452)^2 + 340 \times 1.0^2} = 0.061$$

③ 各阶振型下的水平地震作用的计算 F_{ji}

第一振型时各质点地震作用 F_{1i}

$$F_{11} = \alpha_1 \gamma_1 X_{11} G_1 = 0.106 \times 1.283 \times 0.302 \times 345 = 14.17 \text{ kN}$$
$$F_{12} = \alpha_1 \gamma_1 X_{12} G_2 = 0.106 \times 1.283 \times 0.675 \times 360 = 33.05 \text{ kN}$$
$$F_{13} = \alpha_1 \gamma_1 X_{13} G_3 = 0.106 \times 1.283 \times 1.0 \times 340 = 46.24 \text{ kN}$$

第二振型时各质点地震作用 F_{2i}

$$F_{21} = \alpha_2 \gamma_2 X_{21} G_1 = 0.16 \times (-0.178) \times (-0.682) \times 345 = 6.70 \text{ kN}$$
$$F_{22} = \alpha_2 \gamma_2 X_{22} G_2 = 0.16 \times (-0.178) \times (-0.604) \times 360 = 6.19 \text{ kN}$$
$$F_{23} = \alpha_2 \gamma_2 X_{23} G_3 = 0.16 \times (-0.178) \times 1.0 \times 340 = -9.68 \text{ kN}$$

第三振型时各质点地震作用 F_{3i}

$$F_{31} = \alpha_3 \gamma_3 X_{31} G_1 = 0.16 \times 0.061 \times 2.352 \times 345 = 7.92 \text{ kN}$$
$$F_{32} = \alpha_3 \gamma_3 X_{32} G_2 = 0.16 \times 0.061 \times (-2.452) \times 360 = -8.62 \text{ kN}$$
$$F_{33} = \alpha_3 \gamma_3 X_{33} G_3 = 0.16 \times 0.061 \times 1.0 \times 340 = 3.32 \text{ kN}$$

(2) 各层地震剪力的计算

由静力平衡可得各阶振型下的楼层地震剪力,然后用"平方和开方"得到各层地震剪力:

$$V_1 = \sqrt{\sum V_{j1}^2} = \sqrt{(F_{11}+F_{12}+F_{13})^2 + (F_{21}+F_{22}+F_{23})^2 + (F_{31}+F_{32}+F_{33})^2}$$
$$= \sqrt{(14.17+33.05+46.24)^2 + (6.70+6.19-9.68)^2 + (7.92-8.62+3.32)^2}$$
$$= 93.55 \text{ kN}$$

$$V_2 = \sqrt{\sum V_{j2}^2} = \sqrt{(F_{12}+F_{13})^2 + (F_{22}+F_{23})^2 + (F_{32}+F_{33})^2}$$
$$= \sqrt{(33.05+46.24)^2 + (6.19-9.68)^2 + (-8.62+3.32)^2}$$
$$= 79.54 \text{ kN}$$

$$V_3 = \sqrt{\sum V_{j3}^2} = \sqrt{F_{13}^2 + F_{23}^2 + F_{33}^2}$$
$$= \sqrt{46.24^2 + (-9.68)^2 + 3.32^2} = 47.36 \text{ kN}$$

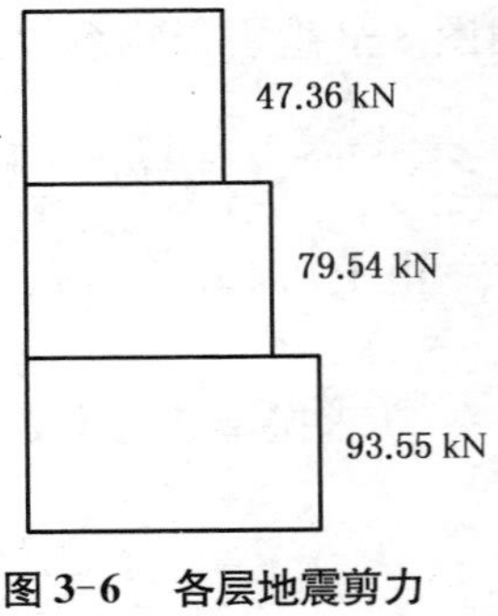

各层地震剪力图如图 3-6 所示。

(3) 结构顶点位移的计算

① 各阶振型下的弹性顶点位移

图 3-6　各层地震剪力

$$U_{13} = \frac{F_{11} + F_{12} + F_{13}}{k_1} + \frac{F_{12} + F_{13}}{k_2} + \frac{F_{13}}{k_3} = \frac{93.46}{12\,500} + \frac{79.29}{9\,900} + \frac{46.24}{9\,800} = 0.020\,2\ \text{m}$$

$$U_{23} = \frac{F_{21} + F_{22} + F_{23}}{k_1} + \frac{F_{22} + F_{23}}{k_2} + \frac{F_{23}}{k_3} = \frac{3.21}{12\,500} + \frac{-3.49}{9\,900} + \frac{-9.68}{9\,800} = -0.001\,1\ \text{m}$$

$$U_{33} = \frac{F_{31} + F_{32} + F_{33}}{k_1} + \frac{F_{32} + F_{33}}{k_2} + \frac{F_{33}}{k_3} = \frac{2.62}{12\,500} + \frac{-5.3}{9\,900} + \frac{3.32}{9\,800} = 0.000\,013\ \text{m}$$

② 结构顶点位移

根据"平方和开方"可得到结构顶点位移。

$$U_3 = \sqrt{\sum U_{j3}^2} = \sqrt{U_{13}^2 + U_{23}^2 + U_{33}^2}$$
$$= \sqrt{0.020\,2^2 + (-0.001\,1)^2 + 0.000\,013^2} = 0.020\,23\ \text{m}$$

3.6　底部剪力法

按振型分解反应谱法计算水平地震作用,特别是房屋层数较多时,计算过程十分冗繁。为了简化计算,《建筑抗震设计规范》规定,在满足一定条件下,可采用近似计算法,即底部剪力法。

理论分析表明,高度不超过 40 m,以剪切变形为主且质量和刚度沿高度分布比较均匀的结构,且可以近似于单质点体系的结构,其振动时具有以下特点:

(1) 体系地震位移反应以基本振型为主。

(2) 体系基本振型接近于倒三角形分布,即任意质点的第一振型即基本振型的振幅与其高度成正比 $\varphi_{1i} = CH_i$,其中 η 为比例常数,于是,作用在第 i 质点上的水平地震作用标准值可写成

$$F_i = G_i \alpha_1 \gamma_1 \varphi_{1i} = G_i \alpha_1 \frac{\{\varphi_1\}^{\mathrm{T}}[M]\{1\}}{\{\varphi_1\}^{\mathrm{T}}[M]\{\varphi_1\}} \varphi_{1i}$$

$$= G_i \alpha_1 \frac{\displaystyle\sum_{j=1}^{n} G_j \varphi_{1j}}{\displaystyle\sum_{j=1}^{n} G_j \varphi_{1j}^2} \varphi_{1i} \tag{3-70}$$

将 $\varphi_{1i} = CH_i$ 代入上式得

$$F_i = \frac{\displaystyle\sum_{j=1}^{n} G_j H_j}{\displaystyle\sum_{j=1}^{n} G_j H_j^2} G_i H_i \alpha_1 \tag{3-71}$$

则结构底部剪力为

$$F_{\text{EK}} = \sum_{i=1}^{n} F_i = \frac{\displaystyle\sum_{j=1}^{n} G_j H_j}{\displaystyle\sum_{j=1}^{n} G_j H_j^2} \sum_{i=1}^{n} G_i H_i \alpha_1$$

$$= \frac{\left(\sum_{j=1}^{n} G_j H_j\right)^2}{\left(\sum_{j=1}^{n} G_j H_j^2\right)\left(\sum_{j=1}^{n} G_j\right)}\left(\sum_{j=1}^{n} G_j\right)\alpha_1 \tag{3-72}$$

令

$$\chi = \frac{\left(\sum_{j=1}^{n} G_j H_j\right)^2}{\left(\sum_{j=1}^{n} G_j H_j^2\right)\left(\sum_{j=1}^{n} G_j\right)} \tag{3-73}$$

$$G_{eq} = \chi G_E = \chi \sum_{j=1}^{n} G_j \tag{3-74}$$

式中：χ——等效重力荷载系数，《建筑抗震设计规范》规定 $\chi = 0.85$。

结构底部剪力的计算可简化为

$$F_{EK} = G_{eq}\alpha_1 \tag{3-75}$$

式中：G_{eq}——结构等效总重力荷载；

α_1——相应于结构基本周期的水平地震影响系数。

下面来确定作用在第 i 质点上的水平地震作用 F_i。

将式(3-71)改写成

$$F_i = \frac{\left(\sum_{j=1}^{n} G_j H_j\right)^2}{\left(\sum_{j=1}^{n} G_j H_j^2\right)\left(\sum_{j=1}^{n} G_j\right)}\left(\sum_{j=1}^{n} G_j\right)\alpha_1 \frac{G_i H_i}{\sum_{j=1}^{n} G_j H_j} \tag{3-76}$$

将式(3-73)、式(3-74)和式(3-75)代入上式得

$$F_i = \frac{G_i H_i}{\sum_{j=1}^{n} G_j H_j}(1-\delta_n)F_{EK} \qquad (i = 1,2,\cdots,n) \tag{3-77}$$

对于自振周期比较长的多层钢筋混凝土房屋、多层内框架砖房，经计算发现，在房屋顶部的地震剪力按底部剪力法计算结果较精确法偏小，为了减小这一误差，《建筑抗震设计规范》采取调整地震作用的办法，使顶层地震剪力有所增加。

对于上述建筑，《建筑抗震设计规范》规定，当结构基本周期 $T_1 > 1.4T_g$ 时，需在结构的顶部附加如下集中水平地震作用：

$$\Delta F_n = \delta_n F_{EK} \tag{3-78}$$

其中，δ_n 为结构顶部附加地震作用系数，多层钢筋混凝土房屋附加地震作用系数按表 3-4 采用，多层内框架砖房附加地震作用系数可采用 0.2，其他房屋不考虑。

表 3-4 顶部附加地震作用系数

$T_g(s)$	$T_1 > 1.4T_g$	$T_1 \leqslant 1.4T_g$
$\leqslant 0.35$	$0.08T_1 + 0.07$	
$0.35 \sim 0.55$	$0.08T_1 + 0.01$	不考虑
$\geqslant 0.55$	$0.08T_1 - 0.02$	

震害表明,突出屋面的屋顶间(电梯机房、水箱间)女儿墙、烟囱等,它们的震害比下面主体结构严重。这是由于突出屋面的这些建筑的质量和刚度突然变小,地震反应随之增大的缘故。在地震工程中,把这种现象称为"鞭梢效应"。因此,《建筑抗震设计规范》规定,采用底部剪力法时,对这些结构的地震作用效应宜乘以增大系数 3,此增大部分不应往下传递。

【例题 3-3】 图 3-7 所示框架结构体系,各层质量为 $m_1 = 80$ t,$m_2 = 60$ t,层高 4 m,第一层层间侧移刚度系数 $k_1 = 6 \times 10^4$ kN/m,第二层层间侧移刚度系数 $k_2 = 4 \times 10^4$ kN/m。该结构建造在设防烈度为 8 度的 I$_1$ 类场地上,该地区设计基本地震加速度值为 $0.02g$,设计地震分组为第一组,结构的阻尼比 $\xi = 0.05$。试用底部剪力法计算该框架在多遇地震作用下的层间地震剪力。已知结构的主振型和自振周期分别为

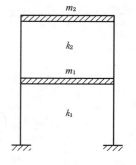

图 3-7 框架结构

$$\begin{Bmatrix} X_{11} \\ X_{12} \end{Bmatrix} = \begin{Bmatrix} 0.523\,8 \\ 1 \end{Bmatrix}; \quad \begin{Bmatrix} X_{21} \\ X_{22} \end{Bmatrix} = \begin{Bmatrix} 1.407\,8 \\ -1 \end{Bmatrix}$$

$$T_1 = 0.356\,0 \text{ s}; \quad T_2 = 0.156\,8 \text{ s}$$

【解】 (1)总水平地震作用

$$F_{EK} = \alpha_1 G_{eq}$$

$$\alpha_1 = 0.116\,4, \quad G_{eq} = 0.85 \sum_{i=1}^{n} m_i g = 0.85 \times (80 + 60) \times 9.8 = 1\,166.2 \text{ kN}$$

$$F_{EK} = \alpha_1 G_{eq} = 0.116\,4 \times 116\,6.2 = 135.74 \text{ kN}$$

(2)各质点的地震作用

$$F_i = \frac{G_i H_i}{\displaystyle\sum_{j=1}^{n} G_j H_j} F_{EK}(1 - \delta_n)$$

质点 i 的水平地震作用为:

因 $T_1 = 0.356\,0$ s $> 1.4T_g = 1.4 \times 0.25 = 0.35$ s,应该考虑高阶振型对地震作用的影响,在主体结构顶部质点处附加 ΔF_n。$T_g < 0.35$ s,由表 3-4 得

$$\delta_n = 0.08T_1 + 0.07 = 0.08 \times 0.356\,0 + 0.07 = 0.098\,5$$

故

$$F_1 = \frac{G_1 H_1}{\displaystyle\sum_{j=1}^{2} G_j H_j} F_{EK}(1 - \delta_n) = \frac{80 \times 9.8 \times 4}{80 \times 9.8 \times 4 + 60 \times 9.8 \times 8} \times 135.74 \times (1 - 0.098\,5) = 48.95 \text{ kN}$$

$$F_2 = \frac{G_2 H_2}{\sum\limits_{j=1}^{2} G_j H_j} F_{EK}(1-\delta_n) = \frac{60 \times 9.8 \times 8}{80 \times 9.8 \times 4 + 60 \times 9.8 \times 8} \times 135.74 \times (1-0.0985) = 73.43\ \text{kN}$$

（3）顶部附加的集中水平地震作用为

$$\Delta F_n = \delta_n F_{EK} = 0.0985 \times 135.74 = 13.37\ \text{kN}$$

（4）层间地震剪力的计算

求出地震作用后，根据静力平衡关系计算出各层间地震剪力分别为

$$V_1 = F_{EK} = 135.74\ \text{kN}$$

$$V_2 = F_2 + \Delta F_n = 73.43 + 13.37 = 86.8\ \text{kN}$$

（5）层间侧移的计算

$$\Delta_{u1} = \frac{V_1}{k_1} = \frac{135.74}{6 \times 10^4} = 0.00226\ \text{m}$$

$$\Delta_{u2} = \frac{V_2}{k_2} = \frac{86.8}{4 \times 10^4} = 0.00217\ \text{m}$$

（6）结构顶点位移的计算

$$\Delta_u = \sum_{i=1}^{2} \Delta_{ui} = 0.00226 + 0.00217 = 0.00443\ \text{m}$$

框架地震作用及层间剪力图如图 3-8 所示。

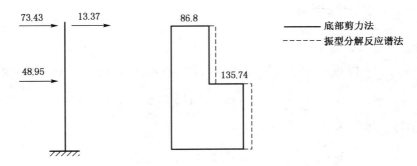

图 3-8　框架水平地震作用及层间剪力图（单位：kN）

3.7　结构基本周期的近似计算

采用底部剪力法进行结构抗震计算，不需进行繁琐的频率和振型分析，只需知道结构基本周期，下面介绍两种常用的计算结构基本周期的近似方法：能量法和顶点位移法。

3.7.1　能量法

能量法又称瑞利法,是一种根据能量守恒原理确定结构基本周期的近似方法。

设一 n 质点弹性体系(见图 3-9),其质量矩阵和刚度矩阵分别为 $[M]$ 和 $[K]$。令 $\{x(t)\}$ 为体系自由振动 t 时刻质点水平位移向量,因弹性体系自由振动是简谐运动,$\{x(t)\}$ 可表示为

$$\{x(t)\} = \{\varphi\}\sin(\omega t + \varphi) \tag{3-79}$$

式中:$\{\varphi\}$——体系的振型位移幅向量;

　　　ω、φ——体系的自振圆频率和初相位角。

则体系质点水平速度向量为

$$\{\dot{x}(t)\} = \omega\{\varphi\}\cos(\omega t + \varphi) \tag{3-80}$$

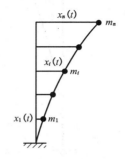

图 3-9　多质点弹性体系自由振动

当体系振动到达振幅最大值时,体系变形能达到最大值 $U_{\max}$,而体系的动能等于零。此时体系的振动能为

$$E_{\mathrm{d}} = U_{\max} = \frac{1}{2}\{X(t)\}_{\max}^{\mathrm{T}}[K]\{X(t)\}_{\max} = \frac{1}{2}\{\Phi\}^{\mathrm{T}}[K]\{\Phi\} \tag{3-81a}$$

当体系达到平衡位置时,体系质点振幅为零,但质点速度达到最大值 $T_{\max}$,而体系变形能等于零。此时,体系的振动能为

$$E_{\mathrm{d}} = T_{\max} = \frac{1}{2}\{\dot{x}(t)\}_{\max}^{\mathrm{T}}[M]\{\dot{x}(t)\}_{\max} = \frac{1}{2}\omega^2\{\Phi\}^{\mathrm{T}}[M]\{\Phi\} \tag{3-81b}$$

由能量守恒原理,$T_{\max} = U_{\max}$,得体系基本频率的近似计算公式为

$$\omega_1^2 = \frac{\{\Phi_1\}^{\mathrm{T}}\{F_1\}}{\{\Phi_1\}^{\mathrm{T}}[M]\{\Phi_1\}} = \frac{\displaystyle\sum_{i=1}^{n}G_i u_i}{\displaystyle\sum_{i=1}^{n}m_i u_i^2} = \frac{g\displaystyle\sum_{i=1}^{n}G_i u_i}{\displaystyle\sum_{i=1}^{n}G_i u_i^2} \tag{3-82}$$

体系的基本周期为

$$T_1 = 2\sqrt{\frac{\displaystyle\sum_{i=1}^{n}G_i u_i^2}{\displaystyle\sum_{i=1}^{n}G_i u_i}} \tag{3-83}$$

式中:G_i——各质点的重力荷载;

$\quad u_i$——视为水平力所产生的质点 i 处的水平位移(m)。

3.7.2 顶点位移法

顶点位移法是常用的一种求结构体系基本周期的近似方法,其基本思路是将体系的基本周期用在重力荷载水平作用下的顶点位移来表示。

考虑一质量均匀的悬臂直杆(见图 3-10(a)),杆单位长度的质量为 $\overline{m}$,相应重力荷载为 $q = \overline{m}g$。

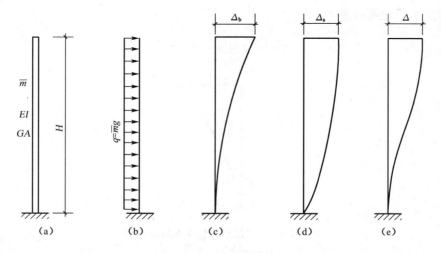

图 3-10　顶点位移法计算基本周期

当杆为弯曲型振动时,基本周期为

$$T_b = 1.78\sqrt{\frac{qH^4}{gEI}} \tag{3-84}$$

当杆为剪切型振动时,基本周期为

$$T_s = 1.28\sqrt{\frac{\xi qH^2}{GA}} \tag{3-85}$$

式中:EI——杆的弯曲刚度;

$\quad GA$——杆的剪切刚度;

$\quad \xi$——剪应力分布不均匀系数。

悬臂直杆在均布重力荷载 q 水平作用下(图 3-10(b)),弯曲变形时的顶点位移为

$$\Delta_b = \frac{qH^4}{8EI} \tag{3-86}$$

剪切变形时的顶点位移为

$$\Delta_s = \frac{\xi qH^2}{2GA} \tag{3-87}$$

若杆按弯曲振动时用顶点位移表示的基本周期计算公式为

$$T_b = 1.6 \sqrt{\Delta_b} \qquad (3-88)$$

若杆按剪切振动时的基本周期公式为

$$T_s = 1.8 \sqrt{\Delta_s} \qquad (3-89)$$

若杆按弯剪振动,顶点位移为 Δ,则基本周期可按下式计算:

$$T_{bs} = 1.7 \sqrt{\Delta_{bs}} \qquad (3-90)$$

式中:Δ_b、Δ_s、Δ_{bs}——分别为弯曲振动、剪切振动和弯剪振动结构体系的顶点位移;

T_b、T_s、T_{bs}——分别为弯曲振动、剪切振动和弯剪振动结构体系的自振基本周期。

上述各公式中,顶点位移的单位为 m,周期的单位为 s。对于一般多层框架结构,只要求得框架在集中于楼(屋)盖的重力荷载水平作用时的顶点位移,即可求出其基本周期值。

3.7.3 基本周期的修正

在按能量法和顶点位移法求解基本周期时,一般只考虑承重构件的刚度(如框架梁柱、抗震墙),并未考虑非承重构件(如填充墙)对刚度的影响,这将使理论计算的周期偏长。当用反应谱理论计算地震作用时,会使地震作用偏小而趋于不安全。因此,为使计算结果更接近实际情况,应对理论计算结果给予折减,将式(3-83)和式(3-90)分别乘以折减系数,得

$$T_1 = 2\varphi_T \sqrt{\frac{\sum\limits_{i=1}^{n} G_i u_i^2}{\sum\limits_{i=1}^{n} G_i u_i}} \qquad (3-91)$$

$$T_1 = 1.7\varphi_T \sqrt{\Delta_{bs}} \qquad (3-92)$$

式中:φ_T——考虑填充墙影响的周期折减系数,取值如下:

框架结构:$\varphi_T = 0.6 \sim 0.7$;框架—剪力墙结构:$\varphi_T = 0.7 \sim 0.8$。

框架—核心筒结构:$\varphi_T = 0.8 \sim 0.9$;剪力墙结构:$\varphi_T = 0.8 \sim 1.0$。

【例题 3-4】 三层剪切型结构如图 3-11 所示,采用能量法和顶点位移法求该结构的基本周期。

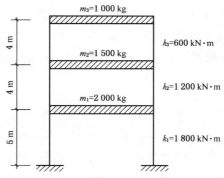

图 3-11 三层剪切型结构

【解】 (1) 各楼层的重力荷载为

$$G_3 = 1 \times 9.8 = 9.8 \text{ kN}; G_2 = 1.5 \times 9.8 = 14.7 \text{ kN}; G_1 = 2 \times 9.8 = 19.6 \text{ kN}$$

(2) 将各楼层的重力荷载当做水平力产生的楼层剪力为

$$V_3 = G_3 = 9.8 \text{ kN}$$
$$V_2 = G_3 + G_2 = 9.8 + 14.7 = 24.5 \text{ kN}$$
$$V_1 = G_3 + G_2 + G_1 = 9.8 + 14.7 + 19.6 = 44.1 \text{ kN}$$

(3) 将楼层重力荷载当做水平力所产生的楼层水平位移为

$$u_1 = \frac{V_1}{k_1} = \frac{44.1}{1\,800} = 0.024\,5 \text{ m}$$

$$u_2 = \frac{V_2}{k_2} + u_1 = \frac{24.5}{1\,200} + 0.024\,5 = 0.044\,9 \text{ m}$$

$$u_3 = \frac{V_3}{k_3} + u_2 = \frac{9.8}{600} + 0.044\,9 = 0.061\,3 \text{ m}$$

(4) 按能量法求基本周期

$$T_1 = 2\varphi_T \sqrt{\frac{\sum\limits_{i=1}^{n} G_i u_i^2}{\sum\limits_{i=1}^{n} G_i u_i}}$$

$$= 2 \times 0.7 \sqrt{\frac{19.6 \times 0.024\,5^2 + 14.7 \times 0.044\,9^2 + 9.8 \times 0.061\,3^2}{19.6 \times 0.024\,5 + 14.7 \times 0.044\,9 + 9.8 \times 0.061\,3}} = 0.297 \text{ s}$$

(5) 按顶点位移法计算基本周期

$$T_1 = 1.7\varphi_T \sqrt{\Delta} = 1.7 \times 0.7 \times \sqrt{0.061\,3} = 0.295 \text{ s}$$

3.8 竖向地震作用

竖向地震作用会在结构中引起竖向振动。震害调查表明,在高烈度区,竖向地震的影响十分明显,尤其是对高柔的结构。因此我国抗震规范规定:设防烈度为 8 度和 9 度区的大跨度屋盖结构,长悬臂结构,烟囱及类似高耸结构和设防烈度为 9 度区的高层建筑,应考虑竖向地震作用。

3.8.1 高耸结构及高层建筑

可采用类似于水平地震作用的底部剪力法,计算高耸结构及高层建筑的竖向地震作用。即先确定结构底部总竖向地震作用,再计算作用在结构各质点上的竖向地震作用(参见

图 3-12),公式为

$$F_{EVK} = \alpha_{Vmax}G_{eq} \tag{3-93}$$

$$F_{Vi} = \frac{G_iH_i}{\sum\limits_{j=1}^{n}G_jH_j}F_{EVK} \tag{3-94}$$

式中:F_{EVK}——结构总竖向地震作用标准值;

F_{Vi}——质点 i 的竖向地震作用标准值;

α_{Vmax}——竖向地震影响系数最大值,取水平地震影响系数最大值的 65%,即 $\alpha_{Vmax} = 0.65\alpha_{max}$;

G_{eq}——结构等效总重力荷载,按式 $G_{eq} = \chi G_E = \chi \sum\limits_{j=1}^{n}G_j$ 计算,其中等效系数 $\chi = 0.75$。

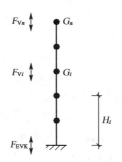

图 3-12　高耸结构与高层建筑竖向地震作用

计算竖向地震作用效应时,可按各构件承受的重力荷载代表值的比例分配,并乘以 1.5 的竖向地震动力效应增大系数。

3.8.2　大跨度结构

大量分析表明,对平板型网架、大跨度屋盖、长悬臂结构及大跨度结构的各主要构件,竖向地震作用内力与重力荷载的内力比值彼此相差一般不大,因而可以认为竖向地震作用的分布与重力荷载的分布相同。抗震规范规定:对平板网架屋盖、跨度大于 24 m 的屋架长悬臂结构和其他大跨度结构,其竖向地震作用标准值的计算可采用静力法,取其重力荷载代表值和竖向地震作用系数的乘积

$$F_V = \zeta_V G \tag{3-95}$$

式中:F_V——竖向地震作用标准值;

G——重力荷载标准值;

ζ_V——竖向地震作用系数,对于平板型网架和跨度大于 24 m 屋架按表 3-5 采用;对于长悬臂和其他大跨度结构,8 度时取 $\zeta_V = 0.1$,9 度时取 $\zeta_V = 0.2$,设计基本地震加速度为 0.30g 时,可取 $\zeta_V = 0.15$。

表 3-5　竖向地震作用系数

结构类别	烈度	场地类别		
		Ⅰ	Ⅱ	Ⅲ、Ⅳ
平板型网架、钢屋架	8	不考虑(0.10)	0.08(0.12)	0.10(0.15)
	9	0.15	0.15	0.20
钢筋混凝土屋架	8	0.10(0.15)	0.13(0.19)	0.13(0.19)
	9	0.20	0.25	0.25

注:括号中数值用于设计基本地震加速度为 $0.30g$ 的地区。

3.9　结构抗震验算

3.9.1　结构抗震计算原则

各类建筑结构的抗震计算,应遵循下列原则:

(1) 一般情况下,可在建筑结构的两个主轴方向分别考虑水平地震作用并进行抗震验算,各方向的水平地震作用全部由该方向抗侧力构件承担。

(2) 有斜交抗侧力构件的结构,当相交角度大于 15°时,宜分别考虑各抗侧力构件方向的水平地震作用。

(3) 质量和刚度明显不均匀、不对称的结构,应考虑水平地震作用的扭转影响,同时应考虑双向水平地震作用的影响。

(4) 不同方向的抗侧力结构的共同构件(如框架结构角柱),应考虑双向水平地震作用的影响。

(5) 8 度和 9 度时的大跨度结构、长悬臂结构、烟囱和类似高耸结构及 9 度时的高层建筑,应考虑竖向地震作用。

(6) 我国《建筑抗震设计规范》规定,各类建筑结构的抗震计算,采用下列方法:

① 高度不超过 40 m,以剪切变形为主且质量和刚度沿高度分布比较均匀的结构,以及近似于单质点体系的结构,可采用底部剪力法。

② 除①外的建筑结构,宜采用振型分解反应谱法。

③ 特别不规则建筑、甲类建筑和表 3-6 所列高度范围的高层建筑,应采用时程分析法进行多遇地震下的补充计算,可取多条时程曲线计算结果的平均值与振型分解反应谱法计算结果的较大值。

表 3-6　采用时程分析法的房屋高度范围

烈度、场地类别	房屋高度范围(m)
7 度和 8 度时Ⅰ、Ⅱ类场地	>100
8 度时Ⅲ、Ⅳ类场地	>80
9 度	>60

(7) 为保证结构的基本安全性,抗震验算时,结构任一楼层的水平地震剪力应符合下式的最低要求:

$$V_{EKi} > \lambda \sum_{j=i}^{n} G_j \qquad (3-96)$$

式中:V_{EKi}——第 i 层对应于水平地震作用标准值的楼层剪力;

　　　λ——剪力系数,不应小于表 3-7 规定的楼层最小地震剪力系数值,对竖向不规则结构的薄弱层,尚应乘以 1.15 的增大系数;

　　　G_j——第 j 层的重力荷载代表值。

表 3-7　楼层最小地震剪力系数值

类　　别	6 度	7 度	8 度	9 度
扭转效应明显或基本周期小于 3.5 s 的结构	0.008	0.016(0.024)	0.032(0.048)	0.064
基本周期大于 5.0 s 的结构	0.006	0.012(0.018)	0.024(0.036)	0.048

注:① 基本周期介于 3.5 s 和 5.0 s 之间的结构,可插入法取值。
　　② 括号内数值分别用于设计基本地震加速度为 0.15g 和 0.30g 的地区。

3.9.2　重力荷载代表值

进行结构抗震设计时,所考虑的重力荷载,称为重力荷载代表值。

结构的重力荷载分恒载(自重)和活载(可变荷载)两种。活载的变异性较大,我国荷载规范规定的活载标准值是按 50 年最大活载的平均值加 0.5～1.5 倍的均方差确定的,地震发生时,活载不一定达到标准值的水平,一般小于标准值,因此计算重力荷载代表值时可对活载折减。抗震规范规定:

$$G_E = D_k + \sum \psi_i L_{ki} \qquad (3-97)$$

式中:G_E——重力荷载代表值;

　　　D_k——结构恒载标准值;

　　　L_{ki}——有关活载(可变荷载)标准值;

　　　ψ_i——有关活载组合值系数,按表 3-8 采用。

表 3-8　组合值系数

可变荷载种类	组合值系数
雪荷载	0.5
屋面积灰荷载	0.5
屋面活荷载	不计入
按实际情况考虑的楼面活荷载	1.0

续表 3-8

可变荷载种类		组合值系数
按等效均布荷载考虑的楼面活荷载	藏书库、档案库	0.8
	其他民用建筑	0.5
起重机悬吊物重力	硬钩吊车	0.3
	软钩吊车	不计入

3.9.3　地基—结构相互作用

8度和9度时建造于Ⅲ、Ⅳ类场地,采用箱基、刚性较好的筏基和桩箱联合基础的钢筋混凝土高层建筑,当结构基本周期处于特征周期的1.2～5倍范围时,若计入地基与结构动力相互作用的影响,对刚性地基假定计算的水平地震剪力可按下列规定折减,其层间变形可按折减后的楼层剪力计算。

（1）高宽比小于3的结构,各楼层水平地震剪力的折减系数可按下式计算：

$$\psi = \left(\frac{T_1}{T_1 + \Delta T}\right)^{0.9} \tag{3-98}$$

式中：ψ——计入地基与结构动力相互作用后的地震剪力折减系数；

　　　T_1——按刚性地基假定确定的结构基本自振周期(s)；

　　　ΔT——计入地基与结构动力相互作用的附加周期(s),可按表3-9采用。

表 3-9　附加周期(s)

烈度	场 地 类 别	
	Ⅲ类	Ⅳ类
8	0.08	0.20
9	0.10	0.25

（2）高宽比不小于3的结构,底部的地震剪力按(1)款规定折减,顶部不折减,中间各层按线性插入值折减。

（3）折减后各楼层的水平地震剪力,尚应满足结构最低地震剪力要求。

3.9.4　结构抗震验算内容

为满足"小震不坏、中震可修、大震不倒"的抗震要求,我国抗震规范规定进行下列内容的抗震验算：

（1）多遇地震下结构允许弹性变形验算,以防止非结构构件(隔墙、幕墙、建筑装饰等)破坏。

（2）多遇地震下强度验算,以防止结构构件破坏。

（3）罕遇地震下结构的弹塑性变形验算,以防止结构倒塌。"中震可修"抗震要求,通过构造措施加以保证。

1）多遇地震下结构允许弹性变形验算

在多遇地震作用下,满足抗震承载力要求的结构一般保持在弹性工作阶段不受损坏,但如果弹性变形过大,将会导致非结构构件或部件(如围护墙、隔墙及各类装修等)出现过重破坏。因此,抗震规范规定,对表 3-10 所列各类结构应进行多遇地震作用下的抗震变形验算,其楼层内最大的弹性层间位移应符合下式要求,其验算公式为

$$\Delta u_e \leqslant [\theta_e] h \tag{3-99}$$

式中：Δu_e——多遇地震作用标准值产生的结构层间弹性位移；

h——计算楼层层高；

$[\theta_e]$——结构层间弹性位移角限值,按表 3-10 采用。

表 3-10　结构弹性层间位移角限值

	框架	1/550
钢筋混凝土结构	框架—抗震墙,板柱—抗震墙,框架—核心筒	1/800
	抗震墙、筒中筒	1/1 000
	框支层	1/1 000
多、高层钢结构		1/250

2）多遇地震下结构强度验算

经分析,下列情况可不进行结构强度抗震验算,但仍应符合有关构造措施：6 度时的建筑(不规则建筑及建造于 IV 类场地上较高的高层建筑除外),以及生土房屋和木结构房屋等。

除上述情况的所有结构,都要进行结构构件的强度(或承载力)的抗震验算,验算公式如下：

$$S \leqslant R/\gamma_{RE} \tag{3-100}$$

式中：S——包含地震作用效应的结构构件内力组合设计值。

R——构件承载力设计值,按各有关结构设计规范计算。

γ_{RE}——承载力抗震调整系数,按表 3-11 采用。但当仅考虑竖向地震作用时,各类结构构件承载力抗震调整系数均宜采用 1.0。

表 3-11　承载力抗震调整系数

材料	结构构件	受力状态	γ_{RE}
钢	柱,梁,支撑,节点板件,螺栓,焊缝	强度	0.75
	柱,支撑	稳定	0.80
砌体	两端均有构造柱、芯柱的抗震墙	受剪	0.9
	其他抗震墙	受剪	1.0
混凝土	梁	受弯	0.75
	轴压比小于 0.15 的柱	偏压	0.75
	轴压比不小于 0.15 的柱	偏压	0.80
	抗震墙	偏压	0.85
	各类构件	受剪、偏拉	0.85

3) 罕遇地震下结构弹塑性变形验算

在罕遇地震下,结构薄弱层(部位)的层间弹塑性位移应满足下式要求:

$$\Delta u_p = [\theta_p]h \qquad (3\text{-}101)$$

式中:Δu_p——层间弹塑性位移。

　　h——结构薄弱层的层高或钢筋混凝土结构单层厂房上柱高度。

　　$[\theta_p]$——层间弹塑性位移角限值,按表 3-12 采用。对钢筋混凝土框架结构,当轴压比小于 0.4 时,可提高 10%;当柱子全高的箍筋构造采用比规定的最小配箍特征值大 30% 时,可提高 20%,但累计不超过 25%。

表 3-12　结构层间弹塑性位移角限值

结构类别	$[\theta_p]$
单层钢筋混凝土柱排架	1/30
钢筋混凝土框架或填充墙框架	1/50
底层框架砖房中的框架—抗震墙	1/100
框架—抗震墙、板柱—抗震墙、框架—核心筒	1/100
抗震墙和筒中筒	1/120
多高层钢结构	1/50

抗震规范规定:

(1) 下列结构应进行弹塑性变形验算:

① 8 度 Ⅲ、Ⅳ 类场地和 9 度时,高大的单层钢筋混凝土柱厂房的横向排架。

② 7~9 度时楼层屈服强度系数小于 0.5 的钢筋混凝土框架结构和框排架结构。

③ 采用隔震和消能减震设计的结构。

④ 甲类建筑和 9 度时乙类建筑中的钢筋混凝土结构和钢结构。

⑤ 高度大于 150 m 的结构。

(2) 下列结构宜进行弹塑性变形验算:

① 表 3-10 所列高度范围且符合表 1-2 所列竖向不规则类型的高层建筑结构。

② 7 度 Ⅲ、Ⅳ 类场地和 8 度时乙类建筑中的钢筋混凝土结构和钢结构。

③ 板柱—抗震墙结构和底部框架砌体房屋。

④ 高度不大于 150 m 的其他高层钢结构。

⑤ 不规则的地下建筑结构及地下空间综合体。

本章小结

　　1. 单自由度弹性体系的水平地震作用及其反应谱,讲解了地震反应谱的概念、特性和计算方法,强调了地震系数、动力系数、设计反应谱及其水平地震作用等基本概念。

　　2. 多自由度弹性体系地震反应的分析方法。主要介绍结构抗震设计的基本方法——振型分解反应谱法和底部剪力法。此外,在这一部分中还介绍了一些多自由度体系基本周期的实用计算方法。

3. 结构竖向地震作用的计算方法。主要有:高耸结构和屋盖结构的竖向地震作用计算、长悬臂和大跨度结构的竖向地震作用考虑方法。

4. 建筑结构抗震验算的基本方法,其中包括结构抗震承载力验算与结构抗震变形验算两部分内容。

思 考 题

3.1　什么是地震作用?如何确定结构的地震作用?

3.2　地震系数和动力系数的物理意义是什么?通过什么途径确定这两个系数?

3.3　简述确定结构地震作用的底部剪力法和振型分解反应谱法的基本原理和步骤。

3.4　何谓求水平地震作用效应的平方和开方法(SRSS),写出其表达式,说明其基本假定和适用范围。

3.5　简述计算地震作用的方法和适用范围。

3.6　什么叫鞭梢效应?设计时如何考虑这种效应?

3.7　什么是建筑的重力荷载代表值?什么是结构等效总重力荷载?在水平地震作用及竖向地震作用计算时应如何取值?

3.8　哪些结构需要考虑竖向地震作用?如何计算竖向地震作用?

3.9　什么是楼层屈服强度系数?怎样判断结构薄弱层和部位?

3.10　结构的抗震变形验算包括哪些内容?哪些结构应进行罕遇地震作用下薄弱层的弹塑性变形验算?

3.11　一单层单跨框架如图3-13所示。假设屋盖平面内刚度为无穷大,集中于屋盖处的重力代表值 $G = 1\ 200$ kN,框架柱线刚度 $i_c = 3.0 \times 10^4$ kN·m,框架高度 $h = 5.0$ m,跨度 $l = 9.0$ m。已知设防烈度为8度,设计基本地震加速度为0.2g,设计地震分组为第二组,Ⅱ类场地,结构阻尼比为0.05。试求该结构在多遇地震和罕遇地震时的水平地震作用。

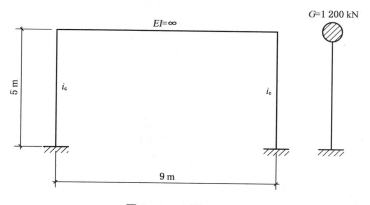

图 3-13　习题 3.11 图

3.12　图3-14所示框架结构体系,各层质量为 $m_1 = 50$ t,$m_2 = 40$ t,层高4 m,第一层层间侧移刚度系数 $k_1 = 4 \times 10^4$ kN/m,第二层层间侧移刚度系数 $k_2 = 3 \times 10^4$ kN/m。该结构建造在设防烈度为8度的Ⅰ类场地上,该地区设计基本地震加速度值为0.20g,设计地震分组为第一组,结构的阻尼比 $\xi=0.05$,试分别用振型分解反应谱法和底部剪力法计算该框架在多遇地震作用下的层间地震剪力。已知结构的主振型和自振周期分别为

$$\begin{Bmatrix} X_{11} \\ X_{12} \end{Bmatrix} = \begin{Bmatrix} 0.560\ 5 \\ 1 \end{Bmatrix} \qquad \begin{Bmatrix} X_{21} \\ X_{22} \end{Bmatrix} = \begin{Bmatrix} 1.427\ 2 \\ -1 \end{Bmatrix}$$

$$T_1 = 0.346\ 1\ \text{s} \qquad\qquad T_2 = 0.147\ 3\ \text{s}$$

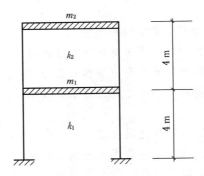

图 3-14　习题 3.12 图

4 多高层钢筋混凝土房屋抗震设计

学习目标

本章叙述并分析了多层及高层钢筋混凝土结构房屋的震害特点;介绍了多高层钢筋混凝土房屋抗震设计的一般规定;重点讲述了框架结构在多遇地震下的水平地震作用计算及变形验算、框架内力计算,竖向荷载下的框架内力计算,框架梁柱和节点的抗震计算与验算;介绍了框架抗震构造措施,并给出了框架结构抗震设计例题。

4.1 概述

在我国地震区中的多层和高层房屋建筑大多数采用钢筋混凝土结构,目前在工程中常用的结构体系有框架结构、抗震墙结构、框架—抗震墙结构、筒体结构等,如图 4-1 所示。

框架结构体系由梁和柱组成,平面布置灵活,易于满足建筑物设置大房间的要求,但侧向刚度小,随着房屋高度的增加其内力和侧移增长很快,为使房屋柱截面不致过大而影响使用,往往在结构的适当部位布置一定数量的钢筋混凝土墙,以增加结构的抗侧力刚度,这样便形成了框架—抗震墙结构体系。

抗震墙也称剪力墙,这种结构体系由钢筋混凝土纵横墙组成,抗侧力性能较强,但平面布置不灵活,纯抗震墙体系多用于住宅、旅馆和办公楼建筑。

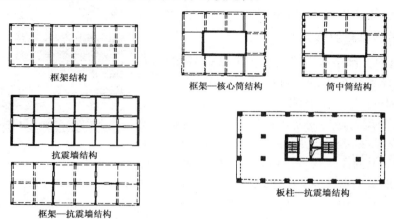

框架结构　　框架—核心筒结构　　筒中筒结构

抗震墙结构

框架—抗震墙结构　　板柱—抗震墙结构

图 4-1　结构体系

筒体结构由单个或几个钢筋混凝土筒体组成,可以是以楼电梯间和管道井为内筒、以密柱深梁框架(即框筒)为外筒形成筒中筒结构,还可以是由外框筒和内部框架组成框筒结构,也可以将多个单筒合并在一起成为成束筒结构。筒体结构空间刚度大,抗扭和抗侧刚度都很强,平面布置也较灵活,常用于超高层公寓、办公楼和商业大厦建筑等。

历次地震经验表明,钢筋混凝土结构房屋一般具有较好的抗震性能。结构设计中只要经过合理的抗震计算并采取可靠的抗震构造措施,在一般烈度区建造多层和高层钢筋混凝土结构房屋是可以保证安全的。但是如果设计不合理或施工质量欠佳的钢筋混凝土结构房屋在地震中遭遇震害的情况也不少见。主要震害情况有以下几种。

1) 结构平面布置不当引起的震害

结构平面不规则,质量和刚度分布不均匀、不对称,会使结构的质量中心和刚度中心有较大的不重合,易使结构在地震时由于扭转和局部应力集中而严重破坏。如天津市一栋6层的现浇钢筋混凝土框架,平面呈L形,唐山地震时,二、三层角柱严重破坏,边柱在窗台处有水平裂缝,外墙和内填充墙产生不少裂缝。1985年墨西哥城地震中,平面不规则的建筑物也产生了整体扭转破坏,角柱破坏严重。

2) 竖向刚度突变引起的震害

结构刚度沿竖向分布有局部削弱或突然变化时,可能使结构在刚度突然变小的楼层产生过大变形甚至倒塌。1971年2月9日美国圣费尔南多地震中,Olive View医院6层钢筋混凝土主楼,其中一、二层为框架,三~六层为框架—剪力墙,上、下刚度相差10倍。地震导致柔性的底部框架柱严重酥裂,产生很大的塑性变形,侧移达600 mm。

3) 防震缝处的碰撞

在防震缝两侧的结构单元由于各自的动力特性不同,因此在地震时可能产生相向的位移,如果防震缝宽度不够,则结构单元之间会发生碰撞而引起震害(图4-2)。例如,唐山地震时,北京地区因烈度不高,高层建筑没有严重破坏现象,但一些建筑物防震缝两侧结构单元的相互碰撞却产生了震害:民航局办公大楼防震缝处发生碰撞,女儿墙被撞坏;相反,18层的北京饭店东楼因防震缝宽度达600 mm,则未出现碰撞引起的震害。

4) 场地影响引起的震害

场地、地基对上部结构造成的震害主要有两个方面:一是地基失效导致房屋不均匀沉降甚至倒塌,最典型的工程实例就是1964年日本新潟地震,因地基的砂土液化造成一栋4层公寓大楼连同基础倾倒了80°。而这次地震中,用桩基支承在密实土层上的建筑破坏较少。二是建造在软弱地基上的建筑物,烈度虽不高,但由于结构自

图4-2 防震缝处的碰撞

振周期与场地地基土卓越周期接近,发生类共振而导致建筑物破坏。如1976年委内瑞拉发生6.5级地震,距震中56 km的加拉加斯冲积层场地土上有4栋10~12层钢筋混凝土框架公寓全部倒塌。

5）框架柱的震害

一般情况下,框架柱的震害重于梁;柱顶震害重于柱底;角柱震害重于内柱;短柱震害重于一般柱。震害情况如下:

(1)柱顶。柱顶周围有水平裂缝、斜裂缝或交叉裂缝。重者混凝土压碎崩落,柱内箍筋拉断,纵筋压曲成灯笼状(图4-3)。这种破坏的主要原因是由于节点处的弯矩、剪力和轴力都比较大,柱的箍筋配置不足或锚固不好,在弯、剪、压共同作用下,使箍筋失效造成的。

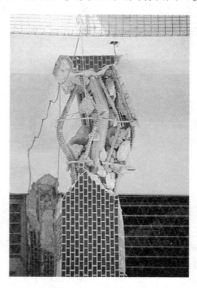

图4-3　柱顶破坏

(2)柱底。柱的底部常见的震害是在离地面或楼面100～400 mm处有环向的水平裂缝,其受力情况虽与柱顶相似,但往往柱底箍筋较密,故震害较轻。

(3)短柱。当有错层、夹层或有半高的填充墙,或不适当地设置某些连系梁时,容易形成$H/b < 4$(H为柱高,b为柱截面的短边长)的短柱。一方面短柱能吸收较大的地震剪力;另一方面短柱常发生剪切破坏,形成交叉裂缝乃至脆断(图4-4)。

图4-4　短柱破坏

（4）角柱。由于房屋不可避免地要发生扭转,因此角柱所受剪力最大,同时角柱又受双向弯矩作用,而其约束又较其他柱小,所以震害重于内柱(图4-5)。

图4-5 角柱破坏

6）框架梁的震害

梁的震害主要发生在梁端。在反复地震作用下,梁端受到变号弯矩作用,可能导致梁端产生贯通的竖向裂缝,引起承载力下降;若梁端抗剪承载力不足,还可能导致梁端产生斜裂缝,严重时混凝土压碎,纵筋屈服形成塑性铰。

梁端在变号弯矩作用下,若下部纵筋锚固长度不足或锚固形式不对,也将导致纵筋拔出破坏。

7）框架梁柱节点的震害

在反复地震作用下,节点核心区混凝土处于剪压复合受力状态。若节点核心区内无箍筋约束或箍筋约束不足,节点核心区混凝土将发生脆性的剪切破坏,轻者产生交叉裂缝,重者混凝土剪压破碎,柱纵筋压屈外鼓(图4-6)。

图4-6 梁柱节点破坏

8）抗震墙的震害

抗震墙的震害主要表现在墙肢之间连梁的剪切破坏。主要是由于连梁跨度小，高度大，形成深梁，在反复荷载作用下形成 X 形剪切裂缝，为剪切型脆性破坏，尤其是在房屋 1/3 高度处的连梁破坏更为明显（图 4-7）。

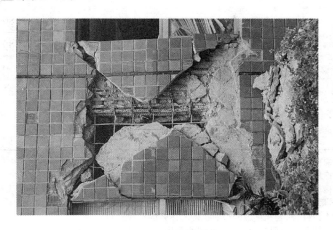

图 4-7　抗震墙震害

9）填充墙的震害

框架中嵌砌砖填充墙，容易发生墙面斜裂缝，并沿柱周边开裂。端墙、窗间墙和门窗洞口边角部位破坏更加严重。烈度较高时墙体容易倒塌。由于框架变形属剪切型，下部层间位移大，填充墙震害呈现"下重上轻"的现象。填充墙破坏的主要原因是，墙体受剪承载力低，变形能力小，墙体与框架缺乏有效的拉结，因此在往复变形时墙体易发生剪切破坏和散落。

10）板的震害

板的破坏不太多，出现的震害有板四角的 45°斜裂缝、平行于梁的通长裂缝等。

4.2　抗震设计的基本要求

4.2.1　结构最大适用高度及最大高宽比要求

由于不同结构体系的承载力和刚度的不同，因此它们的适用高度范围也不一样。一般来说，框架结构仅适用于抗震设防烈度较低或层数较少、高度较低的建筑。框架—剪力墙结构和剪力墙结构能适应各种不同高度的建筑，建筑物高度可达到 100 m 以上。不同类型的钢筋混凝土结构的适用高度见表 4-1。对平面和竖向均不规则的结构或Ⅳ类场地上的结构，应适当降低房屋的最大适用高度，降低的高度一般为 20% 左右。

表 4-1 现浇钢筋混凝土房屋适用的最大高度

结构类型		烈 度				
		6	7	8(0.2g)	8(0.3g)	9
框 架		60	50	40	35	24
框架—抗震墙		130	120	100	80	50
抗震墙		140	120	100	80	60
部分框支抗震墙		120	100	80	50	不应采用
筒体	框架—核心筒	150	130	100	90	70
	筒中筒	180	150	120	100	80
板柱—抗震墙		80	70	55	40	不应采用

注:① 房屋高度指室外地面到主要屋面板板顶的高度(不包括局部突出屋顶部分)。
② 框架—核心筒结构指周边稀柱框架与核心筒组成的结构。
③ 部分框支抗震墙结构指首层或底部两层框支抗震墙结构。
④ 表中框架,不包括异形柱框架。
⑤ 板柱—抗震墙结构指板柱、框架和抗震墙组成抗侧力体系的结构。
⑥ 乙类建筑可按本地区抗震设防烈度确定适用的最大高度。
⑦ 超过表内高度的房屋,应进行专门研究和论证,采取有效的加强措施。

高层建筑结构的高宽比 H/B 过大,结构的变形较大,并且可能发生整体失稳或整体倾覆。当高宽比 H/B 满足表 4-2 的要求时,即可保证结构的整体稳定性和抗倾覆能力。

表 4-2 钢筋混凝土高层建筑结构的高宽比限值

结构体系	非抗震设计	设防烈度		
		6 度、7 度	8 度	9 度
框架	5	4	3	—
板柱—剪力墙	6	5	4	—
框架—剪力墙、剪力墙	7	6	5	4
框架—核心筒	8	7	6	4
筒中筒	8	8	7	5

4.2.2 抗震等级的划分

为了体现在同样烈度下不同的结构体系、不同的高度和不同场地有不同的抗震要求,例如,次要抗侧力构件的抗震要求,可低于主要抗侧力构件;较高的房屋地震反应大,位移延性的要求就较高,墙肢底部塑性铰区的曲率延性的要求也较高;场地不同时抗震构造措施也有所区别。因此,《建筑抗震设计规范》根据结构类型、设防烈度、房屋高度和场地类别将框架结构、框架—抗震墙结构和抗震墙结构划分为不同的抗震等级,见表 4-3。应当指出,划分房屋抗震等级的主要目的在于对房屋采取不同的抗震措施(包括:内力调整、轴压比的确定和抗震构造措施)。

表 4-3　现浇钢筋混凝土房屋的抗震等级

结构类型			6度		7度			8度			9度	
			≤24	>24	≤24	>24		≤24	>24		≤24	
框架结构	高度(m)		≤24	>24	≤24	>24		≤24	>24		≤24	
	框架		四	三	三	二		二	一		一	
	大跨度框架		三	三	二	二	二	一	一	一	一	一
框架—抗震墙结构	高度(m)		≤60	>60	≤24	25~60	>60	≤24	25~60	>60	≤24	25~60
	框架		四	三	四	三	二	三	二	一	二	一
	抗震墙		三	三	二	二	二	一	一	一	一	一
抗震墙结构	高度(m)		≤80	>80	≤24	25~80	>80	≤24	25~80	>80	≤24	25~60
	抗震墙		四	三	四	三	二	三	二	一	二	一
部分框支抗震墙结构	高度(m)		≤80	>80	≤24	25~80	>80	≤24	25~80	>80		
	抗震墙	一般部位	四	三	四	三	二	三	二	一		
		加强部位	三	二	三	二	一	二	一			
	框支层框架		二	二	二	二	二	一	一	一		
框架—核心筒结构	框架		三	三	二	二	二	二	二	二	一	一
	核心筒		二	二	二	二	二	二	二	二	一	一
筒中筒结构	外筒		三	三	二	二	二	二	二	二	一	一
	内筒		三	三	二	二	二	二	二	二	一	一
板柱—抗震墙结构	高度(m)		≤35	>35	≤35	>35		≤35	>35			
	框架、板柱的柱		三	二	二	二		二	一			
	抗震墙		二	二	二	二		二	一			

注：① 建筑场地为Ⅰ类时，除6度外可按表内降低1度所对应的抗震构造措施，但相应的计算要求不应降低。

② 接近或等于高度分界时，应允许结合房屋不规则程度及场地、地基条件确定抗震等级。

③ 大跨度框架指跨度不小于18 m 的框架。

④ 高度不超过60 m 的框架—核心筒结构按框架—抗震墙结构的要求设计时，应按表中框架—抗震墙结构的规定确定其抗震等级。

4.2.3　结构平面和竖向布置

1）结构平面布置

结构平面宜简单、规则、对称。在布置柱和抗震墙的位置时，要使结构的质量中心与刚度中心尽可能重合或接近，以减小水平地震作用引起的扭转反应，框架、抗震墙均应双向设置。对于10层和10层以上或高度大于28 m 的高层钢筋混凝土建筑，平面长度 L 不宜过长，平面局部突出部分的长度 l 不宜过大。图4-8中 L、l 的限值宜满足表4-4的要求。在实际工程中，L/B 在 6 度、7 度时最好不大于 4，8 度、9 度时最好不大于 3，l/b 最好不大于 1。

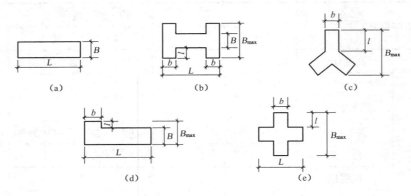

图 4-8　建筑平面

表 4-4　L、l 的限值

设防烈度	L/B	L/B_{max}	l/b
6 度、7 度	≤6.0	≤0.35	≤2.0
8 度、9 度	≤5.0	≤0.30	≤1.5

2）结构竖向布置

结构竖向体型应力求规则均匀，抗侧力构件宜上下连续贯通。当结构沿竖向需变化时，应使其体型、侧向刚度和强度均匀变化而不出现较大的突变。具体要求为：

（1）侧向刚度沿竖向变化均匀，构件截面由下层至上层逐渐减小，当某些楼层的层间刚度小于上层时，不宜小于其相邻上层的 70% 或其上面相邻三层刚度平均值的 80%（图 4-9）。

（2）A 级高度高层建筑的楼层层间抗侧力结构的受剪承载力不宜小于其相邻上一层受剪承载力的 80%，不应小于其相邻上一层受剪承载力的 65%；B 级高度高层建筑的楼层层间抗侧力结构的受剪承载力不应小于其相邻上一层受剪承载力的 75%（图 4-10）。

（3）避免过大的外挑和内收。如图 4-11 所示，当结构上部楼层收进部位到室外地面的高度 H_1 与房屋高度 H 之比大于 0.2 时，上部楼层收进后的水平尺寸 B_1 不宜小于下部楼层水平尺寸 B 的 0.75 倍；当上部结构楼层相对于下部楼层外挑时，下部楼层的水平尺寸 B 不宜小于上部楼层水平尺寸 B_1 的 0.9 倍，且水平外挑尺寸不宜大于 4 m。

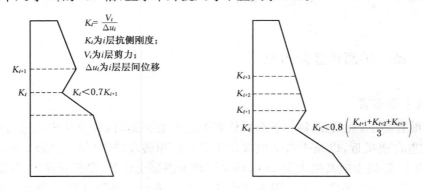

图 4-9　侧向刚度沿竖向变化不均匀

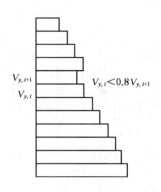

图 4-10 层间屈服剪力变化不均匀

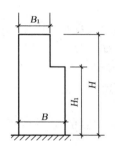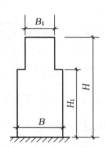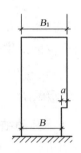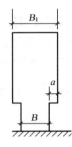

图 4-11 竖向外挑和内收

3）防震缝的设置

设置防震缝的目的是防止各部分建筑刚度、高度相差悬殊而造成的内力集中和可能发生的破坏。但防震缝会给建筑立面处理、地下室防水处理等带来难度,应尽可能通过合理选择结构类型、调整结构布置,不设防震缝,同时采用合理的计算方法和有效的构造措施,解决不设防震缝带来的不利影响。当需要设防震缝时,防震缝的最小宽度应符合下列要求:

（1）框架结构房屋的防震缝宽度,当高度不超过 15 m 时不应小于 100 mm;超过 15 m 时,6 度、7 度、8 度和 9 度,高度每增加 5 m、4 m、3 m 和 2 m,宜加宽 20 mm。

（2）框架—抗震墙结构房屋的防震缝宽度不应小于上述对框架结构房屋规定数值的 70%,抗震墙结构房屋的防震缝宽度不应小于上述规定数值的 50%;均不宜小于 100 mm。

（3）防震缝两侧结构体系不同时,防震缝宽度按不利体系考虑,并按低的房屋高度确定缝宽。

（4）相邻结构的基础有较大沉降差时,宜增大防震缝宽度。

防震缝应沿房屋上部结构的全高设置,并尽可能与伸缩缝、沉降缝合并考虑。可以结合沉降缝要求贯通到地基,当无沉降问题时也可只从基础或地下室以上贯通,基础或地下室可不设防震缝,但应加强构造和连接。

（5）8 度、9 度框架结构房屋防震缝两侧结构高度、刚度或层高相差较大时,可在缝两侧房屋的尽端沿全高设置垂直于防震缝的抗撞墙（图 4-12）,每一侧的抗撞墙的数量不应少于 2 道,宜分别对称布置,墙肢长度可不大于一个柱距,框架和抗撞墙的内力应按考虑和不考虑抗撞墙两种情况分别进行分析,并按不利情况取值。防震缝两侧抗撞墙的端柱和框架的边柱,箍筋应沿房屋全高加密。

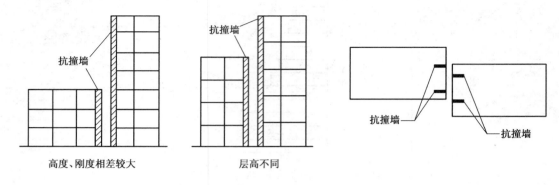

图 4-12 抗撞墙的布置

【例题 4-1】 已有一幢高 12.0 m 的框架结构房屋,拟在其紧邻处建一座高 50.0 m 的框架—剪力墙房屋结构,当抗震设防烈度为 8 度时,其防震缝的最小宽度为多少?

【解】 框架结构高度 $H = 12\,\text{m} < 15\,\text{m}$,选防震缝宽度 $\delta = 100\,\text{mm}$。

8 度抗震,框架—剪力墙结构,$H = 50\,\text{m}$,缝宽 $\delta = 0.7\left[100 + \dfrac{(50-15)}{3} \times 20\right] = 233.3\,\text{mm}$。

防震缝两侧结构不同,按不利的结构类型确定防震缝宽度,防震缝两侧的房屋高度不同时,防震缝的宽度应按较低的房屋高度确定。故缝宽 $\delta = 100\,\text{mm}$。

4.2.4 一般性抗震措施

1）楼盖

加强楼盖的整体性,保证受力传递和内力分配,减小开洞。根据《建筑抗震设计规范》(GB 50011—2010)要求,框架—抗震墙结构和板柱—抗震墙结构中抗震墙之间无大洞口的楼、屋盖的长宽比不宜超过表 4-5 的规定,符合该规定的楼盖可近似按刚性楼盖考虑;超过上述规定时,应该考虑平面内变形的影响。

表 4-5 抗震墙之间楼屋盖的长宽比

楼、屋盖形式		抗震设防烈度			
		6 度	7 度	8 度	9 度
框架—抗震墙结构	现浇或叠合楼、屋盖	4	4	3	2
	装配整体式楼、屋盖	3	3	2	不宜采用
板柱—抗震墙结构的现浇楼、屋盖		3	3	2	—
框支层的现浇楼、屋盖		2.5	2.5	2	—

2）框架

框架结构应设计为双向抗侧力体系,主体结构在两个方向上均不应采用铰接,不宜采用单跨框架。框架和柱的中线应尽可能重合在同一平面内,二者间的偏心距不超过柱宽的 1/4,以避免或减小对柱不利的扭转效应,超过此限值时,应进行具体分析并采取有效措施。

非承重墙体应优先选用轻质墙体材料,墙体与主体结构应有可靠的拉结。砌体填充墙的设置应采取措施减少对主体结构的不利影响,避免使主体结构形成薄弱层或短柱。

框架结构体系不应采用部分由砌体墙承重的混合形式。如楼、电梯间及局部突出屋顶的部分不应采用砌体承重,应采用框架承重。

3）抗震墙

抗震墙应沿结构平面各主轴方向布置,形成双(多)向抗侧力体系。同一方向的抗震墙宜拉通对直。抗震墙沿竖向应连续,不应中断。单片抗震墙的长度不宜过长,以避免在水平地震作用下的剪切破坏。较长的剪力墙宜开设洞口,将其分成长度较为均匀的若干墙段,墙段之间宜采用弱连梁连接,每个独立墙段的总高度与其截面高度之比不应小于 2。墙肢截面高度不宜大于 8 m。剪力墙的门窗洞口宜上下对齐、成列布置,形成明确的墙肢和连梁。部分框支抗震墙结构的框支层,其抗震墙的截面面积不应小于相邻非框支层抗震墙截面面积的 50%。

4）框架—抗震墙

框架—抗震墙结构中的抗震墙应沿结构平面各主轴方向设置,使各方向侧向刚度接近,且纵、横向抗震墙宜连成 L 形、T 形等形式,互为翼缘;抗震墙和柱的中线应尽可能重合,二者间的偏心距不宜超过柱宽的 1/4。布置抗震墙的位置时,除应遵循均匀对称的原则外,还宜尽量沿建筑平面的周边布置,以提高结构抗扭能力;宜在楼、电梯间和平面变化较大处布置,以加强薄弱部位和应力集中部位,宜在竖向荷载较大处布置,以尽可能避免在水平地震作用时墙体出现轴向拉力;宜适当增多抗震墙的片数,每片墙的刚度不要太大,单片墙在底部承担的水平地震剪力不宜超过结构底部总剪力的 40%,不要使少数一两片墙承担大部分地震作用。

4.2.5　结构材料

按抗震要求设计的混凝土结构的材料应符合以下要求:

(1)混凝土的强度等级:框支梁、框支柱及抗震等级为一级的框架梁、柱、节点核心区,不应低于 C30;构造柱、芯柱、圈梁及其他各类构件不应低于 C20。

(2)普通钢筋:宜优先采用延性、韧性和可焊性较好的钢筋;普通钢筋的强度等级,纵向受力钢筋宜选用符合抗震性能指标的 HRB 400 级热轧钢筋,也可采用符合抗震性能指标的 HRB 335 级,箍筋宜选用符合抗震性能指标的 HRB 335、HPB 300 级热轧钢筋。对抗震等级为一、二级、三级的框架结构,其普通纵向受力钢筋的抗拉强度实测值与屈服强度实测值的比值不应小于 1.25,且钢筋的屈服强度实测值与强度标准值的比值不应大于 1.3,钢筋在最大拉力下的总伸长率实测值不应小于 9%。

(3)在施工中,当需要以强度等级较高的钢筋替代原设计中的纵向受力钢筋时,应按照钢筋受拉承载力设计值相等的原则换算,并应满足最小配筋率要求。

4.3 框架结构的抗震计算

4.3.1 框架结构水平地震计算

结构抗震计算的内容一般包括：①结构动力特性分析，主要是结构自振周期的确定；②结构地震反应计算，包括常遇烈度下的地震荷载与结构侧移；③结构内力分析；④截面抗震设计等。整个设计步骤如图 4-13 所示。框架结构在水平地震作用下，应根据结构的规则程度、房屋高度、变形特征等因素，选取不同的计算方法。对于高度不超过 40 m，以剪切变形为主且质量和刚度沿高度分布比较均匀的结构，可采用底部剪力法等简化方法计算；否则宜采用振型分解反应谱法，必要时应采用时程分析法进行补充计算。

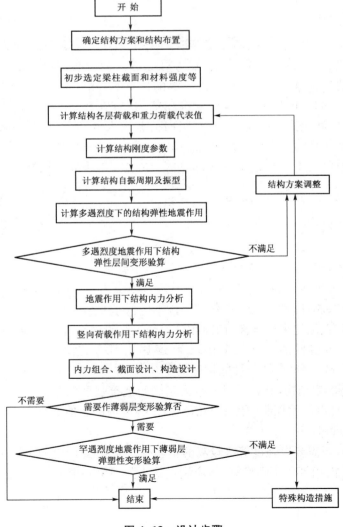

图 4-13 设计步骤

1）结构自振周期

对于一些比较规则的高层建筑结构,根据大量的周期实测结果,已归纳出以下一些经验公式用于初步设计:

(1) 钢筋混凝土框架和框架—剪力墙结构基本自振周期经验计算公式为

$$T_1 = 0.25 + 0.53 \times 10^{-3} \frac{H^2}{\sqrt[3]{B}} \tag{4-1}$$

(2) 钢筋混凝土剪力墙结构基本自振周期经验计算公式为

$$T_1 = 0.03 + 0.03 \frac{H}{\sqrt[3]{B}} \tag{4-2}$$

式中:H——房屋总高度(m);

B——房屋振动方向的长度(m)。

2）水平地震作用

框架结构的水平地震作用一般采用底部剪力法计算,其计算方法见第 3 章 3.6 节。

按照底部剪力法求出各质点水平地震作用 F_i 之后,第 i 层层间剪力 V_i,等于第 i 层及其以上各质点水平地震作用之和,即

$$V_i = \sum_i^n F_i \tag{4-3}$$

式中:F_i——第 i 层质点所受到的地震作用。

抗震验算时,结构各楼层的最小水平地震力标准值应符合下式要求:

$$V_i > \lambda \sum_i^n G_i \tag{4-4}$$

式中:G_i——第 i 层重力荷载代表值;

λ——剪力系数。

3）水平地震作用下框架内力分析

计算在水平荷载作用下框架结构的内力和位移时,通常采用的近似方法有反弯点法和 D 值法。

(1) 反弯点法

① 适用条件:梁柱线刚度比 $i_b/i_c > 3$ 且层数不多的框架。

② 基本假定

a. 忽略梁柱的轴向变形。

b. 梁线刚度比无限大,节点无转角。

c. 各层柱(除底层外)的反弯点均位于柱高的中点,底层柱的反弯点位于距柱底嵌固端 2/3 柱高处。

③ 计算步骤

a. 框架柱剪力分配

按照反弯点法的假定,各层柱的侧移刚度 d 等于柱上下两端仅有相对的单位层间侧移而

无转角时的柱剪力。因此,由结构力学可知:

$$d = \frac{12i_c}{h^2} \tag{4-5}$$

式中:i_c——柱线刚度,$i_c = \frac{E_c I_c}{h}$,E_c 和 I_c 分别为柱的混凝土弹性模量和截面惯性矩;

h——柱高度(层高)。

由式(4-3)求出了第 i 层层间地震总剪力 V_i 后,即可按该层各柱的侧移刚度 d_{ik} 分配到各柱。设该层柱总数为 m,则第 j 柱所分得的剪力 V_{ij} 为

$$V_{ij} = \frac{d_{ij}}{\sum\limits_{k=1}^{m} d_{ik}} V_i \tag{4-6}$$

b. 柱端弯矩计算

反弯点法的计算假定已给出了柱的反弯点位置,因此求出柱剪力后可直接计算各柱上下端的弯矩。即

底层柱:

上端弯矩:
$$M_c^t = \frac{V_{1j} h_1}{3} \tag{4-7a}$$

下端弯矩:
$$M_c^b = \frac{2V_{1j} h_1}{3} \tag{4-7b}$$

其余各层柱:

上、下端弯矩:
$$M_c^t = M_c^b = \frac{V_{ij} h_i}{2} \tag{4-8}$$

c. 梁端弯矩计算

梁端弯矩计算,是按节点弯矩平衡条件,将节点上、下柱端弯矩之和按左、右梁的线刚度之比分配到左、右梁端(图 4-14)。即

$$D = \alpha \frac{12i_c}{h^2}$$

$$V_{ik} = \frac{D_{ik}}{\sum\limits_{m=1}^{n} D_{im}} V_i \tag{4-9a}$$

$$M_c^t = V_{ik}(1-y)h$$

$$M_c^b = V_{ik} \cdot yh$$

$$M_b^l = \frac{i_b^l}{i_b^l + i_b^r}(M_c^u + M_c^d)$$

$$M_b^r = \frac{i_b^r}{i_b^l + i_b^r}(M_c^u + M_c^d) \tag{4-9b}$$

式中:M_b^l、M_b^r——节点左右的梁端弯矩;

M_c^u、M_c^d——节点上下的柱端弯矩;

i_b^l、i_b^r——节点左右的梁的线刚度。

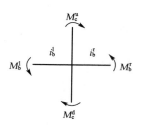

图 4-14　梁端弯矩计算

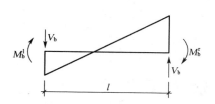

图 4-15　梁端剪力计算

d. 梁剪力及柱轴力计算

根据梁两端的弯矩,由力矩平衡条件,可得梁端剪力

$$V_b = \frac{M_b^l + M_b^r}{l} \tag{4-10}$$

柱轴力计算,则是按柱轴力与该柱以上所有各层相邻梁端剪力沿竖向平衡的条件求得。

【例题 4-2】　用反弯点法计算图 4-16 框架的弯矩,图中括号内数字为梁、柱的相对线刚度。

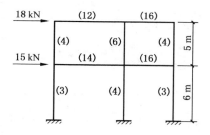

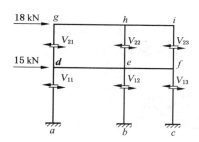

图 4-16　框架计算简图

【解】　(1) 柱的剪力

二层层间剪力:

$$V_2 = 18 \text{ kN}$$

二层柱:

$$V_{21} = V_{23} = \frac{d_{21}}{\sum\limits_{k=1}^{3} d_{2k}} V_2 = \frac{4}{4+6+4} \times 18 = 5.14 \text{ kN}$$

$$V_{22} = \frac{d_{22}}{\sum\limits_{k=1}^{3} d_{2k}} V_2 = \frac{6}{4+6+4} \times 18 = 7.72 \text{ kN}$$

底层层间剪力:

$$V_1 = 18 + 15 = 33 \text{ kN}$$

底层柱：

$$V_{11} = V_{13} = \frac{d_{11}}{\sum\limits_{k=1}^{3} d_{1k}} V_1 = \frac{3}{3+4+3} \times 33 = 9.90 \text{ kN}$$

$$V_{12} = \frac{d_{12}}{\sum\limits_{k=1}^{3} d_{1k}} V_1 = \frac{4}{3+4+3} \times 33 = 13.2 \text{ kN}$$

（2）柱端弯矩
二层：

$$M_{dg} = M_{gd} = M_{if} = M_{fi} = V_{21} \times \frac{1}{2} h_2 = 5.14 \times \frac{1}{2} \times 5 = 12.85 \text{ kN} \cdot \text{m}$$

$$M_{eh} = M_{he} = V_{22} \times \frac{1}{2} h_2 = 7.72 \times \frac{1}{2} \times 5 = 19.30 \text{ kN} \cdot \text{m}$$

底层：

$$M_{da} = M_{fc} = V_{11} \times \frac{1}{3} h_1 = 9.90 \times \frac{1}{3} \times 6 = 19.80 \text{ kN} \cdot \text{m}$$

$$M_{ad} = M_{cf} = V_{11} \times \frac{2}{3} h_1 = 9.90 \times \frac{2}{3} \times 6 = 39.60 \text{ kN} \cdot \text{m}$$

$$M_{eb} = V_{12} \times \frac{1}{3} h_1 = 13.20 \times \frac{1}{3} \times 6 = 26.40 \text{ kN} \cdot \text{m}$$

$$M_{be} = V_{12} \times \frac{2}{3} h_1 = 13.20 \times \frac{2}{3} \times 6 = 52.80 \text{ kN} \cdot \text{m}$$

（3）梁端弯矩
二层：

$$M_{gh} = M_{gd} = 12.85 \text{ kN} \cdot \text{m}$$
$$M_{ih} = M_{if} = 12.85 \text{ kN} \cdot \text{m}$$
$$M_{hg} = \frac{12}{12+16} M_{eh} = \frac{12}{28} \times 19.3 = 8.27 \text{ kN} \cdot \text{m}$$
$$M_{hi} = \frac{16}{12+16} M_{eh} = \frac{16}{28} \times 19.3 = 11.03 \text{ kN} \cdot \text{m}$$

底层：

$$M_{de} = M_{dg} + M_{da} = 12.85 + 19.8 = 32.65 \text{ kN} \cdot \text{m}$$
$$M_{ed} = \frac{14}{14+16} (M_{eh} + M_{eb}) = \frac{14}{30} \times (19.3 + 26.4) = 21.33 \text{ kN} \cdot \text{m}$$
$$M_{ef} = \frac{16}{14+16} (M_{eh} + M_{eb}) = \frac{16}{30} \times (19.3 + 26.4) = 24.37 \text{ kN} \cdot \text{m}$$

框架的弯矩如图 4-17 所示。

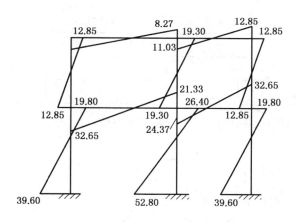

图 4-17　框架弯矩图

（2）D 值法

D 值法近似考虑了框架结点转动对侧移刚度和反弯点高度的影响,是目前分析框架内力比较简单而又比较精确的一种近似方法。

用 D 值法计算框架内力的步骤如下：

① 计算各柱的侧移刚度 D

$$D = \alpha \frac{12i_c}{h^2} \tag{4-11}$$

式中：i_c——柱的线刚度；

　　　h——柱的高度；

　　　α——梁柱节点转动影响系数,应根据柱的位置、柱上下端梁约束情况按表 4-6 计算。

表 4-6　节点转动影响系数 α

楼　层	简　图	K	α
一般层		$K = \dfrac{i_1 + i_2 + i_3 + i_4}{2i_c}$	$\alpha = \dfrac{K}{2+K}$
底　层		$K = \dfrac{i_1 + i_2}{2i_c}$	$\alpha = \dfrac{0.5+K}{2+K}$

计算梁的线刚度时,应考虑楼板对梁截面惯性矩的影响。通常梁均先按矩形截面计算惯性矩 I_0,然后再乘以表 4-7 中的增大系数,以考虑现浇楼板或装配整体式楼板上的现浇层对梁的刚度的影响。

表 4-7　框架梁截面折算惯性矩 I

楼盖结构类型	中框架	边框架
现浇整体式楼盖	$I = 2.0I_0$	$I = 1.5I_0$
装配整体式楼盖	$I = 1.5I_0$	$I = 1.2I_0$

② 计算各柱分配到的地震剪力 V_{ik}——按刚度分配

$$V_{ik} = \frac{D_{ik}}{\sum\limits_{m=1}^{n} D_{im}} V_i \tag{4-12}$$

式中：V_{ik}——第 i 层第 k 根柱分配到的剪力；

　　　D_{ik}——第 i 层第 k 根柱的侧移刚度；

　　　D_{im}——第 i 层第 m 根柱的侧移刚度，设该层共有 n 根柱。

③ 确定各柱的反弯点位置

反弯点的位置可由附表查得，按下式确定：

$$yh = (y_0 + y_1 + y_2 + y_3)h \tag{4-13}$$

式中：y——柱的反弯点高度比；

　　　y_0——柱的标准反弯点高度比；

　　　y_1——考虑柱上、下端横梁线刚度变化时柱反弯点的修正系数；

　　　y_2——考虑上层层高与本层层高不同时柱反弯点的修正系数；

　　　y_3——考虑下层层高与本层层高不同时柱反弯点的修正系数。

④ 计算各柱的柱端弯矩

由上述求出的柱剪力 V_{ik} 和反弯点高度 yh 即可求出柱上、下端弯矩。

上端弯矩：
$$M_c^t = V_{ik}(1-y)h \tag{4-14}$$

下端弯矩：
$$M_c^b = V_{ik} \cdot yh \tag{4-15}$$

⑤ 梁端弯矩及梁剪力、柱轴力计算

同反弯点法。

【**例题 4-3**】　作图 4-18 所示的框架弯矩图。图中括号内数字为各杆的相对线刚度。

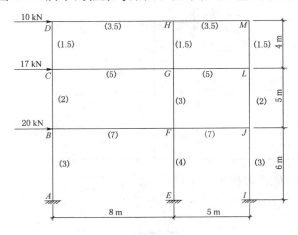

图 4-18　框架计算简图

【解】 （1）求各柱的 D 值及每根柱分配的剪力。

表 4-8 各层柱 D 值及每根柱分配的剪力

层 数	3	2	1
层剪力(kN)	10	27	47
左边柱 D 值	$k = \dfrac{3.5+5}{2 \times 1.5} = 2.83$ $D = \dfrac{2.83}{2+2.83} \times 1.5i$ $= 0.88i$	$k = \dfrac{5+7}{2 \times 2} = 3$ $D = \dfrac{3}{2+3} \times 2i = 1.2i$	$k = \dfrac{7}{3} = 2.33$ $D = \dfrac{0.5+2.33}{2+2.33} \times 3i$ $= 1.96i$
右边柱 D 值	$k = 2.83$ $D = 0.88i$	$k = \dfrac{5+7}{2 \times 2} = 3$ $D = \dfrac{3}{2+3} \times 2i = 1.2i$	$k = \dfrac{7}{3} = 2.33$ $D = \dfrac{0.5+2.33}{2+2.33} \times 3i = 1.96i$
中柱 D 值	$k = \dfrac{3.5+5+3.5+5}{2 \times 1.5}$ $= 5.67$ $D = \dfrac{5.67}{2+5.67} \times 1.5i = 1.11i$	$k = \dfrac{5+7+5+7}{2 \times 3} = 4$ $D = \dfrac{4}{2+4} \times 3i = 2i$	$k = \dfrac{7+7}{4} = 3.5$ $D = \dfrac{0.5+3.5}{2+3.5} \times 4i = 2.91i$
D 值和	$2.87i$	$4.4i$	$6.83i$
左边柱剪力 (kN)	$V_3 = \dfrac{0.88}{2.87} \times 10 = 3.07$	$V_2 = \dfrac{1.2}{4.4} \times 27 = 7.36$	$V_1 = \dfrac{1.96}{6.83} \times 47 = 13.49$
右边柱剪力 (kN)	$V_3 = \dfrac{0.88}{2.87} \times 10 = 3.07$	$V_2 = \dfrac{1.2}{4.4} \times 27 = 7.36$	$V_1 = \dfrac{1.96}{6.83} \times 47 = 13.49$
中柱剪力 (kN)	$V_3 = \dfrac{1.11}{2.87} \times 10 = 3.86$	$V_2 = \dfrac{2}{4.4} \times 27 = 12.27$	$V_1 = \dfrac{2.91}{6.83} \times 47 = 20.02$

（2）计算反弯点高度比，见表 4-9。

表 4-9 反弯点高度比

层数	3 ($n=3$ $j=3$)	2 ($n=3$ $j=2$)	1 ($n=3$ $j=1$)
左边柱	$k = 2.83$ $y_0 = 0.44$ $I = \dfrac{3.5}{5} = 0.7$ $y_1 = 0.01$ $\alpha_3 = \dfrac{5}{4} = 1.25$ $y_2 = 0$ $y = 0.45$	$k = 3$ $y_0 = 0.5$ $I = \dfrac{5}{7} = 0.71$ $y_1 = 0$ $\alpha_2 = \dfrac{4}{5} = 0.8$ $y_2 = 0$ $\alpha_3 = \dfrac{6}{5} = 1.2$ $y_3 = 0$ $y = 0.5$	$k = 2.33$ $y_0 = 0.55$ $\alpha_2 = \dfrac{5}{6} = 0.83$ $y_2 = 0$ $y = 0.55$

续表 4-9

层数	3 $(n = 3 \quad j = 3)$	2 $(n = 3 \quad j = 2)$	1 $(n = 3 \quad j = 1)$
右边柱	$k = 2.83$ $y_0 = 0.44$ $I = \dfrac{3.5}{5} = 0.7 \quad y_1 = 0.01$ $\alpha_3 = 1.25 \quad y_3 = 0$ $y = 0.45$	$k = 3 \quad y_0 = 0.5$ $I = \dfrac{5}{7} = 0.71 \quad y_1 = 0$ $\alpha_2 = 0.8 \quad y_2 = 0$ $\alpha_3 = \dfrac{6}{5} = 1.2 \quad y_3 = 0$ $y = 0.5$	$k = 2.33$ $y_0 = 0.55$ $\alpha_2 = 0.83$ $y_2 = 0$ $y = 0.55$
中柱	$k = 5.67$ $y_0 = 0.45$ $I = \dfrac{2 \times 3.5}{2 \times 5} = 0.7 \quad y_1 = 0$ $\alpha_3 = 1.25 \quad y_3 = 0$ $y = 0.45$	$k = 4 \quad y_0 = 0.5$ $I = \dfrac{2 \times 5}{2 \times 7} = 0.71 \quad y_1 = 0$ $\alpha_2 = 0.8 \quad y_2 = 0$ $\alpha_3 = \dfrac{6}{5} = 1.2 \quad y_3 = 0$ $y = 0.5$	$k = 3.5$ $y_0 = 0.55$ $\alpha_2 = 0.83$ $y_2 = 0$ $y = 0.55$

（3）求各柱的柱端弯矩

$M_{CD} = 3.07 \times 0.45 \times 4.0 = 5.53 \text{ kN} \cdot \text{m}$

$M_{GH} = 3.86 \times 0.45 \times 4.0 = 6.95 \text{ kN} \cdot \text{m}$

$M_{LM} = 3.07 \times 0.45 \times 4.0 = 5.53 \text{ kN} \cdot \text{m}$

$M_{DC} = 3.07 \times (1 - 0.45) \times 4.0 = 6.75 \text{ kN} \cdot \text{m}$

$M_{HG} = 3.86 \times (1 - 0.45) \times 4.0 = 8.49 \text{ kN} \cdot \text{m}$

$M_{ML} = 3.07 \times (1 - 0.45) \times 4.0 = 6.75 \text{ kN} \cdot \text{m}$

$M_{BC} = 7.36 \times 0.5 \times 5.0 = 18.4 \text{ kN} \cdot \text{m}$

$M_{FG} = 12.27 \times 0.5 \times 5.0 = 30.68 \text{ kN} \cdot \text{m}$

$M_{JL} = 7.36 \times 0.5 \times 5.0 = 18.4 \text{ kN} \cdot \text{m}$

$M_{CB} = 7.36 \times 0.5 \times 5.0 = 18.4 \text{ kN} \cdot \text{m}$

$M_{GF} = 12.27 \times 0.5 \times 5.0 = 30.68 \text{ kN} \cdot \text{m}$

$M_{LJ} = 7.36 \times 0.5 \times 5.0 = 18.4 \text{ kN} \cdot \text{m}$

$M_{AB} = 13.49 \times 0.55 \times 6 = 44.52 \text{ kN} \cdot \text{m}$

$M_{EF} = 20.02 \times 0.55 \times 6 = 66.07 \text{ kN} \cdot \text{m}$

$M_{IJ} = 13.49 \times 0.55 \times 6 = 44.52 \text{ kN} \cdot \text{m}$

$M_{BA} = 13.49 \times (1 - 0.55) \times 6 = 36.42 \text{ kN} \cdot \text{m}$

$M_{FE} = 20.02 \times (1 - 0.55) \times 6 = 54.05 \text{ kN} \cdot \text{m}$

$M_{JI} = 13.49 \times (1 - 0.55) \times 6 = 36.42 \text{ kN} \cdot \text{m}$

（4）求出各横梁梁端的弯矩

$M_{DH} = M_{DC} = 6.75 \text{ kN} \cdot \text{m}$

$M_{HD} = \dfrac{3.5}{3.5 + 3.5} \times 8.49 = 4.245 \text{ kN} \cdot \text{m}$

$M_{HM} = \dfrac{3.5}{3.5 + 3.5} \times 8.49 = 4.245 \text{ kN} \cdot \text{m}$

$$M_{MH} = M_{ML} = 6.75 \text{ kN} \cdot \text{m}$$

$$M_{CG} = M_{CD} + M_{CB} = 5.53 + 18.4 = 23.93 \text{ kN} \cdot \text{m}$$

$$M_{GC} = \frac{5}{5+5}(M_{GH} + M_{GF}) = 0.5 \times (6.95 + 30.68) = 18.815 \text{ kN} \cdot \text{m}$$

$$M_{GL} = \frac{5}{5+5}(M_{GH} + M_{GF}) = 0.5 \times (6.95 + 30.68) = 18.815 \text{ kN} \cdot \text{m}$$

$$M_{LG} = M_{LM} + M_{LJ} = 5.53 + 18.4 = 23.93 \text{ kN} \cdot \text{m}$$

$$M_{BF} = M_{BC} + M_{BA} = 18.4 + 36.42 = 54.82 \text{ kN} \cdot \text{m}$$

$$M_{FB} = \frac{7}{7+7}(M_{FG} + M_{FE}) = 0.5 \times (30.68 + 54.05) = 42.365 \text{ kN} \cdot \text{m}$$

$$M_{FJ} = \frac{7}{7+7}(M_{FG} + M_{FE}) = 0.5 \times (30.68 + 54.05) = 42.365 \text{ kN} \cdot \text{m}$$

$$M_{JF} = M_{JL} + M_{JL} = 18.4 + 36.42 = 54.82 \text{ kN} \cdot \text{m}$$

（5）绘制弯矩图（略）

4.3.2 竖向荷载作用下框架内力计算

框架结构在竖向荷载作用下的内力分析，除可采用精确计算法以外（如矩阵位移法），还可以采用分层法、弯矩二次分配法等近似计算法，通常采用分层法进行计算。

分层计算法的计算假定是：忽略竖向荷载作用下的框架侧移，忽略作用于每一层框架梁的竖向荷载对其他各层梁的影响。其计算步骤是：先将 n 层框架拆成 n 个计算单元，每个计算单元仅由一层梁和与之相邻的上下柱组成，且只承受该层梁的竖向荷载，上下柱的远端均近似按固定端考虑。然后采用弯矩分配法计算各单元的弯矩。由于除底层柱的下端外，其余各层柱的柱端都不是固定端，而是弹性支承，为减小误差，在计算中，将除底层柱外其余各层柱的线刚度均乘以折减系数 0.9，并将柱的弯矩传递系数由 1/2 改为 1/3，底层柱不作此修正。最后将求出的各单元弯矩图叠加成总的框架弯矩图。对叠加后各节点处的不平衡弯矩，可再分配一次，但不再传递。然后，即可按结构力学方法求出其他内力。

在竖向荷载下，可以考虑塑性内力重分布，进行弯矩调幅，降低梁端负弯矩。对于现浇框架，调幅系数可取 0.8～0.9；装配整体式框架，可取 0.7～0.8。梁端负弯矩降低后，跨中弯矩要相应增加，即将调幅后的梁端弯矩与简支梁弯矩图叠加，可得到梁的跨中弯矩。为保证跨中下部钢筋不至于过少，跨中弯矩不应小于简支梁跨中弯矩的 50%。

关于竖向活荷载的布置，对于活荷载不太大的情况，由于活荷载的不利布置对结构内力影响不大，可只按满布活荷载进行内力分析，以利于简化计算。此时梁的跨中弯矩可根据具体情况，乘以 1.1～1.2 的放大系数。

4.3.3 内力组合

框架结构考虑地震作用时，荷载效应的基本组合情况主要有以下两种：
（1）地震作用效应和重力荷载效应组合。
（2）永久荷载效应和可变荷载效应组合。

内力组合的目标就是找出杆件的控制截面和控制截面处的最不利内力,作为杆件截面设计的依据。对于框架梁,一般选梁的两端截面及跨中截面作为控制截面;对于柱,则选柱的上、下端截面作为控制截面。

4.3.4 框架结构水平位移验算

框架结构由于侧向刚度小,因而其水平位移较大,因此位移计算是框架结构抗震计算的一个重要方面。框架结构的侧移验算包括两方面:①多遇地震作用下层间弹性位移的计算,对所有框架都应进行此项计算;②罕遇地震下层间弹塑性位移验算,一般仅对非规则框架需进行此项计算。

1)多遇地震作用下层间弹性位移验算

多遇地震作用下,框架结构的层间弹性位移,可用 D 值法按式(4-16)进行计算。

$$\Delta u_e = \frac{V_i}{\sum\limits_{j=i}^{n} D_{ij}} \tag{4-16}$$

多遇地震作用下的框架结构的变形验算,应满足式(4-17)的要求:

$$\Delta u_e \leqslant [\theta_e] h \tag{4-17}$$

式中:h——层高;

Δu_e——多遇地震作用标准值产生的楼层层间最大弹性位移。

$[\theta_e]$——层间弹性位移角限值,对钢筋混凝土框架可取 $1/550$。

【例题 4-4】 某教学楼为 4 层钢筋混凝土框架结构。楼层重力荷载代表值 $G_4 = 5\,000\ \text{kN}$,$G_3 = G_2 = 7\,000\ \text{kN}$,$G_1 = 7\,800\ \text{kN}$。梁的截面尺寸为 $250\ \text{mm} \times 600\ \text{mm}$,混凝土采用 C20;柱的截面尺寸为 $450\ \text{mm} \times 450\ \text{mm}$,混凝土采用 C30。现浇梁、柱,楼盖为预应力圆孔板,建造在 I_1 类场地上,结构阻尼比为 0.05。抗震设防烈度为 8 度,设计基本地震加速度为 $0.20g$,设计地震分组为第二组。结构平面图、剖面图及计算简图见图 4-19(a)、(b)、(c)。试验算在横向水平多遇地震作用下层间弹性位移,并绘出框架地震弯矩图。

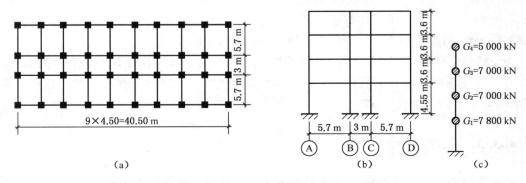

图 4-19 教学楼平面图、剖面图及计算简图

【解】 (1)楼层重力荷载代表值

$$G_1 = 7\ 800\ \text{kN}, G_2 = G_3 = 7\ 000\ \text{kN}, G_4 = 5\ 000\ \text{kN}, \sum G_i = 26\ 800\ \text{kN}$$

(2)梁、柱线刚度计算

① 梁的线刚度计算

边跨梁:

$$k_b = \frac{E_b I_b}{l} = \frac{25.5 \times 10^6 \times \frac{1}{12} \times 0.25 \times 0.6^3 \times 1.2^\odot}{5.7} = 24.16 \times 10^3\ \text{kN} \cdot \text{m}$$

中跨梁:

$$k_b = \frac{E_b I_b}{l} = \frac{25.5 \times 10^6 \times \frac{1}{12} \times 0.25 \times 0.6^3 \times 1.2^\odot}{3.00} = 45.90 \times 10^3\ \text{kN} \cdot \text{m}$$

注:⊙为简化计算框架梁截面惯性矩,增大系数均采用1.2。

② 柱的线刚度计算

首层柱:

$$k_c = \frac{E_c I_c}{h} = \frac{30 \times 10^6 \times \frac{1}{12} \times 0.45 \times 0.45^3}{4.55} = 22.53 \times 10^3\ \text{kN} \cdot \text{m}$$

其他层柱:

$$k_c = \frac{E_c I_c}{h} = \frac{30 \times 10^6 \times \frac{1}{12} \times 0.45 \times 0.45^3}{3.60} = 28.48 \times 10^3\ \text{kN} \cdot \text{m}$$

③ 柱的侧移刚度 D 的计算

计算过程见表 4-10 和表 4-11。

表 4-10 2~4 层 D 值的计算

D 值	$K = \dfrac{i_1 + i_2 + i_3 + i_4}{2i_c}$	$\alpha = \dfrac{K}{2+K}$	$D = \alpha \dfrac{12i_c}{h^2}$
中柱 (20 根)	$\dfrac{2 \times (24.16 + 45.9) \times 10^3}{2 \times 28.48 \times 10^3}$ $= 2.46$	$\dfrac{2.46}{2 + 2.46} = 0.552$	$0.552 \times 28.48 \times 10^3 \times \dfrac{12}{3.6^2} = 14\ 560$
边柱 (20 根)	$\dfrac{2 \times 24.16 \times 10^3}{2 \times 28.48 \times 10^3} = 0.848$	$\dfrac{0.848}{2 + 0.848} = 0.298$	$0.298 \times 28.48 \times 10^3 \times \dfrac{12}{3.6^2} = 7\ 858$

$$\sum D = 0.9 \times (14\ 560 + 7\ 858) \times 20 = 403\ 524\ \text{kN} \cdot \text{m}$$

表 4-11 首层 D 值的计算

D 值	$K = \dfrac{i_1 + i_2}{2i_c}$	$\alpha = \dfrac{0.5 + K}{2 + K}$	$D = \alpha \dfrac{12i_c}{h^2}$
中柱 (20 根)	$\dfrac{(24.16 + 45.9) \times 10^3}{22.53 \times 10^3} = 3.11$	$\dfrac{0.5 + 3.11}{2 + 3.11} = 0.706$	$0.706 \times 22.53 \times 10^3 \times \dfrac{12}{4.55^2} = 9\,220$
边柱 (20 根)	$\dfrac{24.16 \times 10^3}{22.53 \times 10^3} = 1.072$	$\dfrac{0.5 + 1.072}{2 + 1.072} = 0.512$	$0.512 \times 22.53 \times 10^3 \times \dfrac{12}{4.55^2} = 6\,686$

$$\sum D = 0.9 \times (9\,220 + 6\,686) \times 20 = 286\,314 \text{ kN} \cdot \text{m}$$

(3)框架自振周期的计算

根据能量法,计算自振周期。楼层侧移计算如表 4-12 所示。

表 4-12 楼层侧移的计算

层次	楼层重力荷载 G_i (kN)	楼层剪力 $V_i = \sum\limits_{i}^{n} G_i$ (kN)	楼层侧移刚度 D_i (kN/m)	层间侧移 $\Delta u_i = \dfrac{V_i}{D_i}$ (m)	楼层侧移 $u_i = \sum\limits_{i=1}^{i} \Delta u_i$ (m)
4	5 000	5 000	403 524	0.012 4	0.182 8
3	7 000	12 000	403 524	0.029 7	0.170 4
2	7 000	19 000	403 524	0.047 1	0.140 7
1	7 800	26 800	286 314	0.093 6	0.093 6

$$T_1 = 2\varphi_T \sqrt{\dfrac{\sum\limits_{i=1}^{n} G_i \Delta_i^2}{\sum\limits_{i=1}^{n} G_i \Delta_i}} = 2 \times 0.5 \times \sqrt{\dfrac{577.25}{3\,821.8}} = 0.39 \text{ s} \approx 0.4 \text{ s}$$

(4)多遇水平地震作用标准值和位移的计算

本例房屋高度 15.35 m,且质量和刚度沿高度分布比较均匀,故可采用底部剪力法计算多遇水平地震作用标准值。由表查得,多遇地震,设防烈度 8 度,设计地震加速为 $0.20g$ 时,$\alpha_{max} = 0.16$;由表查得,I_1 类场地,设计地震分组为第二组 $T_g = 0.30$ s。

$$\alpha_1 = \left(\dfrac{T_g}{T_1}\right)^{0.9} \alpha_{max} = \left(\dfrac{0.30}{0.40}\right)^{0.9} \times 0.16 = 0.124$$

因为 $T_1 = 0.40 \text{ s} < 1.4T_g = 1.4 \times 0.3 = 0.42 \text{ s}$,故不必考虑顶部附加水平地震作用,即 $\delta_n = 0$。

结构总水平地震作用标准值

$$F_{EK} = \alpha_1 G_{eq} = 0.124 \times 0.85 \times 26\,800 = 2\,824 \text{ kN}$$

质点 i 的水平地震作用标准值、楼层地震剪力及楼层层间位移的计算过程,参见表 4-13。

表 4-13　F_i、V_i 和 Δu_e 的计算

层次	G_i (kN)	H_i (m)	$G_i H_i$	$\sum G_i H_i$	F_i (kN)	V_i (kN)	$\sum D$ (kN/m)	Δu_e (m)
4	5 000	15.35	76 750	251 840	861	861	403 524	0.002
3	7 000	11.75	82 550	175 090	924	1 785	403 524	0.004
2	7 000	8.15	57 050	92 540	641	2 426	403 524	0.006
1	7 800	4.55	35 490	35 490	398	2 824	286 314	0.010

首层：

$$\frac{\Delta u_e}{h} = \frac{0.01}{4.55} = \frac{1}{455} < \frac{1}{450}$$

二层：

$$\frac{\Delta u_e}{h} = \frac{0.006}{3.60} = \frac{1}{600} < \frac{1}{450}$$

（5）框架地震内力的计算

框架柱剪力和柱端弯矩的计算过程见表 4-14。梁端剪力及柱轴力见表 4-15。地震作用下框架层间剪力图见图 4-20，框架弯矩图见图 4-21。

表 4-14　水平地震作用下框架柱剪力和柱端弯矩标准值

柱	层	h(m)	V_i(kN)	$\sum D$ (kN/m)	D (kN/m)	$\dfrac{D}{\sum D}$	V_{ik} (kN)	$\overline{K}$	y_0	$M_下$ (kN·m)	$M_上$ (kN·m)
边柱	4	3.60	861	403 524	7 858	0.019	16.36	0.848	0.35	20.16	38.28
	3	3.60	1 785	403 524	7 858	0.019	33.92	0.848	0.45	54.95	67.16
	2	3.60	2 426	403 524	7 858	0.019	46.09	0.848	0.50	82.96	82.96
	1	4.55	2 824	286 314	6 686	0.023	64.95	1.072	0.64	189.13	106.93
中柱	4	3.60	861	403 524	14 560	0.036	31.00	2.46	0.45	50.22	61.38
	3	3.60	1 785	403 524	14 560	0.0 6	64.26	2.46	0.47	108.73	122.61
	2	3.60	2 426	403 524	14 560	0.036	87.34	2.46	0.50	157.21	157.21
	1	4.55	2 824	286 314	9 220	0.032	90.37	3.11	0.55	226.15	185.03

表 4-15　水平地震作用下梁端剪力及柱轴力标准值

层	AB 跨梁端剪力				BC 跨梁端剪力				柱轴力	
	l(m)	$M_{E左}$ (kN·m)	$M_{E右}$ (kN·m)	$V_E = \dfrac{M_{E左}+M_{E右}}{l}$ (kN)	l(m)	$M_{E左}$ (kN·m)	$M_{E右}$ (kN·m)	$V_E = \dfrac{M_{E左}+M_{E右}}{l}$ (kN)	边柱 N_E (kN)	中柱 N_E (kN)
4	5.70	38.28	21.18	10.43	3.00	40.20	40.20	26.80	10.43	16.37
3	5.70	87.77	59.63	25.86	3.00	113.20	113.20	75.47	36.29	65.98
2	5.70	137.91	91.75	40.30	3.00	174.19	174.19	116.13	76.59	141.81
1	5.70	189.35	118.07	53.94	3.00	224.17	224.17	149.45	130.53	237.32

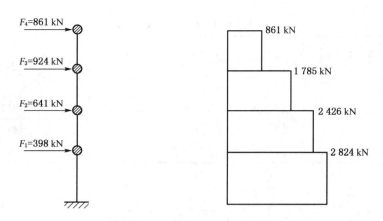

图 4-20　计算简图和层间地震剪力图

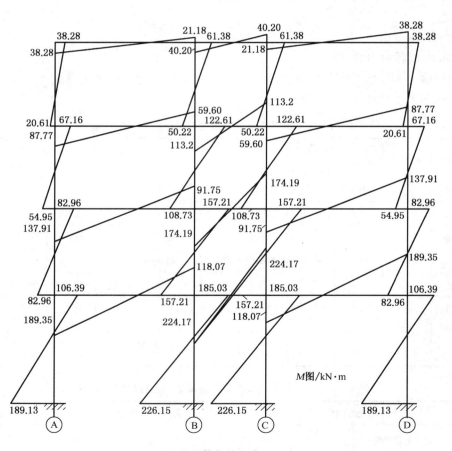

图 4-21　地震作用下框架弯矩图（kN·m）

2）罕遇地震作用下层间弹塑性位移验算

研究表明，结构进入弹塑性阶段后变形主要集中在薄弱层。因此，《建筑抗震设计规范》规定对于楼层屈服承载力系数 ξ_y 小于 0.5 的框架结构，尚需进行罕遇地震作用下结构薄弱层弹塑性变形计算。验算主要内容包括确定薄弱层位置、薄弱层层间弹塑性位移计算和验算是否满足弹塑性位移限制等。

（1）结构薄弱层（部位）的确定

① 对于均匀结构，当自振周期小于 0.8～1.0 s 时，一般在底层。

② 对于不均匀结构，往往在受剪承载力相对较弱的楼层，一般可取 2～3 处。

（2）楼层屈服承载力系数 ξ_y 的计算

楼层屈服承载力系数 ξ_y 的定义是：按构件实际配筋和材料强度标准计算的楼层受剪承载力与该层弹性地震剪力（按罕遇地震作用）之比。即

$$\xi_{yi} = \frac{V_{yi}}{V_{ei}} \tag{4-18}$$

式中：ξ_{yi}——第 i 层的屈服承载力系数；

$\quad\quad V_{yi}$——第 i 层的楼层受剪承载力；

$\quad\quad V_{ei}$——罕遇地震作用下，第 i 层的弹性剪力。

注意：此时要采用罕遇地震的地震影响系数 α_{max} 来计算 α_1。

如 $\xi_y > 1$，则表示该层处于或基本处于弹性状态。当 $\xi_y < 1$，意味着该层进入屈服状态。ξ_y 愈小，说明该楼层进入屈服愈充分，破坏的可能性也愈大，而楼层屈服承载力系数最小者即为结构薄弱层。

（3）楼层屈服承载力的确定

① 计算梁端、柱端实际配筋计算各自的极限受弯承载力

梁端极限受弯承载力：

$$M_{bu} = A_s f_{yk}(h_0 - a'_s) \tag{4-19}$$

式中：f_{yk}——钢筋强度标准值；

$\quad\quad A_s$——梁内受拉钢筋实际配筋面积；

$\quad\quad h_0$——梁的截面有效高度；

$\quad\quad a'_s$——受压区纵向普通钢筋合力点至截面受压边缘的距离。

柱：当柱轴压比小于 0.8 或 $\dfrac{N_g}{\alpha_1 f_{ck} b_c h_c} < 0.5$ 时

$$M_{cu} = A_s f_{yk}(h_{c0} - a'_s) + 0.5 N h_c \left(1 - \frac{N}{1.1 b_c h_c \alpha_1 f_{ck}}\right) \tag{4-20}$$

式中：f_{ck}——混凝土轴心抗压强度标准值；

$\quad\quad \alpha_1$——计算系数，当混凝土强度等级不超过 C50 时取 1.0；

$\quad\quad N$——考虑地震组合时相应于设计弯矩的轴力，一般可取重力荷载代表值作用下的轴力 N_g（分项系数取 1.0）；

$\quad\quad b_c$、h_c、h_{c0}——柱截面的宽度、高度、有效高度。

② 计算柱端截面有效受弯承载力 $\dot{M}_c$。

此时，可根据节点处梁、柱极限抗弯弯矩的不同情况，来判别该层柱的可能破坏机制，确定柱端的有效受弯承载力。

a. 当 $\sum M_{cu} < \sum M_{bu}$ 时，为强梁弱柱型（图 4-22(a)），则柱端有效受弯承载力可取该截

面的极限受弯承载力。即

$$\widetilde{M}_{c,i+1} = M^l_{cu,i+1} \tag{4-21a}$$

$$\widetilde{M}^l_{c,i} = M^l_{cu,i} \tag{4-21b}$$

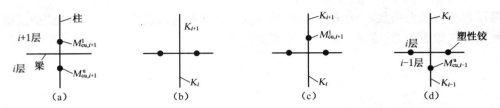

图 4-22　框架节点破坏机制的几种情况

b. 当 $\sum M_{bu} < \sum M_{cu}$ 时，为强柱弱梁型（图 4-22(b)），节点上、下柱端都未达到极限受弯承载力。此时柱端有效受弯承载力可根据节点平衡按上、下柱线刚度将 $\sum M_{bu}$ 比例分配，但不大于该截面的极限受弯承载力。即

$$\left.\begin{aligned}\widetilde{M}^l_{c,i+1} &= \sum M_{bu} \frac{K_i}{K_i + K_{i+1}} \\ \widetilde{M}^l_{c,i+1} &= M^l_{cu,i+1}\end{aligned}\right\}\text{取二者中较小者} \tag{4-22a}$$

$$\left.\begin{aligned}\widetilde{M}^l_{c,i} &= \sum M_{bu} \frac{K_i}{K_i + K_{i+1}} \\ \widetilde{M}^l_{c,i} &= M^l_{cu,i}\end{aligned}\right\}\text{取二者中较小者} \tag{4-22b}$$

c. 当 $\sum M_{bu} < \sum M_{cu}$ 时，而且一柱端先达到屈服承载力（图 4-22(c)）。此时，另一柱端的有效受弯承载力可按上、下柱线刚度比例求得，但不大于该截面的极限受弯承载力。即

$$\widetilde{M}^l_{c,i+1} = M^l_{cu,i+1} \tag{4-23a}$$

$$\left.\begin{aligned}\widetilde{M}^u_{c,i} &= \sum M^l_{cu,i+1} \frac{K_i}{K_{i+1}} \\ \widetilde{M}^u_{c,i} &= M^l_{cu,i}\end{aligned}\right\}\text{取二者中较小者} \tag{4-23b}$$

当如图 4-22(d) 所示时

$$\left.\begin{aligned}\widetilde{M}^l_{c,i} &= \sum M^u_{cu,i-1} \frac{K_i}{K_{i-1}} \\ \widetilde{M}^l_{c,i} &= M^l_{cu,i}\end{aligned}\right\}\text{取二者中较小者} \tag{4-24a}$$

$$\widetilde{M}^u_{c,i-1} = M^u_{cu,i-1} \tag{4-24b}$$

式中：M_{bu}——梁端极限受弯承载力；

　　　M_{cu}——柱端极限受弯承载力；

　　　$\sum M_{bu}$——节点左、右梁端反时针或顺时针方向截面极限受弯承载力之和；

$\sum M_{cu}$——节点上、下柱端顺时针或反时针方向截面受弯承载力之和；

$\widetilde{M}_{c,i}^{u}$——第 i 层柱顶截面有效受弯承载力；

$\widetilde{M}_{c,i}^{l}$——第 i 层柱底截面有效受弯承载力；

K_i——第 i 层柱线刚度。

对于第三种情况，如何判别其中某一柱端已经达到屈服，这要从上、下柱端的极限抗弯承载力的相互比较以及上、下柱端所分配到的弯矩的相互比较加以确定。一般规律是，某一柱端极限抗弯承载力较小或所分配到的柱端弯矩较大者，可认为先行屈服。

③ 计算第 i 层第 j 根柱的受剪承载力 V_{yij}

$$V_{yij} = \frac{\widetilde{M}_{c,ij}^{u} + \widetilde{M}_{c,ij}^{l}}{H_{ni}} \tag{4-25}$$

式中：H_{ni}——第 i 层的净高，可由层高 H 减去该层上、下梁高的 1/2 求得。

④ 计算第 i 层的楼层屈服承载力 V_{yj}

将第 i 层各柱的屈服承载力相加，即得

$$V_{yj} = \sum_{j=1}^{n} V_{yij} \tag{4-26}$$

（4）薄弱层的层间弹塑性位移计算

对于不超过 12 层且楼层刚度无突变的框架结构和填充墙框架可采用简化计算方法，即薄弱层的层间弹塑性位移可用层间弹性位移乘以弹塑性位移增大系数而得，其计算公式为

$$\Delta u_{p} = \eta_{p} \Delta u_{e} \tag{4-27}$$

式中：Δu_{e}——罕遇地震作用下按弹性分析的层间位移（计算方法同前）。

η_{p}——弹塑性位移增大系数，与结构的均匀程度和层数有关，见表 4-16。当薄弱层（部位）的屈服强度系数不小于相邻层（部位）该系数平均值的 0.8 时，可按表 4-15 采用；当不大于该平均值的 0.5 时，可按表内相应数值的 1.5 倍采用；其他情况可采用内插法取值。

表 4-16　钢筋混凝土结构弹塑性位移增大系数

结构类别	总层数 n 或部位	η_{p}		
		0.5	0.4	0.3
多层均匀框架结构	二～四	1.30	1.40	1.60
	五～七	1.50	1.65	1.80
	八～十二	1.80	2.00	2.20
单层厂房	上柱	1.30	1.60	2.00

（5）弹塑性层间位移验算

在罕遇地震作用下，根据实验及震害经验，多层框架及填充墙框架的弹塑性层间位移应符合下式要求：

$$\Delta u_p \leqslant [\theta_p] h \tag{4-28}$$

式中：Δu_p——弹塑性层间位移；

$[\theta_p]$——层间弹塑性位移角限值，取 1/50；当框架柱的轴压比小于 0.40 时，可提高
10％；当柱沿全高加密箍筋并比《建筑抗震设计规范》规定的最小的体积配箍率
大 30％时，可提高 20％，但累计不超过 25％；

h——薄弱层的层高或单层厂房上柱高度。

综上所述，按简化方法验算框架结构在罕遇地震作用下，层间弹塑性位移的一般步骤是：

① 按梁、柱实际配筋计算各构件极限抗弯承载力，并确定楼层屈服承载力 V_{yj}。

② 按罕遇地震作用下的地震影响系数最大值 α_{max} 确定 α_1，计算楼层的弹性地震剪力 V_e
和层间弹性位移 Δu_e。

③ 计算楼层屈服承载力系数 ξ_y，并找出薄弱层。

④ 验算层间位移角。要求：

$$\theta_p = \frac{\Delta u_p}{h} \leqslant [\theta_p] \tag{4-29}$$

4.3.5　框架结构截面抗震设计

1）一般原则

为达到"三水准设防、二阶段设计"的要求，在进行框架结构抗震设计时，应使框架结构具
有足够的承载能力、良好的变形能力以及合理的破坏机制。实现上述要求的框架结构，可称为
延性框架结构。要设计延性框架结构，就必须合理地设计梁、柱构件及其节点区，防止构件过
早发生脆性破坏，控制构件破坏先后顺序，形成合理的破坏机制。因此，在抗震设计时应遵循
"强柱弱梁""强剪弱弯""强节点、强锚固"的设计原则，以保证结构的延性。

"强柱弱梁"是使塑性铰首先在框架梁端出现，尽量避免或减少在柱中出现，即按照节点处
梁端实际受弯承载力小于柱端实际受弯承载力的思想进行计算。

"强剪弱弯"是指防止构件在弯曲屈服前出现脆性的剪切破坏，即要求构件的受剪承载力
大于其屈服时实际达到的剪力。

"强节点、强锚固"是指在构件塑性铰充分发挥作用之前，节点不应出现破坏。因此，需进
行框架节点核心区截面抗震验算以及保证纵向钢筋具有足够的锚固长度。

2）框架梁的抗震设计

框架梁设计时，应遵循"强柱弱梁""强剪弱弯"的设计原则。即使梁端先于柱端产生塑性
铰，并使塑性铰具有足够的变形能力；应防止梁端截面先发生脆性的剪切破坏。

（1）正截面受弯承载力计算

考虑地震作用效应组合时，梁正截面应满足

$$S \leqslant \frac{R}{\gamma_{RE}} \tag{4-30}$$

式中：S——验算截面考虑地震效应的弯矩组合值；

R——结构构件承载力设计值，按《混凝土结构设计规范》(GB 50010—2010)的相关公式

计算；

γ_{RE}——承载力抗震调整系数。

（2）斜截面受剪承载力计算

① 梁端剪力设计值的调整

抗震设计时，一、二、三级的框架梁和抗震墙的连梁，其梁端截面组合的剪力设计值应按下列公式计算；四级时可直接取考虑地震作用组合的剪力计算值。

$$V_b = \frac{\eta_{vb}(M_b^l + M_b^r)}{l_n} + V_{Gb} \tag{4-31}$$

一级的框架结构和9度的一级框架梁、连梁可不按上式调整，但应符合下式要求：

$$V_b = \frac{1.1(M_{bua}^l + M_{bua}^r)}{l_n} + V_{Gb} \tag{4-32}$$

式中：l_n——梁的净跨；

V_{Gb}——梁在重力荷载代表值（9度时高层建筑尚应包括竖向地震作用标准值）作用下，按简支梁分析的梁端截面剪力设计值；

M_b^l、M_b^r——分别为梁左、右端反时针或顺时针方向组合的弯矩设计值，当一级框架两端弯矩均为负弯矩时，绝对值较小一端的弯矩取零；

M_{bua}^l、M_{bua}^r——分别为梁左、右端反时针或顺时针方向实配的正截面抗震受弯承载力所对应的弯矩值，根据实配钢筋面积（考虑受压钢筋和相关楼板钢筋）和材料强度标准值确定；

η_{vb}——梁端剪力增大系数，一级为1.3，二级为1.2，三级为1.1。

② 剪压比限值

剪压比是截面上平均剪应力与混凝土轴心抗压强度设计值的比值，以$V/f_c bh_0$表示，用以说明截面上承受名义剪应力的大小。

梁塑性铰区的截面剪应力大小对梁的延性、耗能及保持梁的刚度和承载力有明显影响。如果构件塑性铰区域内截面剪压比过大，则会在箍筋未充分发挥作用以前，混凝土过早地破坏。因此，必须限制剪压比，这实际上是对梁最小截面尺寸的限制。进行抗震验算的框架梁应符合下式要求：

跨高比大于2.5的梁和连梁及剪跨比大于2的柱和抗震墙：

$$V \leqslant \frac{1}{\gamma_{RE}}(0.20\beta_c f_c bh_0) \tag{4-33}$$

跨高比不大于2.5的连梁、剪跨比不大于2的柱和抗震墙、部分框支抗震墙结构的框支柱和框支梁，以及落地抗震墙的底部加强部位：

$$V \leqslant \frac{1}{\gamma_{RE}}(0.15\beta_c f_c bh_0) \tag{4-34}$$

式中：V——考虑地震作用组合的剪力设计值；

β_c——混凝土强度影响系数；

h_0——截面有效高度，抗震墙可取墙肢长度；

b——梁、柱截面宽度或抗震墙墙肢截面宽度。

③ 梁斜截面受剪承载力的验算

对于矩形、T 形和工字形截面的一般框架梁的验算，一般均布荷载作用下的框架梁：

$$V \leqslant \frac{1}{\gamma_{RE}} \left[0.42 f_t b h_0 + 1.25 f_{yv} \frac{A_{sv}}{s} h_0 \right] \tag{4-35}$$

对于集中荷载作用下的框架梁（包括有多种荷载，且其中集中荷载对节点边缘产生的剪力值占总剪力值 75% 以上的情况），其斜截面受剪承载力应按下式验算：

$$V \leqslant \frac{1}{\gamma_{RE}} \left[\frac{1.05}{\lambda + 1} f_t b h_0 + f_{yv} \frac{A_{sv}}{s} h_0 \right] \tag{4-36}$$

式中：f_t——混凝土轴心抗压强度设计值；

f_{yv}——箍筋抗拉强度设计值；

A_{sv}——同一截面箍筋各肢的全部截面面积；

s——沿构件长度方向上箍筋的间距；

λ——计算截面的剪跨比，$\lambda = \frac{a}{h_0}$；$\lambda < 1.5$ 时，取 $\lambda = 1.5$；$\lambda > 3$ 时，取 $\lambda = 3$；a 为计算截面至支座截面或节点边缘的距离。

【例题 4-5】 已知梁端组合弯矩设计值如图 4-23 所示。抗震等级为一级。梁截面尺寸为 300 mm × 750 mm。A 端实配负钢筋 7ϕ25（A'_s = 3 436 mm²），正弯矩钢筋 4ϕ22（A_s = 1 520 mm²）。B 端实配负钢筋 10ϕ25（A'_s = 4 909 mm²），正弯矩钢筋 4ϕ22（A_s^b = 1 520 mm²）。混凝土强度等级 C30，主筋 HRB 335 级钢筋，箍筋用 HPB 300 级钢筋。试对此框架梁进行抗震设计。

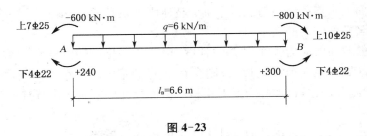

图 4-23

【解】 （1）梁端受剪承载力

① 剪力设计值

一级抗震：由 $V_b = \frac{\eta_{vb}(M_b^l + M_b^r)}{l_n} + V_{Gb}$ 和 $\eta_{vb} = 1.3$，则由梁端弯矩按逆时针方向计算时

$$V_b = 1.30 \times \frac{600 + 300}{6.6} + 1.2 \times \frac{1}{2} \times 6 \times 6.6 = 201.03 \text{ kN}$$

当梁端弯矩按顺时针方向计算时，

$$V_b = 1.30 \times \frac{800 + 240}{6.6} + 1.2 \times \frac{1}{2} \times 6 \times 6.6 = 228.61 \text{ kN}$$

又由

$$V_b = \frac{1.1(M_{bua}^l + M_{bua}^r)}{l_n} + V_{Gb}$$

则由梁端弯矩按逆时针方向计算时

$$M_{bua}^l = \frac{1}{0.75} \times 335 \times 3\,436 \times (750 - 60) = 1\,059 \text{ kN} \cdot \text{m}$$

$$M_{bua}^r = \frac{1}{0.75} \times 335 \times 1\,520 \times (750 - 40) = 482 \text{ kN} \cdot \text{m}$$

$$V_b = 1.1 \times \frac{1\,059 + 482}{6.6} + 1.2 \times \frac{1}{2} \times 6 \times 6.6 = 280.59 \text{ kN}$$

当梁端弯矩按顺时针方向计算时

$$M_{bua}^l = 482 \text{ kN} \cdot \text{m}$$

$$M_{bua}^r = \frac{1}{0.75} \times 335 \times 4\,909 \times (750 - 60) = 1\,513 \text{ kN} \cdot \text{m}$$

$$V_b = 1.1 \times \frac{482 + 1\,513}{6.6} + 1.2 \times \frac{1}{2} \times 6 \times 6.6 = 356.26 \text{ kN}$$

② 剪压比

$$\frac{1}{\gamma_{RE}}(0.20\beta_c f_c b h_0) = \frac{1}{0.85}(0.2 \times 14.3 \times 300 \times 710) = 716.68 \text{ kN} > 356.26 \text{ kN}$$

即满足要求。

③ 斜截面受剪承载力

混凝土受剪承载力为

$$V_c = 0.42 f_t b h_0 = 0.42 \times 1.43 \times 300 \times 710 = 127.93 \text{ kN}$$

需要箍筋

$$356\,260 = \frac{1}{0.85}\left(127\,930 + 1.25 f_{yv} \frac{A_{sv}}{s} h_0\right)$$

所以

$$\frac{A_{sv}}{s} = \frac{0.85 \times 356\,260 - 127\,930}{1.25 \times 270 \times 710} = 0.73 \text{ mm}^2/\text{mm}$$

梁端加密区,$s = 6d(6 \times 25 = 150 \text{ mm})$、$\frac{1}{4}h_b\left(\frac{1}{4} \times 750 = 187 \text{ mm}\right)$ 或 100 mm 三者中的最小值,所以取 $s = 100$ mm,则

$$A_{sv} = 0.73 \times 100 = 73.0 \text{ mm}^2$$

选 $\phi10$,4 肢,$A_{sv} = 314 \text{ mm}^2 > 73 \text{ mm}^2$(满足要求)

(2)验算配筋率

一级抗震

$$\rho_{sv} \geqslant 0.3 \frac{f_t}{f_{yv}}$$

中部加密区，取 $s = 200 \ \mathrm{mm}$

$$\rho_{sv} = \frac{A_{sv}}{bs} = \frac{314}{300 \times 200} = 0.52\% > 0.3 \times 1.43/210 = 0.2\% \text{(满足要求)}$$

（3）梁筋锚固

由《混凝土结构设计规范》，得

$$l_a = \alpha \frac{f_y}{f_t} d = 0.14 \times \frac{300}{1.43} \times 25 = 734.27 \ \mathrm{mm}$$

一级抗震要求锚固长度：$\quad l_{aE} = 1.15 l_a = 1.15 \times 734.27 = 845 \ \mathrm{mm}$

水平锚固段要求：$\quad l_h \geqslant 0.4 l_{aE} = 0.4 \times 845 = 340 \ \mathrm{mm}$

弯折段要求：$\quad l_h \geqslant 15 \times 25 = 375 \ \mathrm{mm}$

（4）梁端箍筋加密区长度

$$l_0 = 2.0 h_b = 2 \times 750 = 1\,500 \ \mathrm{mm}$$

（5）柱截面高度

$$h_c = 500 \ \mathrm{mm}$$

中柱梁负钢筋直径 d 为 25 mm，则 $d \leqslant \dfrac{h_c}{20}$，满足要求；梁负钢筋锚入边柱水平长度为 470 mm$>$340 mm，满足要求。

梁配筋构造图中，纵向钢筋的布置和切断点的确定应符合《混凝土结构设计规范》（GB 50010—2010)有关规定的要求。

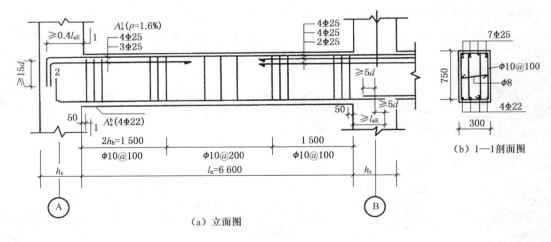

图 4-24　梁配筋图

3）框架柱的抗震设计

延性框架柱设计时，也应遵循"强柱弱梁""强剪弱弯"的原则，避免或推迟柱端产生塑性铰以形成合理的破坏机制，防止过早发生脆性的剪切破坏。此外，为保证柱的延性要求，尚应控制柱的轴压比。

（1）正截面承载力计算

① 柱弯矩设计值的调整

一、二、三、四级框架的梁柱节点处，除顶层和柱轴压比小于 0.15 者外，柱端考虑地震作用组合的弯矩设计值应按下列公式予以调整：

$$\sum M_c = \eta_c \sum M_b \tag{4-37}$$

一级框架结构及 9 度的一级框架结构可不符合上式要求，但应符合下式要求：

$$\sum M_c = 1.2 \sum M_{bua} \tag{4-38}$$

式中：$\sum M_c$——节点上下柱端截面反时针或顺时针方向组合弯矩设计值之和，上下柱端的弯矩设计值，可按弹性分析分配；

$\sum M_b$——节点左、右梁端截面反时针或顺时针方向组合的弯矩设计值之和，一级框架节点左、右梁端均为负弯矩时，绝对值较小的弯矩应取零；

$\sum M_{bua}$——节点左、右梁端截面反时针或顺时针方向实配的正截面抗震受弯承载力所对应的弯矩之和，根据实际配筋面积（计入受压钢筋和相关楼板钢筋）和材料强度标准值确定。

柱内力调整时，应注意以下几点：

a. 当框架柱反弯点不在柱层高范围内时，柱端截面组合的弯矩设计值可直接乘以柱端弯矩增大系数。

b. 一、二、三、四级框架结构的底层柱底截面的弯矩设计值，应分别采用考虑地震作用组合的弯矩设计值与增大系数 1.7、1.5、1.3 和 1.2 的乘积。

② 柱的正截面承载力计算

在反复荷载作用下，柱正截面承载力按《混凝土结构设计规范》（GB 50010—2010）中相关公式计算，计算时承载力设计值应除以相应的承载力抗震调整系数，荷载效应设计值应按上述内力调整原则予以调整。

（2）斜截面受剪承载力计算

① 柱端剪力设计值调整

抗震设计的框架柱、框支柱组合的剪力设计值，一、二、三、四级时应按下列公式计算：

$$V = \eta_{vc}(M_c^t + M_c^b)/H_n \tag{4-39}$$

一级框架结构及 9 度的一级框架可不按上式调整，尚应符合下式要求：

$$V = 1.2(M_{cua}^t + M_{cua}^b)/H_n \tag{4-40}$$

式中：V——柱端截面组合的剪力设计值；

H_n——柱的净高；

M_c^t、M_c^b——分别为柱的上、下端顺时针或反时针方向截面组合的弯矩设计值，应符合前述弯矩调整要求；

η_{vc}——柱剪力增大系数，一级取 1.5，二级取 1.3，三级取 1.2，四级取 1.1。

M_{cua}^t、M_{cua}^b——柱上、下端顺时针或反时针方向实配的正截面抗震受弯承载力所对应的弯矩值,根据实配钢筋面积、材料强度标准值和轴压力等确定。

② 剪压比的限值

跨高比大于 2.5 的梁和连梁、剪跨比 λ 大于 2 的柱和抗震墙,应满足

$$V \leqslant \frac{1}{\gamma_{RE}}(0.20\beta_c f_c b h_0) \tag{4-41}$$

跨高比不大于 2.5 的梁和连梁、剪跨比 λ 不大于 2 的柱和抗震墙、部分框支抗震墙结构的框支柱和框支梁,以及落地抗震墙底部加强部位,应满足

$$V \leqslant \frac{1}{\gamma_{RE}}(0.15\beta_c f_c b h_0) \tag{4-42}$$

式中:V——考虑地震作用组合且调整后的梁端、柱端或墙端截面组合的剪力设计值;

β_c——混凝土强度影响系数;

b——梁端、柱端截面宽度,或抗震墙墙肢截面宽度;圆形截面柱可按面积相等的方形截面柱计算;

h_0——截面有效高度,抗震墙可取墙肢长度。

③ 框架柱斜截面受剪承载力验算

矩形截面框架柱和框支柱斜截面抗震承载力应按下列公式验算:

$$V \leqslant \frac{1}{\gamma_{RE}}\left(\frac{1.05}{\lambda+1}f_t b h_0 + f_{yv}\frac{A_{sv}}{s}h_0 + 0.056N\right) \tag{4-43}$$

式中:λ——框架柱、框支柱的计算剪跨比,当 $\lambda<1$ 时取 $\lambda=1$,当 $\lambda>3$ 时取 $\lambda=3$;

N——考虑地震作用组合的框架柱、框支柱轴向压力设计值,当 $N>0.3f_c bh$ 时,取 $N=0.3f_c bh$。

当矩形截面框架柱和框支柱出现拉力时,其斜截面受剪承载力应按下列公式计算:

$$V \leqslant \frac{1}{\gamma_{RE}}\left(\frac{1.05}{\lambda+1}f_t b h_0 + f_{yv}\frac{A_{sv}}{s}h_0 - 0.2N\right) \tag{4-44}$$

式中:N——考虑地震作用组合的柱轴向拉力设计值,取正值;

λ——框架柱的剪跨比。

当式(4-44)中右边括号内的计算值小于 $f_{yv}\dfrac{A_{sv}}{s}h_0$ 时,取等于 $f_{yv}\dfrac{A_{sv}}{s}h_0$,且 $f_{yv}\dfrac{A_{sv}}{s}h_0$ 值不应小于 $0.36f_t bh_0$。

【例题 4-6】 已知某框架中柱,抗震等级三级。轴向压力组合设计值 $N=2710$ kN,柱端组合弯矩设计值分别为 $M_c^t=730$ kN·m 和 $M_c^b=770$ kN·m。梁端组合弯矩设计值之和 $\sum M_b=900$ kN·m。选用柱截面 500 mm×600 mm,采用对称配筋,经配筋计算后每侧 5ϕ25。梁截面 300 mm×750 mm,层高 4.2 m。混凝土强度等级 C30,主筋 HRB 335 级钢筋,箍筋 HPB 235 级钢筋。试对框架柱进行抗震设计。

【解】 (1)强柱弱梁验算

三级抗震,要求节点处梁柱端组合弯矩设计值应符合

$$\sum M_c \geqslant 1.2\sum M_b$$

已知的 M_c^t、M_c^b 和 $\sum M_b$ 分别为在节点上、下柱端截面组合弯矩设计值和节点左、右梁端截面组合弯矩设计值之和,则

$$\sum M_c = M_c^t + M_c^b = 730 + 770 = 1\,500 > 1.2 \times \sum M_b = 1.2 \times 900 = 1\,080 \text{ kN} \cdot \text{m}$$

(即满足要求)

（2）斜截面受剪承载力

① 剪力设计值

$$V_c = 1.2 \times \frac{M_c^t + M_c^b}{H_n} = 1.2 \times \frac{770 + 730}{4.2 - 0.75} = 521.74 \text{ kN}$$

② 由于 $\lambda > 2$,剪压比应满足

$$V_c \leqslant \frac{1}{\gamma_{RE}} (0.2 f_c b_c h_{c0})$$

$$\frac{1}{\gamma_{RE}} (0.2 f_c b_c h_{c0}) = \frac{1}{0.85} (0.2 \times 14.3 \times 500 \times 560) = 942.12 \text{ kN} > 521.74 \text{ kN(满足)}$$

③ 混凝土受剪承载力 V_c

$$V_c = \frac{1.05}{\lambda + 1} f_t b_c h_{c0} + 0.056 N$$

由于柱反弯点在层高范围内,取 $\lambda = \frac{H_n}{2h_{c0}} = \frac{3.45}{2 \times 0.56} = 3.08 > 3.0$,即 $\lambda = 3.0$

$$N = 2\,710\,000 \text{ N} > 0.3 f_c b_c h_{c0} = 0.3 \times 14.3 \times 500 \times 560 = 1\,201\,200 \text{ N}$$

故取 $N = 1\,201.20$ kN,所以

$$V_c = \frac{1.05}{3 + 1} \times 1.43 \times 500 \times 560 + 0.056 \times 1\,201\,200 = 172\,372.2 \text{ N}$$

④ 所需箍筋

$$V_c \leqslant \frac{1}{\gamma_{RE}} \left[\frac{1.05}{\lambda + 1} f_t b h_0 + f_{yv} \frac{A_{sh}}{s} h_0 + 0.056 N \right]$$

$$521\,740 = \frac{1}{0.85} \left[172\,372.2 + 210 \times \frac{A_{sh}}{s} \times 560 \right]$$

$$\frac{A_{sh}}{s} = 2.31 \text{ mm}^2/\text{mm}$$

对柱端加密区尚应满足:

$$\left. \begin{array}{l} s < 8d\,(8 \times 25 = 200 \text{ mm}) \\ \geqslant 100 \text{ mm} \end{array} \right\} \text{取较小值}, s = 100 \text{ mm}$$

则需

$$A_{sh} = 100 \times 2.31 = 231 \text{ mm}^2$$

选用 $\phi 10$,4 肢箍,得

$$A_{sh} = 4 \times 78.5 = 314 \text{ mm}^2 > 231 \text{ mm}^2 \text{(满足)}$$

对非加密区,仍选用上述箍筋,而 $s = 200 \text{ mm} < 10d = 10 \times 25 = 250 \text{ mm}$（满足要求）（图 4-25(a)）

（3）轴压比验算

$$u_N = \frac{N}{f_c b_c h_c} = \frac{2\,710\,000}{14.3 \times 500 \times 600} = 0.63 < 0.80（满足要求）$$

（4）体积配箍率

根据 $u_N = 0.63$,由表 4-21 得 $\lambda_v = 0.13$,采用井字复合配筋（图 4-25(b)）,其配箍率为

$$\rho_{sv} = \frac{n_1 A_{s1} l_1 + n_2 A_{s2} l_2}{A_{cor} \cdot s} = \frac{4 \times 78.5 \times 450 + 4 \times 78.5 \times 550}{(450 \times 550) \times 100}$$

$$= 1.27\% > \lambda_v \frac{f_c}{f_{yv}} = 0.13 \times \frac{14.3}{300} = 0.62（满足要求）$$

（5）柱端加密区 l_0

$$\left. \begin{array}{l} l_0 = h_c = 600 \text{ mm} \\ H_n/6 = 3\,450/6 = 575 \text{ mm} \\ 500 \text{ mm} \end{array} \right\} 取大值,l_0 = 600 \text{ mm}$$

（6）其他

纵向钢筋的总配筋率、间距和箍筋肢距也都满足《建筑抗震设计规范》的要求,计算从略。

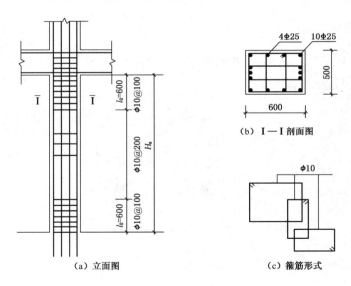

图 4-25 柱配筋图

4) 框架节点的抗震设计

按照"强节点"的原则,防止在梁柱破坏之前出现节点核心区的破坏,必须保证节点核心区的受剪承载力和配置足够数量的箍筋。因此,一、二、三级框架的节点核心区,应进行截面抗震验算;四级框架的节点核心区,可不进行抗震验算,但应符合有关构造措施的要求。

对一般框架的梁柱节点,可按下列要求验算。

（1）节点核心区的剪力设计值

一、二、三级框架梁柱节点核心区组合的剪力设计值，应按下列公式确定：

$$V_j = \frac{\eta_{jb} \sum M_b}{h_{b0} - a'_s}\left(1 - \frac{h_{b0} - a'_s}{H_c - h_b}\right) \tag{4-45}$$

一级框架结构和 9 度的一级框架尚应符合

$$V_j = \frac{1.15 \sum M_{bua}}{h_{b0} - a'_s}\left(1 - \frac{h_{b0} - a'_s}{H_c - h_b}\right) \tag{4-46}$$

式中：h_{b0}——梁截面的有效高度，节点两侧梁截面高度不等时可采用平均值；

　　　V_j——梁柱节点核心区组合的剪力设计值；

　　　a'_s——梁受压钢筋合力点至受压边缘的距离；

　　　H_c——柱的计算高度，可采用节点上下柱反弯点之间的距离；

　　　h_b——梁的截面高度，节点两侧梁截面高度不等时可采用平均值；

　　　η_{jb}——强节点系数（对于框架，一级取 1.5，二级取 1.35，三级取 1.2）；

　　　$\sum M_b$——节点左右梁端反时针或顺时针方向组合弯矩设计值之和，一级时节点左右梁端均为负弯矩，绝对值较小的弯矩应取零；

　　　$\sum M_{bua}$——节点左右梁端反时针或顺时针方向实配的正截面抗震受弯承载力所对应的弯矩值之和，根据实配钢筋面积（计入受压筋）和材料强度标准值确定。

抗震等级为四级时，核心区剪力较小，一般不需计算，节点箍筋可按构造要求配置。

（2）核心区截面有效验算宽度

① 梁、柱中线不重合时

当验算方向的梁截面宽度不小于该侧柱截面宽度的 1/2 时，可采用该侧柱截面宽度，当小于柱截面宽度的 1/2 时，可采用下列二者的较小值：

$$b_j = b_b + 0.5h_c \tag{4-47a}$$

$$b_j = b_c \tag{4-47b}$$

式中：b_j——节点核心区的截面有效验算宽度；

　　　b_b——梁截面宽度；

　　　h_c——验算方向的柱截面高度；

　　　b_c——验算方向的柱截面宽度。

② 当梁柱的中线不重合且偏心距不大于柱宽的 1/4 时

核心区的截面有效验算宽度可采用下式计算结果的较小值：

$$\left.\begin{aligned}b_j &= b_b + 0.5h_c\\b_j &= b_c\\b_j &= 0.5(b_b + b_c) + 0.25h_c - e\end{aligned}\right\}\text{取较小值} \tag{4-48}$$

式中：e——梁与柱中线偏心距。

（3）节点核心区截面抗震验算

节点核心区组合的剪力设计值，应符合下列要求：

$$V_j \leqslant \frac{1}{\gamma_{RE}}(0.3\eta_j f_c b_j h_j) \tag{4-49}$$

$$V_j \leqslant \frac{1}{\gamma_{RE}}\left(1.1\eta_j f_c b_j h_j + 0.05\eta_j N\frac{b_j}{b_c} + f_{yv}A_{svj}\frac{h_{b0}-a_s'}{s}\right) \tag{4-50}$$

9 度和一级时 $\qquad V_j \leqslant \frac{1}{\gamma_{RE}}\left(0.9\eta_j f_c b_j h_j + f_{yv}A_{svj}\frac{h_{b0}-a_s'}{s}\right) \tag{4-51}$

式中：η_j——正交梁的约束影响系数，楼板为现浇，梁柱中线重合，四侧各梁截面宽度不小于该侧柱截面宽度的 1/2，且正交方向梁高度不小于框架梁高度的 3/4 时，可采用 1.5，9 度时宜采用 1.25，其他情况均采用 1.0；

h_j——节点核心区的截面高度，可采用验算方向的柱截面高度；

γ_{RE}——承载力抗震调整系数，可采用 0.85；

N——对应于组合剪力设计值的上柱组合轴向压力较小值，其取值不应大于柱的截面面积和混凝土轴心抗压强度设计值的乘积的 50%，当 N 为拉力时，取 $N=0$；

A_{svj}——核心区有效验算宽度范围内同一截面验算方向箍筋的总截面面积；

s——箍筋间距。

对扁梁框架、圆柱框架的梁柱节点核心区的截面抗震验算方法可参见《建筑抗震设计规范》附录 D。

4.4　框架结构抗震构造措施

在抗震设计中，除应满足抗震设计的一般规定和抗震验算要求外，还必须采取一系列抗震构造措施。这是结构抗震设计一个非常重要的方面，其目的是加强结构的整体性，提高结构及其构件、节点的变形能力和耗能能力，是实现大震不倒的重要措施。

4.4.1　框架梁的构造措施

1）梁的截面尺寸

框架梁的高度和宽度通常取：

$$h = \left(\frac{1}{8} \sim \frac{1}{12}\right)l(l \text{ 为梁的计算跨度}) \tag{4-52}$$

$$b = \left(\frac{1}{2} \sim \frac{1}{3}\right)h \tag{4-53}$$

但宜符合下列各项要求：

（1）截面宽度不宜小于 200 mm。

（2）截面高宽比不宜大于 4，以防在梁刚度降低后引起侧向失稳。

（3）为了避免发生剪切破坏，梁净跨与截面高度之比不宜小于 4。

当采用梁宽大于柱宽的扁梁时,为避免或减小扭转的不利影响,楼板应现浇,梁中线宜与柱中线重合,扁梁应双向布置;扁梁的截面尺寸应符合下列要求,并应满足挠度和裂缝宽度的规定:

$$b_b \leqslant 2b_c \tag{4-54a}$$

$$b_b \leqslant b_c + h_b \tag{4-54b}$$

$$h_b \geqslant 16d \tag{4-54c}$$

式中:b_c——柱截面宽度,圆形截面取柱直径的 0.8 倍;

b_b、h_b——梁截面的宽度和高度;

d——柱纵筋直径。

2）梁内纵筋配置

梁的纵向钢筋配置,应符合下列要求:

(1) 梁端截面的底面和顶面配筋量的比值,除按计算确定外,一级不应小于 0.5,二、三级不应小于 0.3。

(2) 沿梁全长顶部和底部的配筋,一、二级抗震等级不应少于 $2\phi14$,且分别不应少于梁两端顶面和底面纵向配筋中较大截面面积的 1/4,三、四级不应少于 $2\phi2$。

(3) 梁端纵向受拉钢筋的配筋率不应大于 2.5%,且计入受压钢筋的梁端混凝土受压区高度和有效高度之比,一级不应大于 0.25,二、三级不应大于 0.35。

(4) 一、二、三级框架梁内贯通中柱的每根纵向钢筋直径,对矩形截面柱,不宜大于柱在该方向截面尺寸的 1/20;对圆形截面柱,不宜大于纵向钢筋所在位置柱截面弦长的 1/20。

(5) 纵向受拉钢筋的配筋率,不应小于表 4-17 规定的数值。

表 4-17　框架梁纵向受拉钢筋的最小配筋百分率（%）

抗震等级	梁 中 位 置	
	支 座	跨 中
一级	0.4 和 $80f_t/f_y$ 中的较大值	0.3 和 $65f_t/f_y$ 中的较大值
二级	0.3 和 $65f_t/f_y$ 中的较大值	0.25 和 $55f_t/f_y$ 中的较大值
三、四级	0.25 和 $55f_t/f_y$ 中的较大值	0.2 和 $45f_t/f_y$ 中的较大值

3）梁端部箍筋的配置

在地震作用下,梁端部极易产生剪切破坏,因此在梁端部一定范围内,箍筋间距应适当加密(称该范围为箍筋加密区)。梁端加密区的箍筋配置,应符合下列要求:

(1) 加密区的长度,箍筋最大间距和最小直径应按表 4-18 采用。当梁端纵向受拉钢筋配筋率大于 2% 时,表中箍筋最小直径数值应增大 2 mm。

(2) 加密区的箍筋肢距,一级不宜大于 200 mm 和 20 倍箍筋直径的较大值,二、三级不宜大于 250 mm 和 20 倍箍筋直径的较大值,四级不宜大于 300 mm。

表 4-18　梁端箍筋加密区的长度、箍筋的最大间距和最小直径

抗震等级	加密区长度(采用较大值) (mm)	箍筋最大间距(采用最小值) (mm)	箍筋最小直径 (mm)
一	$2h_b$ 和 500 mm 中的较大值	纵向钢筋直径的 6 倍,梁高的 1/4 和100 mm 中的最小值	10
二	$1.5h_b$ 和 500 mm 中的较大值	纵向钢筋直径的 8 倍,梁高的 1/4 和100 mm 中的最小值	8
三	$1.5h_b$ 和 500 mm 中的较大值	纵向钢筋直径的 8 倍,梁高的 1/4 和150 mm 中的最小值	8
四	$1.5h_b$ 和 500 mm 中的较大值	纵向钢筋直径的 8 倍,梁高的 1/4 和150 mm 中的最小值	6

4.4.2　框架柱的构造措施

1)柱的截面尺寸

框架柱的截面尺寸应符合下列要求:

(1)柱截面宽度和高度,四级或不超过 2 层时均不宜小于 300 mm,圆柱直径不宜小于 350 mm。

(2)柱截面长边和短边的边长比不宜大于 3。

(3)柱剪跨比宜大于 2,圆柱截面可按等面积的方形截面进行计算,以避免形成易发生脆性破坏的短柱。

此外,柱截面尺寸应符合有关轴压比、剪压比等方面的要求。

2)柱轴压比限制

柱轴压比按下式计算:

$$n = \frac{N}{f_c A} \tag{4-55}$$

式中:N——柱组合后的柱轴压力设计值;

　　　A——柱的全截面面积;

　　　f_c——混凝土抗压强度设计值。

轴压比大小是影响柱破坏形态和变形性能的重要因素。试验研究表明,受压构件的位移延性随轴压比增加而减小。为保证延性框架结构的实现,应限制柱的轴压比。柱轴压比不宜超过表 4-19 的规定。建筑于Ⅳ类场地且较高的高层建筑,柱轴压比限值应适当减小。

剪跨比不大于 2 的柱,轴压比限值应比表中降低 0.05;剪跨比小于 1.5 的柱,轴压比限值应做专门研究并采取特殊构造措施。混凝土强度等级为 C65~C70 和 C75~C80 时,轴压比限值应比表中分别降低 0.05 和 0.10。框支层由于变形集中,对轴压比的限值要严一些。在一定的有利条件下,柱轴压比的限值可适当提高,但不应大于 1.05。

表 4-19　柱轴压比限值

结构体系	抗震等级			
	一级	二级	三级	四级
框架结构	0.65	0.75	0.85	0.90
框架-抗震墙结构、筒体结构	0.75	0.85	0.90	0.95
部分框支抗震墙结构	0.6	0.7	—	

注：① 沿柱全高采用井字复合箍，且箍筋间距不大于 100 mm、肢距不大于 100 mm、直径不小于 12 mm，或沿柱全高采用复合螺旋箍且螺距不大于 100 mm、肢距不大于 200 mm、直径不小于 12 mm，或沿柱全高采用连续复合矩形螺旋箍，且螺距不大于 80 mm、肢距不大于 200 mm、直径不小于 10 mm 时，轴压比限值均可按表中数值增加 0.10；上述 3 种箍筋的配箍特征值均应按增大的轴压比由表 4-22 确定。
② 当柱截面中部设置由附加纵向钢筋形成的芯柱，且附加纵向钢筋的总面积不少于柱截面面积的 0.8% 时，其轴压比限值可按表中数值增加 0.05。此项措施与注①的措施同时采用时，轴压比限值可按表中数值增加 0.15，但箍筋的配箍特征值仍可按轴压比增加 0.10 的要求确定。

3）柱的纵向钢筋配置

柱的纵向钢筋配置尚应符合下列各项要求：

（1）柱纵筋宜对称配置。

（2）截面尺寸大于 400 mm 的柱，纵向钢筋间距不宜大于 200 mm。

（3）柱纵向总配筋率不应大于 5%。因为过大的配筋率会降低柱的延性并易产生粘结破坏。

（4）一级且剪跨比不大于 2 的柱，每侧纵向钢筋配筋率不宜大于 1.2%。这也是从保证柱延性来考虑的。

（5）边柱、角柱及抗震墙端柱在地震作用组合产生小偏拉时，柱内纵筋总截面面积应比计算值增加 25%。

（6）柱纵向钢筋的绑扎接头应避开柱端的箍筋加密区。

（7）柱纵向钢筋的最小总配筋率应按表 4-20 采用，同时每一侧配筋率不应小于 0.2%；对于建造于 Ⅳ 类场地且较高的高层建筑，表中的数值应增加 0.1%。

表 4-20　柱截面纵向钢筋的最小总配筋率（百分率）

类　　别	抗　震　等　级			
	一	二	三	四
框架中柱、边柱	0.9(1.0)	0.7(0.8)	0.6(0.7)	0.5(0.6)
框架角柱、框支柱	1.1	0.9	0.8	0.7

4）柱端部箍筋的配置

柱内箍筋配置，除承载力设计要求外，应遵循延性框架设计原则，在柱端易产生塑性铰处，采取箍筋加密措施，通过箍筋对混凝土的约束改善柱的延性及其抗震性能。工程实践中主要的箍筋形式有：普通箍、复合箍、螺旋箍、复合或连续复合矩形螺旋箍。普通箍是指单个矩形箍和单个圆形箍;复合箍指由矩形、多边形、圆形箍或拉筋组成的箍筋;复合螺旋箍是指由螺旋箍与矩形、多边形、圆形箍或拉筋组成的箍筋;连续复合矩形螺旋箍是指全部螺旋箍为同一根钢筋加工而成的箍筋。箍筋形式详见图 4-26。不同形式的箍筋对混凝土的约束作用是不同的。试验表明,螺旋箍效果最好,因为螺旋箍对混凝土周边可以产生均匀连续的侧向约束;复合箍效果次之,复合箍在一向或两向均有箍筋穿过混凝土核心区,其对混凝土横向变形的约束能力也较强;普通箍效果相对较差,因为普通箍只在 4 个转角区域对混凝土横向变形有较好的约束。

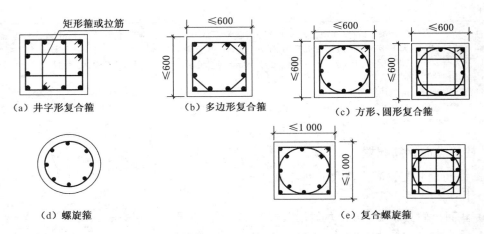

图 4-26　箍筋形式示意图

（1）柱箍筋加密范围

一般层柱,加密区设置于柱端,加密区长度取截面高度（圆柱直径）、柱净高的 1/6 和 500 mm 三者的最大值。底层柱的下端不小于柱净高的 1/3;当有刚性地面时,除柱端外尚应取刚性地面上下各 500 mm。对于下列情况,为防止可能存在的脆性破坏等不利因素,柱箍筋加密范围取柱全高:

① 剪跨比不大于 2 的柱和因设置填充墙等形成的柱净高与柱截面高度之比不大于 4 的柱。

② 框支柱。

③ 一级和二级框架的角柱。

④ 梁柱中线不重合且偏心距大于柱宽 1/8。

（2）箍筋加密区的箍筋间距和直径

一般情况下,箍筋的最大间距和最小直径,应按表 4-21 采用。

表 4-21　柱端箍筋加密区箍筋最大间距和最小直径

抗震等级	箍筋最大间距（采用最小值）(mm)	箍筋最小直径(mm)
一	纵向钢筋直径的 6 倍和 100 mm 中的较小值	10
二	纵向钢筋直径的 8 倍和 100 mm 中的较小值	8
三	纵向钢筋直径的 8 倍和 150 mm（柱根 100）中的较小值	8

续表 4-21

抗震等级	箍筋最大间距(采用最小值)(mm)	箍筋最小直径(mm)
四	纵向钢筋直径的 8 倍和 150 mm(柱根 100)中的较小值	6(柱根处 8)

注:① d 为柱纵筋最小直径;柱根指框架底层柱的嵌固部位。
　　② 二级框架柱的箍筋直径不小于 10 mm 且箍筋肢距不大于 200 mm 时,除柱根外最大间距允许采用 150 mm。
　　③ 三级框架柱的截面尺寸不大于 400 mm 时,箍筋最小直径可采用 6 mm。
　　④ 四级框架柱的剪跨比不大于 2 时,箍筋直径不应小于 8 mm;剪跨比不大于 2 的柱,箍筋间距不应大于 100 mm。

（3）柱箍筋加密区箍筋肢距,一级不宜大于 200 mm,二、三级不宜大于 250 mm 和 20 倍箍筋直径的较大值,四级不宜大于 300 mm。此外,至少每隔一根纵向钢筋宜在两个方向有箍筋约束。采用拉筋复合箍时,拉筋宜紧靠纵向钢筋并钩住箍筋。

（4）箍筋加密区箍筋体积配箍率。

柱箍筋加密区的箍筋最小体积配箍率按下式计算:

$$\rho_v = \lambda_v \frac{f_c}{f_{yv}} \tag{4-56}$$

式中:ρ_v——柱箍筋加密区箍筋体积配箍率,一~四级分别不应小于 0.8%、0.6%、0.4% 和 0.4%;计算复合箍的体积配箍率时,应扣除重叠部分的箍筋体积;

　　　f_c——混凝土轴心抗压强度设计值,强度等级低于 C35 时,应按 C35 计算;

　　　f_{yv}——箍筋抗拉强度设计值,超过 360 N/mm² 时,应取 360 N/mm² 计算;

　　　λ_v——最小配箍特征值,按表 4-22 取值。

表 4-22　柱端箍筋加密区箍筋最小配箍特征值

抗震等级	箍筋形式	柱轴压比								
		≤0.3	0.4	0.5	0.6	0.7	0.8	0.9	1.0	1.05
一	普通箍、复合箍	0.10	0.11	0.13	0.15	0.17	0.2	0.23	—	—
	螺旋箍、复合或连续复合矩形螺旋箍	0.08	0.09	0.11	0.13	0.15	0.18	0.21	—	—
二	普通箍、复合箍	0.08	0.09	0.11	0.13	0.15	0.17	0.19	0.22	0.24
	螺旋箍、复合或连续复合矩形螺旋箍	0.06	0.07	0.09	0.11	0.13	0.15	0.17	0.20	0.22
三	普通箍、复合箍	0.06	0.07	0.09	0.11	0.13	0.15	0.17	0.20	0.22
	螺旋箍、复合或连续复合矩形螺旋箍	0.05	0.06	0.07	0.09	0.11	0.13	0.15	0.18	0.20

注:① 普通箍指单个矩形箍和单个圆形箍;复合箍指由矩形、多边形、圆形箍或拉筋组成的箍筋;复合螺旋箍指由螺旋箍与矩形、多边形、圆形箍或拉筋组成的箍筋;连续复合矩形螺旋箍指全部螺旋箍为同一根钢筋加工而成的箍筋。
　　② 框支柱宜采用复合螺旋箍或井字复合箍,其最小配箍特征值应比表内数值增加 0.02,且体积配箍率不应小于 1.5%。
　　③ 剪跨比不大于 2 的柱宜采用复合螺旋箍或井字复合箍,其体积配箍率不应小于 1.2%,9 度时不应小于 1.5%。
　　④ 计算复合螺旋箍的体积配箍率时,其非螺旋箍的箍筋体积应乘以换算系数 0.8。

（5）非加密区箍筋配置

为防止柱发生脆性的剪切破坏,柱非加密区箍筋除应满足承载力计算要求外,尚应满足如下规定:

① 柱非加密区箍筋的体积配箍率,不宜小于加密区的 50%。

② 箍筋间距,一、二级框架不应大于 10 倍纵向钢筋直径,三、四级框架不应大于 15 倍纵向钢筋直径。

4.4.3 框架节点的构造措施

在水平地震作用下,框架梁柱节点核心区的箍筋最大间距和最小直径,宜按框架柱端加密区要求取用。对一、二、三级框架,其节点核心区的箍筋最小配箍特征值分别不宜小于 0.12、0.10、0.08,且体积配箍率分别不宜小于 0.6%、0.5% 和 0.4%;对柱剪跨比不大于 2 的框架梁柱节点核心区,其箍筋配箍特征值不宜小于框架节点核心区上、下柱端较大的箍筋配箍特征值。

4.4.4 砌体填充墙的构造措施

框架结构中的砌体填充墙应符合如下要求:

(1) 砌体的砂浆强度等级不应低于 M5,墙顶应与框架梁密切结合。

(2) 填充墙应沿柱全高每隔 500 mm 设 $2\phi6$ 拉筋,其伸入墙内的长度,6 度时拉筋宜沿墙全长贯通,7 度、8 度、9 度时应沿墙全长贯通。

(3) 墙长大于 5 m 时,墙顶与梁宜有拉结;墙长大于层高 2 倍时,宜设钢筋混凝土构造柱;墙高大于 4 m 时,墙体半高处宜设与柱连接且沿墙全长贯通的钢筋混凝土水平系梁。

(4) 填充墙在平面和竖向的布置,宜均匀对称,避免形成薄弱层或短柱。

4.5 框架结构抗震设计例题

【例题 4-7】 某 6 层现浇钢筋混凝土框架,屋顶有局部突出的楼梯间和水箱间。设防烈度 8 度、Ⅱ类场地,设计地震分组为第二组。梁、柱混凝土强度等级均为 C30。梁纵筋采用 HRB 400 级钢,柱纵筋采用 HRB 335 级钢,箍筋用 HPB 235 级钢。框架平面、剖面、构件尺寸和各层重力载荷代表值见图 4-27。其中,柱截面尺寸:1~3 层为 550 mm×550 mm,4~7 层为 500 mm×500 mm。试对该框架进行截面抗震设计(本例只进行横向计算,纵向从略)。

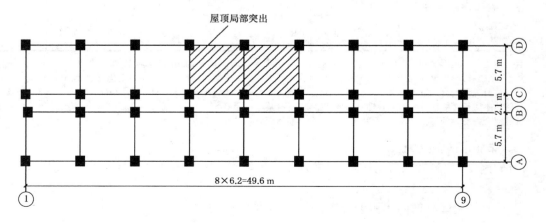

图4-27　框架平面、剖面,构件尺寸和各层重力荷载代表值

【解】　(1)框架刚度

表4-23列出了梁的刚度计算过程。表4-24列出了按 D 值法计算柱刚度的过程。其中 C30混凝土弹性模量 E_c 为 3.0×10^4 N/mm²。计算梁线刚度时考虑现浇楼板的影响,边框架梁的惯性矩取 $1.5I_0$,中框架梁的惯性矩取 $2.0I_0$(I_0 为矩形截面梁的截面惯性矩)。

表4-23　框架梁线刚度计算

部位	断面 $b \times h$ (m×m)	跨度 L(m)	矩形截面惯性矩 I_0 ($\times 10^{-3}$ m⁴)	边跨梁		中跨梁	
				$I_b = 1.5I_0$ ($\times 10^{-3}$ m⁴)	$i_b = \dfrac{EI_b}{L}$ ($\times 10^4$ kN·m)	$i_b = 2.0I_0$ ($\times 10^{-3}$ m⁴)	$i_b = \dfrac{EI_b}{L}$ ($\times 10^4$ kN·m)
屋架梁	0.25×0.60	5.7	4.50	6.75	3.55	9.00	4.74
楼层梁	0.25×0.65	5.7	5.72	8.58	4.52	11.44	6.02
走道梁	0.25×0.40	2.1	1.33	2.00	2.86	2.66	3.80

表4-24　框架柱侧移刚度计算

层次	层高 (m)	柱号	柱根数	$\overline{K}$	α	i_c($\times 10^4$ kN·m)	$\dfrac{12}{h^2}$ (1/m²)	D	$\sum D$	楼层 D
								($\times 10^4$ kN·m)		
6	3.6	1	14	1.240	0.383	4.34	0.926	1.539	21.546	62.686
		2	14	2.115	0.514			2.060	28.924	
		3	4	0.930	0.317			1.274	5.096	
		4	4	1.589	0.443			1.780	7.380	

续表 4-24

层次	层高 (m)	柱号	柱根数	$\overline{K}$	α	$i_c(\times 10^4 \text{ kN}\cdot\text{m})$	$\dfrac{12}{h^2}$ (1/m²)	D	$\sum D$	楼层 D
								\multicolumn{3}{c}{$(\times 10^4 \text{ kN}\cdot\text{m})$}		
4,5	3.6	1	14	1.387	0.410	4.34	0.926	1.648	23.072	65.824
		2	14	2.263	0.531			2.134	29.876	
		3	4	1.041	0.342			1.374	5.496	
		4	4	1.700	0.459			1.845	7.380	
2,3	3.6	1	14	0.948	0.332	6.35	0.926	1.893	26.502	79.710
		2	14	1.546	0.436			2.564	35.896	
		3	4	0.712	0.369			2.170	8.680	
		4	4	1.162	0.367			2.158	8.632	
1	4.0	1	14	1.052	0.509	5.72	0.75	2.184	30.576	83.638
		2	14	1.717	0.596			2.557	35.798	
		3	4	0.790	0.462			1.928	7.928	
		4	4	1.290	0.554			2.344	9.336	

（2）自振周期计算

基本自振周期采用顶点位移法或能量法公式计算。其中考虑非结构墙影响的折减系数 α_0 取 0.7。

结构顶点假想侧移 u_T 计算结果列于表 4-25。

表 4-25 Δ_i 计算

层次	$G_i(\text{kN})$	$\sum G_i(\text{kN})$	$G_i (\times 10^4 \text{ kN/m})$	$\delta_i = \dfrac{\sum\limits_{i=1}^{n} G_j}{D_i}(\text{m})$	$\Delta_i(\text{m})$	$G_i\Delta_i$	$G_i\Delta_i^2$
6	6 950	6 950	62.686	0.011 1	0.239 3	1 663.14	397.99
5	9 330	16 280	65.824	0.024 7	0.228 2	3 715.10	847.78
4	9 330	25 610	65.824	0.038 9	0.203 5	5211.64	1 060.57
3	9 330	34 940	79.710	0.043 8	0.164 6	5 751.12	946.64
2	9 330	44 270	79.710	0.055 5	0.120 8	5 347.82	646.02
1	10 360	54 630	83.638	0.065 3	0.065 3	3 567.34	232.95
$\sum$	54 630					25 256.34	4 131.95

① 按顶点位移法计算基本周期

$$T_1 = 1.7\alpha_0 \sqrt{u_T} = 1.7 \times 0.7 \sqrt{0.239\ 3} = 0.528\text{ s}$$

② 按能量法计算基本周期

$$T_1 = 2\alpha_0 \sqrt{\dfrac{\sum\limits_{i=1}^{n} G_i\Delta_i^2}{\sum\limits_{i=1}^{n} G_i\Delta_i}} = 2 \times 0.7 \times \sqrt{\dfrac{4\ 131.95}{25\ 256.16}} = 0.566\text{ s}$$

取 $T_1 = 0.58$ s。

(3) 多遇水平地震作用标准值计算

该建筑物总高为 22 m，且质量和刚度沿高度分布均匀，符合《建筑抗震设计规范》采用底部剪力法的条件。该建筑物不考虑竖向地震作用。

按地震影响系数 α 曲线，设防烈度 8 度时，$\alpha = 0.16$，Ⅱ 类场地，设计地震分组为二组时，

$$T_g = 0.4s, \alpha_1 = \left(\frac{T_g}{T_1}\right)^{0.9}\alpha = \left(\frac{0.4}{0.58}\right)^{0.9} \times 0.16 = 0.114 \text{。}$$

由于 $T_1 > 1.4T_g$，顶部附加地震作用系数为

$$\delta_n = 0.08T_1 + 0.01 = 0.08 \times 0.58 + 0.01 = 0.056\,4$$

结构总水平地震作用效应标准值为

$$F_{EK} = \alpha_1 G_{eq} = 0.114 \times 0.85 \times 54\,630 = 5\,294 \text{ kN}$$

主体附加顶部集中力为

$$\Delta F_n = \delta_n F_{EK} = 0.056\,4 \times 5\,294 = 298 \text{ kN}$$

各楼层水平地震作用标准值按下式计算，例如对第 7 层：

$$
\begin{aligned}
F_7 &= \frac{G_i H_i}{\sum\limits_{i=1}^{7} G_i H_i} F_{EK}(1 - \delta_n) \\
&= \frac{820 \times 25.6}{\sum (820 \times 25.6) + (6\,130 + 22) + \cdots + (10\,360 \times 4.0)} \times 5\,294 \times (1 - 0.056\,4) \\
&= 148 \text{ kN}
\end{aligned}
$$

各楼层水平地震作用标准值、各楼层地震剪力及楼层层间弹性位移计算过程见表 4-26，经验算框架层间弹性位移，满足《建筑抗震设计规范》的要求。

表 4-26 水平地震作用、楼层剪力及楼层弹性位移计算

层次	h_i (m)	H_i (m)	G_i (kN)	$G_i H_i$ (kN·m)	F_i (kN)	ΔF_i (kN)	V_i/(kN)	D_i (kN/m)	$\Delta u_{ei} = \frac{V_i}{D_i}$ (cm)	$\frac{\Delta u_{ei}}{h}$
7	3.6	25.6	820	20 992	154		$154 \times 3 = 462$			
6	3.6	22	6 130	134 860	987		$154 + 987 + 298 = 1\,439$	626 860	0.23	1/1 579
5	3.6	18.4	9 330	171 672	1 257		$1\,439 + 1\,257 = 2\,696$	658 240	0.41	1/878
4	3.6	14.8	9 330	138 084	1 011	298	$2\,696 + 1\,011 = 3\,707$	658 240	0.563	1/640
3	3.6	11.2	9 330	104 496	765		$3\,707 + 765 = 4\,472$	797 100	0.561	1/642
2	3.6	7.6	9 330	70 908	519		$4\,472 + 519 = 4\,991$	797 100	0.626	1/575
1	4	4	10 360	41 440	303		$4\,991 + 303 = 5\,294$	836 380	0.633	1/633

(4) 水平地震作用下内力分析

水平地震作用近似地取倒三角形分布，确定各柱的反弯点高度，利用 D 值法计算柱端弯矩，以中框架为例，计算结果见图 4-28。梁端剪力及柱轴力标准值见表 4-27。

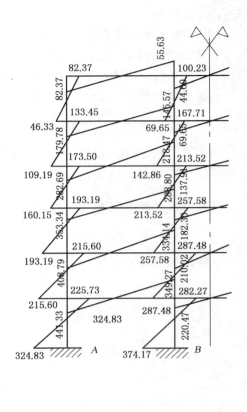

左图数据：

$V_6=1\,430$
- $D/\sum D=0.025$, $V=35.75$, $y=0.36$, $M_\text{上}=82.37$, $M_\text{下}=46.33$
- $D/\sum D=0.033$, $V=47.19$, $y=0.41$, $M_\text{上}=100.23$, $M_\text{下}=69.65$

$V_5=2\,696$
- $D/\sum D=0.025$, $V=67.4$, $y=0.45$, $M_\text{上}=133.45$, $M_\text{下}=109.19$
- $D/\sum D=0.032$, $V=86.27$, $y=0.46$, $M_\text{上}=167.71$, $M_\text{下}=142.86$

$V_4=3\,707$
- $D/\sum D=0.025$, $V=92.68$, $y=0.48$, $M_\text{上}=173.50$, $M_\text{下}=160.15$
- $D/\sum D=0.032$, $V=118.62$, $y=0.5$, $M_\text{上}=213.52$, $M_\text{下}=213.52$

$V_3=4\,472$
- $D/\sum D=0.024$, $V=107.33$, $y=0.5$, $M_\text{上}=193.19$, $M_\text{下}=193.19$
- $D/\sum D=0.032$, $V=143.10$, $y=0.5$, $M_\text{上}=257.58$, $M_\text{下}=257.58$

$V_2=4\,991$
- $D/\sum D=0.024$, $V=119.78$, $y=0.5$, $M_\text{上}=215.60$, $M_\text{下}=215.60$
- $D/\sum D=0.032$, $V=159.71$, $y=0.5$, $M_\text{上}=287.48$, $M_\text{下}=287.48$

$V_1=5\,294$
- $D/\sum D=0.026$, $V=137.64$, $y=0.59$, $M_\text{上}=225.73$, $M_\text{下}=324.83$
- $D/\sum D=0.031$, $V=164.11$, $y=0.57$, $M_\text{上}=282.27$, $M_\text{下}=374.17$

（a）每根框架柱承担的剪力、反弯点的位置　　　（b）弯矩图

图 4-28　多遇水平地震作用框架柱的剪力、反弯点的位置以及弯矩图

表 4-27　水平地震作用下中框架梁端剪力和轴力

层次	V_{EK}(kN)		N_{Eh}(kN)	
	进深梁	走道梁	边柱	中柱
6	$\dfrac{82.37+55.63}{5.7}=24.21$	$\dfrac{2\times44.60}{2.1}=42.48$	24.21	$42.48-24.21=18.27$
5	$\dfrac{179.78+145.51}{5.7}=57.07$	$\dfrac{2\times91.85}{2.1}=87.48$	$24.21+57.07=81.28$	$18.27+87.48-57.07=48.68$
4	$\dfrac{282.69+218.47}{5.7}=87.92$	$\dfrac{2\times137.91}{2.1}=131.34$	$81.28+57.07=169.20$	$48.68+131.34-87.92=92.10$
3	$\dfrac{353.34+288.80}{5.7}=112.66$	$\dfrac{2\times182.30}{2.1}=173.62$	$169.0+112.66=281.86$	$92.10+173.62-112.66=153.06$
2	$\dfrac{408.79+334.14}{5.7}=130.34$	$\dfrac{2\times210.92}{2.1}=200.88$	$281.86+130.34=412.2$	$153.06+200.88-130.34=223.60$
1	$\dfrac{441.33+349.27}{5.7}=138.70$	$\dfrac{2\times220.47}{2.1}=209.97$	$412.2+138.7=550.9$	$223.60+209.97-138.70=294.87$

（5）竖向荷载作用下内力分析

以中框架（无局部突出部分）为例，梁端和柱端弯矩采用弯矩分配法计算。考虑梁端塑性变形，梁固端弯矩的调幅系数取 0.8，计算结果见图 4-29。

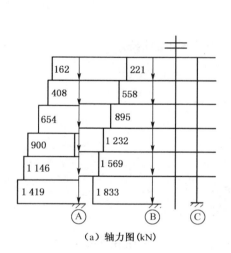

（a）轴力图（kN）

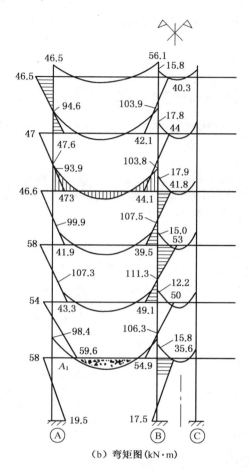

（b）弯矩图（kN·m）

图 4-29　重力荷载代表值作用下框架内力图

（6）截面承载力验算

本例只考虑水平地震作用效应和重力荷载效应的组合。设防烈度 8 度，房屋高度小于 30 m，抗震等级为二级。

① 梁（以第一层进深梁为例）

a. 弯矩组合设计值

$$M_b = \gamma_G M_{GE} \pm \gamma_{Eh} M_{Eh}$$

梁左端负弯矩：地震弯矩为逆时针方向

$$-M_b^l = 1.2 \times (-98.4) + 1.3 \times (-441.3) = -691.8 \text{ kN}$$

$$(\gamma_G = 1.2, \gamma_{Eh} = 1.3)$$

梁左端正弯矩：地震弯矩为顺时针方向

$$+M_b^l = 1.0 \times (-98.4) + 1.3 \times 441.3 = 475.3 \text{ kN} \quad (\gamma_G = 1.0, \gamma_{Eh} = 1.3)$$

$$+M_b^l = 1.2 \times (-98.4) + 1.3 \times 441.3 = 455.65 \text{ kN}$$

$$(\gamma_G = 1.2, \gamma_{Eh} = 1.3)$$

梁右端负弯矩:地震弯矩为顺时针方向

$$-M_b^r = 1.2 \times (-106.3) + 1.3 \times (-349.27) = -581.61 \text{ kN}$$

$$(\gamma_G = 1.2, \gamma_{Eh} = 1.3)$$

梁右端正弯矩:地震弯矩为逆时针方向

$$+M_b^r = 1.0 \times (-106.3) + 1.3 \times (349.27) = 347.75 (\text{kN}) (\gamma_G = 1.0, \gamma_{Eh} = 1.3)$$

$$M_b^r = 1.2 \times (-106.3) + 1.3 \times (349.27) = 326.5 \text{ kN}$$

$$(\gamma_G = 1.2, \gamma_{Eh} = 1.3)$$

b. 正截面受弯承载力验算。梁左端为例。

在正弯矩作用下

$$+M_{bmax} = 475.3 \text{ kN} \cdot \text{m}$$

$$\gamma_{RE} M_b \leqslant f_y A_s (h_0 - \alpha_s') \text{(上部布置承担负弯矩的钢筋)}$$

$$A_s = \frac{\gamma_{RE} M_b}{f_y (h_0 - \alpha_s')} = \frac{0.75 \times 475.3 \times 10^6}{360(615 - 35)} = 1\,707 \text{ m}^2$$

$$\text{下部选 } 4\phi 25, A_s' = 1\,962.5 \text{ m}^2$$

在负弯矩作用下

$$-M_{bmax} = -691.8 \text{ kN} \cdot \text{m}$$

$$M_b \leqslant \frac{1}{\gamma_{RE}} \left[\alpha_1 f_c bx \left(h_0 - \frac{x}{2} \right) + f_y' A_s' (h_0 - \alpha_s') \right]$$

$$\alpha_1 f_c bx = f_y A_s - f_y' A_s'$$

式中:$\alpha_1 = 1.0$(混凝土强度等级低于 C50),混凝土 C30,$f_c = 14.3 \text{ N/mm}^2$

$$\alpha_s = \frac{\gamma_{RE} M_b - f_y' A_s' (h_0 - \alpha_s')}{\alpha_1 f_c b h_0^2} = \frac{0.75 \times 691.8 \times 10^6 - 360 \times 1\,972.5 \times (615 - 35)}{1 \times 14.3 \times 250 \times 615^2} = 0.081$$

$$\xi = 1 - \sqrt{1 - 2\alpha_s} = 0.084 \qquad x = \xi h_0 = 0.084 \times 615 = 52 < 2a' \qquad x = 2a_s' = 70$$

$$A_s = \frac{f_y' A_s' + \alpha_1 f_c bx}{f_y} = \frac{360 \times 1\,962.5 + 14.3 \times 250 \times 70}{360} = 2\,657.6 (\text{m}^2)$$

下部选 $6\phi 25, A_s = 2\,943.75 \text{ m}^2$

验算受压区高度 $\quad \xi = \frac{f_y A_s - f_y' A_s'}{\alpha_1 f_c bh} = \frac{360 \times 2\,943.75 - 360 \times 1\,962.5}{14.3 \times 250 \times 615} = 0.16 < 0.35$

经计算,梁端截面配筋选用:

左端　上部 $6\phi 25$,下部 $4\phi 25$

右端　上部 $6\phi 25$,下部 $4\phi 25$

c. 斜截面受剪承载力计算。二级抗震等级框架梁端截面组合剪力设计值为

$$V_b = 1.2 \times \frac{M_b^l + M_b^r}{l_n} + 1.2 \times \frac{q l_n}{2}$$

$$= 1.2 \times \frac{(455.65 + 581.61)}{5.2} + 1.2 \times \frac{59.5 \times 5.2}{2} = 425.01 \text{ kN}$$

验算剪压比

$$V_b \leqslant \frac{1}{\gamma_{RE}}(0.20 f_c b_b h_0) = \frac{1}{0.85} \times (0.2 \times 1.43 \times 250 \times 615) = 439.73 \text{ kN（满足要求）}$$

按下式验算截面受剪承载力：

$$V_b \leqslant \frac{1}{\gamma_{RE}}(0.42 f_t b h_0 + 1.25 \frac{A_{sv}}{s} f_{yv} h_0)$$

梁端箍筋采用 $\phi 12@100$，双肢。满足二级抗震要求。其受剪承载力为

$$\frac{1}{\gamma_{RE}}(0.42 f_t b h_0 + 1.25 \frac{A_{sv}}{s} f_{yv} h_0)$$

$$= \frac{1}{0.85} \times \left(0.42 \times 1.43 \times 250 \times 615 + 1.25 \times 210 \times \frac{226.2}{100} \times 615\right)$$

$$= 538.2 \text{ kN} > 425.01 \text{ kN（满足要求）}$$

② 柱截面设计（以第 1 层中柱为例）

a. 柱底截面轴力和弯矩以及组合柱顶弯矩组合设计值

$N_c = \gamma_G N_{GE} \pm 1.3 N_{Eh}$ 及 $M_c = \gamma_G M_{GE} \pm 1.3 M_{Eh}$

$N_{GE} = 1\,943 \text{ kN}, M_{GE} = 17.5 \text{ kN} \cdot \text{m}, N_{Eh} = -294.87 \text{ kN}, M_{Eh} = 374.17 \text{ kN} \cdot \text{m（左震）}$

（轴力压为正，弯矩左侧受拉为正）

柱底 N_{max} 及相应的 M

$$N_{max} = 1.2 \times 1\,943 - 1.3 \times (-294.87) = 2\,714.93 \text{ kN}$$

$$M_c^b = 1.2 \times 17.5 - 1.3 \times 374.17 = -465.4 \text{ kN} \cdot \text{m}$$

柱底 N_{min} 及相应的 M

$$N_{min} = 1.0 \times 1\,943 + 1.3 \times (-294.87) = 1\,559.67 \text{ kN}$$

$$M_c^b = 1.0 \times 17.5 + 1.3 \times 374.17 = 503.9 \text{ kN} \cdot \text{m}$$

柱底 M_{max} 及相应的 N

$$M_{max}^b = 1.0 \times 17.5 + 1.3 \times 374.17 = 507.4 \text{ kN} \cdot \text{m}$$

$$N_c = 1.2 \times 1\,943 + 1.3 \times (-294.87) = 1\,948.3 \text{ kN} \cdot \text{m}$$

b. 轴压比

$$\mu = \frac{N_{max}}{f_c b_c h_c} = \frac{2\,714\,930}{14.3 \times 550 \times 550} = 0.63 < 0.8 \text{（满足要求）}$$

c. 正截面承载力验算

$$N_b = \alpha_1 f_c \xi_b h_0 b/\gamma_{RE} = 14.3 \times 0.550 \times 515 \times 550/0.8 = 2784.7 \times 10^3$$
$$= 2784.7 \text{ kN} > N_{max} = 2714.93 \text{ kN}$$

所以柱底截面设计都为大偏心，以上几种组合中，$N_{min} = 1559.67 \text{ kN}$，$M_c^b = 503.9 \text{ kN·m}$ 为最不利内力。其中柱底截面的弯矩增大系数为 1.25。

$$N = x f_c h_0 b/\gamma_{RE}$$

$$N \cdot e \leqslant \frac{1}{\gamma_{RE}} [\alpha_1 x f_c b(h_0 - 0.5x) + A_s' f_y'(h_0 - a_s')]$$

$$e_0 = \frac{M}{N} = \frac{1.25 \times 503.9}{1559.67} = 0.41 \text{ m}$$

$$e_i = e_0 + e_a = 410 + 20 = 430 \text{ mm}$$

$$\eta = 1 + \frac{1}{1400 \frac{e_i}{h_0}} \left(\frac{l_0}{h}\right)^2 \xi_1 \xi_2 = 1 + \frac{1}{1400 \frac{430}{515}} \times \left(\frac{4}{0.55}\right)^2 \times 1 \times 1 = 1.05$$

$$e = \eta e_i + \frac{h}{2} - a_s = 1.05 \times 430 + 550/2 - 35 = 691.5 \text{ mm}$$

$$x = \frac{\gamma_{RE} N}{\alpha_1 f_c b} = \frac{0.8 \times 1559670}{1.0 \times 14.3 \times 550} = 158.6 \text{ mm}$$

$$A_s' = \frac{\gamma_{RE} N e - \alpha_1 f_c b x(h_0 - 0.5x)}{f_y'(h_0 - a_s')}$$

$$= \frac{0.8 \times 1559670 \times 691.5 - 14.3 \times 550 \times 158.6(515 - 0.5 \times 158.6)}{300 \times (515 - 35)} = 2217.5 \text{ mm}^2$$

柱截面一侧配 $5\phi25$，$A_s = A_s' = 2454 \text{ mm}^2$，$\frac{2454}{550 \times 550} = 0.8\% > 0.2\%$，柱截面总配筋为 $16\phi25$，$A_s = 7854.4 \text{ mm}^2$，配筋率 $\frac{7854.4}{550 \times 550} = 2.6\% > 0.8\%$（二级框架柱纵向钢筋的最小配筋率），也小于 5%，满足构造要求。

d. 斜截面受剪承载力验算

柱顶弯矩 $M_c^t = 1.2 \times 35.6 + 1.3 \times 282.27 = 409.67 \text{ kN·m}$

柱底弯矩 $M_c^b = 1.2 \times 17.5 + 1.3 \times 374.17 = 507.42 \text{ kN·m}$

三级抗震框架柱截面组合剪力设计值：

$$V = 1.2 \frac{(M_c^t + M_c^b)}{H_n} \text{ 且应符合 } V \leqslant \frac{1}{\gamma_{RE}}(0.2 f_c b_c h_0)$$

因柱底弯矩增大 1.25 倍，故

$$V = 1.2 \times \left(\frac{409.67 + 1.25 \times 507.42}{3.675}\right) = 284.07 \text{ kN}$$

$$\frac{1}{\gamma_{RE}}(0.2 f_c b_c h_{c0}) = \frac{1}{0.85} \times (0.2 \times 14.3 \times 550 \times 515)$$

$$= 953.05 \text{ kN} > 284.07 \text{ kN（满足要求）}$$

柱截面受剪承载力:

柱端配 $\phi10@100$ 复合箍(图 4-30)

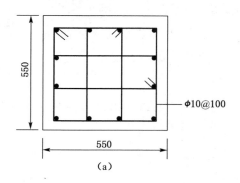
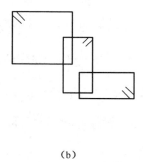

图 4-30 柱配筋构造

《建筑抗震设计规范》(GB 5001—2010)要求的最小体积配筋率为
体积配筋率

$$[\rho_v] = \lambda_y f_c/f_{yv} = 0.136 \times 14.3/210 = 0.9\%$$

$$\rho_v = \frac{8 \times 500 \times 78.5}{100 \times 500^2} = 1.3\% > 0.9\% \text{(满足要求)}$$

$$\lambda = \frac{M^c}{V_c h_0} = \frac{507.42}{229.26 \times 0.515} = 4.3 > 3\text{(取 } \lambda = 3\text{)}$$

$$\frac{1}{\gamma_{RE}}\left(\frac{1.05}{\lambda+1} f_c b h_0 + f_y \frac{A_{sv}}{s} h_0 + 0.056N\right)$$

$$= \frac{1}{0.85} \times \left(\frac{1.05}{3+1} \times 14.3 \times 550 \times 515 + 210 \times \frac{4 \times 78.5}{100} \times 515 + 0.056 \times 1\,297\,725\right)$$

$(N_{max} = 2\,714\,930 > 0.3 f_c A = 0.3 \times 14.3 \times 550 \times 550 = 1\,297\,725 \text{ N}, N = 0.3 f_c A = 1\,297\,725 \text{ N}) = 1\,735.9 \text{ kN} > 284.07 \text{ kN}$(满足要求)

③ 梁柱节点设计(以第 1 层中柱节点为例)

三级抗震框架梁柱节点核心区的组合剪力设计值为

$$V_j = \frac{1.2(M_b^l + M_b^r)}{h_{b0} - a_s'}\left(1 - \frac{h_{b0} - a_s'}{H_c - h_b}\right)$$

且应符合 $V_j \leqslant \dfrac{1}{\gamma_{RE}}(0.3\eta_j f_c b_j h_j)$,因楼板为现浇,四侧各梁截面高度不小于该侧柱截面高度的 1/2,且正交方向梁高度不小于框架梁高度的 3/4,取 $\eta_j = 1.5$;又

$$M_b^l = 1.2 \times 106.3 + 1.3 \times 349.27 = 581.61 \text{ kN} \cdot \text{m}$$

$$M_b^r = 1.2 \times (-15.8) + 1.3 \times 220.47 = 267.65 \text{ kN} \cdot \text{m}$$

得

$$V_j = \frac{1.2(581.61 + 267.65)}{0.615 - 0.035} \times \left(1 - \frac{0.615 - 0.035}{4.0 - 0.65}\right) = 1\,452.88 \text{ kN}$$

$$\frac{1}{\gamma_{RE}}(0.3\eta_{j}f_{c}b_{j}h_{j}) = \frac{1}{0.85} \times (0.3 \times 1.5 \times 14.3 \times 550 \times 550)$$

$$= 2\,290.10 \text{ kN} > 1452.88 \text{ kN(满足要求)}$$

节点核心区箍筋不应少于柱端加密区箍筋量,故采用复合箍。其受剪承载力为

$$\frac{1}{\gamma_{RE}}\left[1.1\eta_{j}f_{t}b_{j}h_{j} + 0.05\eta_{j}N\frac{b_{j}h_{j}}{b_{c}h_{c}} + f_{yv}\frac{A_{sv}}{s}(h_{b0} - a'_{s})\right] =$$

$$\frac{1}{0.85} \times \left[1.1 \times 1.5 \times 1.43 \times 550 \times 550 + 0.05 \times 1.5 \times 1\,559.67 + 210 \times \frac{4 \times 78.5}{100} \times (615 - 35)\right]$$

$$= 1\,289.79 \text{ kN} < 1\,452.88 \text{ kN(不满足)}$$

加大箍筋直径。

(7)框架变形验算

① 层间弹性位移验算

多遇水平地震作用下框架层间弹性位移验算结果见表4-25。

② 层间薄弱层弹塑性位移验算

罕遇水平地震作用下框架层间塑性位移可按前述步骤进行。经计算柱截面减小的第4层的楼层屈服强度系数 ξ_{y} 为最小,也就是薄弱层。但不小于相邻层该系数平均值的0.8倍,说明仍属于比较均匀的框架,可按《建筑抗震设计规范》查表确定弹塑性位移增大系数 η_{p}。

本章小结

本章主要讲述了多层及高层钢筋混凝土房屋抗震设计的理论与方法,多层和高层钢筋混凝土结构房屋在抗震设计中应该遵循的设计原则,以及多高层钢筋混凝土结构房屋主要是框架结构的抗震设计步骤和抗震构造要求。

1. 结构抗震计算的内容一般包括:①结构动力特性分析,主要是结构自振周期的确定;②结构地震反应计算,包括常遇烈度下的地震荷载与结构侧移;③结构内力分析;④截面抗震设计等。

2. 为达到"三水准设防、二阶段设计"的要求,在进行框架结构抗震设计时,应使框架结构具有足够的承载能力、良好的变形能力以及合理的破坏机制。实现上述要求的框架结构,可称为延性框架结构。要设计延性框架结构,在抗震设计时应遵循"强柱弱梁""强剪弱弯""强节点、强锚固"的设计原则。

3. 框架梁设计时,应遵循"强柱弱梁""强剪弱弯"的设计原则。即使梁端先于柱端产生塑性铰,并使塑性铰具有足够的变形能力;应防止梁端截面先发生脆性的剪切破坏。

4. 延性框架柱设计时,也应遵循"强柱弱梁""强剪弱弯"的原则,避免或推迟柱端产生塑性铰以形成合理的破坏机制,防止过早发生脆性的剪切破坏。此外,为保证柱的延性要求,尚应控制柱的轴压比。

5. 按照"强节点"的原则,防止在梁柱破坏之前出现节点核心区的破坏,必须保证节点核心区的受剪承载力和配置足够数量的箍筋。

思 考 题

4.1　多层及高层钢筋混凝土房屋有哪些结构体系,各自的特点和适用范围是什么?

4.2　抗震设计为什么要限制各类结构体系的最大高度和高宽比?

4.3　多层及高层钢筋混凝土结构设计时为什么要划分抗震等级,是如何划分的?

4.4　如何计算在水平地震作用下框架结构的内力和位移?

4.5　在计算竖向荷载下框架结构的内力时要注意哪些方面的问题?

4.6　什么是"强柱弱梁""强剪弱弯"原则,在设计中如何体现?

4.7　试说明框架柱抗震设计的要点和抗震的构造措施。

4.8　试说明框架梁抗震设计的要点和抗震的构造措施。

4.9　试说明框架节点抗震设计的要点和抗震的构造措施。

4.10　框架结构、抗震墙结构和框架—抗震墙结构的抗震计算采用了哪些假设? 如何确定各自的计算简图?

4.11　如何设计结构合理的破坏机制?

4.12　如何进行内力组合?

4.13　钢筋混凝土结构中的填充墙对主体结构抗震性能有哪些影响? 应如何考虑其影响?

4.14　框架—抗震墙结构协同工作体系如何进行结构分析? 其内力分布有哪些特点?

4.15　某工程为 8 层现浇框架结构(图 4-31),梁截面尺寸为 $b \times h = 220\,mm \times 600\,mm$,柱截面为 $500\,mm \times 500\,mm$,柱距为 5 m,混凝土为 C30,设计烈度 8 度,Ⅱ 类场地,设计地震分组为第一组。集中在屋盖和楼盖处的重力荷载代表值分别为:顶层为 3 600 kN,2～7 层每层为 5 400 kN,底层为 6 100 kN。对应的作用在屋盖上的均载为 8.683 kN/m²,作用在楼盖 AB 轴间的均载为 14.16 kN/m²,作用在楼盖 BC 轴间的均载为 12.11 kN/m²,此处所列的均载均未计入梁和柱的自重。试计算在横向地震作用下横向框架的设计内力。

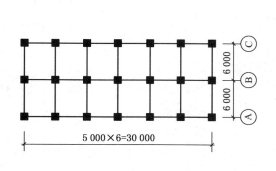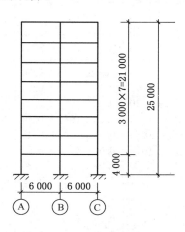

图 4-31　习题 4.15 图

附表 规则框架承受均布及倒三角形分布水平力作用时反弯点的高度比

附表 4-1 规则框架承受均布水平力作用时标准反弯点的高度比 y_0 值

n	j \ K	0.1	0.2	0.3	0.4	0.5	0.6	0.7	0.8	0.9	1.0	2.0	3.0	4.0	5.0
1	1	0.80	0.75	0.70	0.65	0.65	0.60	0.60	0.60	0.60	0.55	0.55	0.55	0.55	0.55
2	2	0.45	0.40	0.35	0.35	0.35	0.35	0.40	0.40	0.40	0.40	0.45	0.45	0.45	0.45
	1	0.95	0.80	0.75	0.70	0.65	0.65	0.65	0.60	0.60	0.60	0.55	0.55	0.55	0.50
3	3	0.15	0.20	0.20	0.25	0.30	0.30	0.30	0.35	0.35	0.35	0.40	0.45	0.45	0.45
	2	0.55	0.50	0.45	0.45	0.45	0.45	0.45	0.45	0.45	0.45	0.50	0.50	0.50	0.50
	1	1.00	0.85	0.80	0.75	0.70	0.70	0.65	0.65	0.65	0.60	0.55	0.55	0.55	0.55
4	4	−0.05	0.05	0.15	0.20	0.25	0.30	0.30	0.35	0.35	0.35	0.40	0.45	0.45	0.45
	3	0.25	0.30	0.30	0.35	0.35	0.40	0.40	0.40	0.40	0.45	0.45	0.50	0.50	0.50
	2	0.65	0.55	0.50	0.50	0.45	0.45	0.45	0.45	0.45	0.45	0.50	0.50	0.50	0.50
	1	1.10	0.90	0.80	0.75	0.70	0.70	0.65	0.65	0.65	0.60	0.55	0.55	0.55	0.55
5	5	−0.20	0.00	0.15	0.20	0.25	0.30	0.30	0.30	0.35	0.35	0.40	0.45	0.45	0.45
	4	0.10	0.20	0.25	0.30	0.35	0.35	0.40	0.40	0.40	0.40	0.45	0.50	0.50	0.50
	3	0.40	0.40	0.40	0.40	0.40	0.45	0.45	0.45	0.45	0.45	0.50	0.50	0.50	0.50
	2	0.65	0.55	0.50	0.50	0.50	0.50	0.50	0.50	0.50	0.50	0.50	0.50	0.50	0.50
	1	1.20	0.95	0.80	0.75	0.75	0.70	0.70	0.65	0.65	0.65	0.55	0.55	0.55	0.55
6	6	−0.30	0.00	0.10	0.20	0.25	0.25	0.30	0.30	0.35	0.35	0.40	0.45	0.45	0.45
	5	0.00	0.20	0.25	0.30	0.35	0.35	0.40	0.40	0.40	0.40	0.45	0.45	0.50	0.50
	4	0.20	0.30	0.35	0.35	0.40	0.40	0.45	0.45	0.45	0.45	0.45	0.50	0.50	0.50
	3	0.40	0.40	0.40	0.45	0.45	0.45	0.45	0.45	0.45	0.45	0.50	0.50	0.50	0.50
	2	0.70	0.60	0.55	0.50	0.50	0.50	0.50	0.50	0.50	0.50	0.50	0.50	0.50	0.50
	1	1.20	0.95	0.85	0.80	0.75	0.70	0.70	0.65	0.65	0.65	0.55	0.55	0.55	0.55
7	7	−0.35	−0.05	0.10	0.20	0.20	0.25	0.30	0.30	0.35	0.35	0.40	0.45	0.45	0.45
	6	−0.10	0.45	0.25	0.30	0.35	0.35	0.35	0.40	0.40	0.40	0.45	0.45	0.50	0.50
	5	0.10	0.25	0.30	0.35	0.40	0.40	0.40	0.45	0.45	0.45	0.45	0.50	0.50	0.50
	4	0.30	0.35	0.40	0.40	0.40	0.45	0.45	0.45	0.45	0.45	0.50	0.50	0.50	0.50
	3	0.50	0.45	0.45	0.45	0.45	0.45	0.45	0.45	0.45	0.45	0.50	0.50	0.50	0.50
	2	0.75	0.60	0.55	0.50	0.50	0.50	0.50	0.50	0.50	0.50	0.50	0.50	0.50	0.50
	1	1.20	0.95	0.85	0.80	0.75	0.70	0.70	0.65	0.60	0.65	0.55	0.55	0.55	0.55
8	8	−0.35	−0.15	0.10	0.15	0.25	0.25	0.30	0.30	0.35	0.35	0.40	0.45	0.45	0.45
	7	−0.10	0.15	0.25	0.30	0.35	0.35	0.40	0.40	0.40	0.40	0.45	0.50	0.50	0.50
	6	0.05	0.25	0.30	0.35	0.40	0.40	0.40	0.45	0.45	0.45	0.45	0.50	0.50	0.50
	5	0.20	0.30	0.35	0.40	0.40	0.45	0.45	0.45	0.45	0.45	0.50	0.50	0.50	0.50
	4	0.35	0.40	0.40	0.45	0.45	0.45	0.45	0.45	0.45	0.45	0.50	0.50	0.50	0.50
	3	0.50	0.45	0.45	0.45	0.45	0.45	0.45	0.50	0.50	0.50	0.50	0.50	0.50	0.50
	2	0.75	0.60	0.55	0.55	0.50	0.50	0.50	0.50	0.50	0.50	0.50	0.50	0.50	0.50
	1	1.20	1.00	0.85	0.80	0.75	0.70	0.70	0.65	0.65	0.65	0.55	0.55	0.55	0.55

续附表 4-1

n	j	0.1	0.2	0.3	0.4	0.5	0.6	0.7	0.8	0.9	1.0	2.0	3.0	4.0	5.0
9	9	−0.40	−0.05	0.10	0.20	0.25	0.25	0.30	0.30	0.35	0.35	0.45	0.45	0.45	0.45
	8	−0.15	0.15	0.25	0.30	0.35	0.35	0.35	0.40	0.40	0.40	0.45	0.45	0.50	0.50
	7	0.05	0.25	0.30	0.35	0.40	0.40	0.40	0.45	0.45	0.45	0.45	0.50	0.50	0.50
	6	0.15	0.30	0.35	0.40	0.40	0.45	0.45	0.45	0.45	0.45	0.50	0.50	0.50	0.50
	5	0.25	0.35	0.40	0.40	0.45	0.45	0.45	0.45	0.45	0.45	0.50	0.50	0.50	0.50
	4	0.40	0.40	0.40	0.45	0.45	0.45	0.45	0.45	0.45	0.45	0.50	0.50	0.50	0.50
	3	0.55	0.45	0.45	0.45	0.45	0.45	0.45	0.45	0.50	0.50	0.50	0.50	0.50	0.50
	2	0.80	0.65	0.55	0.55	0.50	0.50	0.50	0.50	0.50	0.50	0.50	0.50	0.50	0.50
	1	1.20	1.00	0.85	0.80	0.75	0.70	0.55	0.65	0.65	0.65	0.55	0.55	0.55	0.55
10	10	−0.40	−0.05	0.10	0.20	0.25	0.30	0.30	0.30	0.35	0.35	0.40	0.45	0.45	0.45
	9	−0.15	0.15	0.25	0.30	0.35	0.35	0.40	0.40	0.40	0.40	0.45	0.45	0.50	0.50
	8	0.00	0.25	0.35	0.35	0.40	0.40	0.40	0.45	0.45	0.45	0.45	0.50	0.50	0.50
	7	0.10	0.30	0.35	040	0.40	0.45	0.45	0.45	0.45	0.45	0.50	0.50	0.50	0.50
	6	0.20	0.35	0.40	0.40	0.45	0.45	0.45	0.45	0.45	0.45	0.50	0.50	0.50	0.50
	5	0.30	0.40	0.40	0.45	0.45	0.45	0.45	0.45	0.45	0.50	0.50	0.50	0.50	0.50
	4	0.40	0.40	0.45	0.45	0.45	0.45	0.45	0.45	0.50	0.50	0.50	0.50	0.50	0.50
	3	0.55	0.50	0.45	0.45	0.45	0.50	0.50	0.50	0.50	0.50	0.50	0.50	0.50	0.50
	2	0.80	0.65	0.55	0.55	0.55	0.50	0.50	0.50	0.50	0.50	0.50	0.50	0.50	0.50
	1	1.30	1.00	0.85	0.80	0.75	0.70	0.70	0.65	0.65	0.65	0.60	0.55	0.55	0.55
11	11	−0.40	0.05	0.10	0.20	0.25	0.30	0.30	0.30	0.35	0.35	0.40	0.45	0.45	0.45
	10	−0.15	0.15	0.25	0.30	0.35	0.35	0.40	0.40	0.40	0.40	0.45	0.45	0.50	0.50
	9	0.00	0.25	0.30	0.35	0.40	0.40	0.40	0.45	0.45	0.45	0.45	0.50	0.50	0.50
	8	0.10	0.30	0.35	0.40	0.40	0.45	0.45	0.45	0.45	0.45	0.50	0.50	0.50	0.50
	7	0.20	0.35	0.40	0.45	0.45	0.45	0.45	0.45	0.45	0.45	0.50	0.50	0.50	0.50
	6	0.25	0.35	0.40	0.45	0.45	0.45	0.45	0.45	0.45	0.45	0.50	0.50	0.50	0.50
	5	0.35	0.40	0.40	0.45	0.45	0.45	0.45	0.45	0.45	0.50	0.50	0.50	0.50	0.50
	4	0.40	0.45	0.45	0.45	0.45	0.45	0.50	0.50	0.50	0.50	0.50	0.50	0.50	0.50
	3	0.55	0.50	0.50	0.50	0.50	0.50	0.50	0.50	0.50	0.50	0.50	0.50	0.50	0.50
	2	0.80	0.65	0.60	0.55	0.55	0.50	0.50	0.50	0.50	0.50	0.50	0.50	0.50	0.50
	1	1.30	1.00	0.85	0.80	0.75	0.70	0.70	0.65	0.65	0.65	0.60	0.55	0.55	0.55
12	↓1	−0.40	−0.05	0.10	0.20	0.25	0.30	0.30	0.30	0.35	0.35	0.40	0.45	0.45	0.45
	2	−0.15	0.15	0.25	0.30	0.35	0.35	0.40	0.40	0.40	0.40	0.45	0.45	0.50	0.50
	3	0.00	0.25	0.30	0.35	0.40	0.40	0.40	0.45	0.45	0.45	0.45	0.50	0.50	0.50
	4	0.10	0.30	0.35	0.40	0.40	0.45	0.45	0.45	0.45	0.45	0.50	0.50	0.50	0.50
	5	0.20	0.35	0.40	0.40	0.45	0.45	0.45	0.45	0.45	0.45	0.50	0.50	0.50	0.50
	6	0.25	0.35	0.40	0.45	0.45	0.45	0.45	0.45	0.45	0.50	0.50	0.50	0.50	0.50
	7	0.30	0.40	0.40	0.45	0.45	0.45	0.45	0.45	0.50	0.50	0.50	0.50	0.50	0.50
	8	0.35	0.40	0.45	0.45	0.45	0.45	0.45	0.50	0.50	0.50	0.50	0.50	0.50	0.50
	中间	0.40	0.40	0.45	0.45	0.45	0.45	0.50	0.50	0.50	0.50	0.50	0.50	0.50	0.50
	4	0.45	0.45	0.45	0.45	0.50	0.50	0.50	0.50	0.50	0.50	0.50	0.50	0.50	0.50
	3	0.65	0.50	0.50	0.50	0.50	0.50	0.50	0.50	0.50	0.50	0.50	0.50	0.50	0.50
	2	0.80	0.65	0.60	0.55	0.55	0.50	0.50	0.50	0.50	0.50	0.50	0.50	0.50	0.50
	↑1	1.30	1.00	0.85	0.80	0.75	0.70	0.70	0.65	0.65	0.65	0.55	0.55	0.55	0.55

注：
$$K = \frac{i_1 + i_2 + i_3 + i_4}{2i_c}$$

i_1	i_2
	i_c
i_3	i_4

附表 4-2　规则框架承受倒三角形分布水平力作用时标准反弯点的高度比 y_0 值

n	j $\backslash$ K	0.1	0.2	0.3	0.4	0.5	0.6	0.7	0.8	0.9	1.0	2.0	3.0	4.0	5.0
1	1	0.80	0.75	0.70	0.65	0.65	0.60	0.60	0.60	0.60	0.55	0.55	0.55	0.55	0.55
2	2	0.50	0.45	0.40	0.40	0.40	0.40	0.40	0.40	0.40	0.45	0.45	0.45	0.45	0.50
	1	1.00	0.85	0.75	0.70	0.70	0.65	0.65	0.65	0.60	0.60	0.55	0.55	0.55	0.55
3	3	0.25	0.25	0.25	0.30	0.30	0.35	0.35	0.35	0.40	0.40	0.45	0.45	0.45	0.50
	2	0.60	0.50	0.50	0.50	0.50	0.45	0.45	0.45	0.45	0.45	0.50	0.50	0.50	0.50
	1	1.15	0.90	0.80	0.75	0.75	0.70	0.70	0.65	0.65	0.65	0.60	0.55	0.55	0.55
4	4	0.10	0.15	0.20	0.25	0.30	0.30	0.35	0.35	0.35	0.40	0.45	0.45	0.45	0.45
	3	0.35	0.35	0.35	0.40	0.40	0.40	0.40	0.45	0.45	0.45	0.45	0.50	0.50	0.50
	2	0.70	0.60	0.55	0.50	0.50	0.50	0.50	0.50	0.50	0.50	0.50	0.50	0.50	0.50
	1	1.20	0.95	0.85	0.80	0.75	0.70	0.70	0.70	0.65	0.65	0.55	0.55	0.55	0.55
5	5	−0.05	0.10	0.20	0.25	0.30	0.30	0.35	0.35	0.35	0.35	0.40	0.45	0.45	0.45
	4	0.20	0.25	0.35	0.35	0.40	0.40	0.40	0.40	0.40	0.45	0.45	0.50	0.50	0.50
	3	0.45	0.40	0.45	0.45	0.45	0.45	0.45	0.45	0.45	0.45	0.50	0.50	0.50	0.50
	2	0.75	0.60	0.55	0.55	0.50	0.50	0.50	0.50	0.50	0.50	0.50	0.50	0.50	0.50
	1	1.30	1.00	0.85	0.80	0.75	0.70	0.70	0.65	0.65	0.65	0.65	0.55	0.55	0.55
6	6	−0.15	0.05	0.15	0.20	0.25	0.30	0.30	0.35	0.35	0.35	0.40	0.45	0.45	0.45
	5	0.10	0.25	0.30	0.35	0.35	0.40	0.40	0.40	0.45	0.45	0.45	0.50	0.50	0.50
	4	0.30	0.35	0.40	0.40	0.45	0.45	0.45	0.45	0.45	0.45	0.50	0.50	0.50	0.50
	3	0.50	0.45	0.45	0.45	0.45	0.45	0.45	0.45	0.45	0.50	0.50	0.50	0.50	0.50
	2	0.80	0.65	0.55	0.55	0.55	0.55	0.50	0.50	0.50	0.50	0.50	0.50	0.50	0.50
	1	1.30	1.00	0.85	0.80	0.75	0.70	0.70	0.65	0.65	0.60	0.55	0.55	0.55	0.55
7	7	−0.20	0.05	0.15	0.20	0.25	0.30	0.30	0.35	0.35	0.35	0.45	0.45	0.45	0.45
	6	0.05	0.20	0.30	0.35	0.35	0.40	0.40	0.40	0.40	0.45	0.45	0.50	0.50	0.50
	5	0.20	0.30	0.35	0.40	0.40	0.45	0.45	0.45	0.45	0.45	0.50	0.50	0.50	0.50
	4	0.35	0.40	0.40	0.45	0.45	0.45	0.45	0.45	0.45	0.50	0.50	0.50	0.50	0.50
	3	0.55	0.50	0.50	0.50	0.50	0.50	0.50	0.50	0.50	0.50	0.50	0.50	0.50	0.50
	2	0.80	0.65	0.60	0.55	0.55	0.55	0.50	0.50	0.50	0.50	0.50	0.50	0.50	0.50
	1	1.30	1.00	0.90	0.80	0.75	0.70	0.70	0.70	0.65	0.65	0.60	0.55	0.55	0.55
8	8	−0.20	0.05	0.15	0.20	0.25	0.30	0.30	0.35	0.35	0.35	0.45	0.45	0.45	0.45
	7	0.00	0.20	0.30	0.35	0.35	0.40	0.40	0.40	0.40	0.45	0.45	0.50	0.50	0.50
	6	0.15	0.30	0.35	0.40	0.40	0.45	0.45	0.45	0.45	0.45	0.50	0.50	0.50	0.50
	5	0.30	0.40	0.40	0.45	0.45	0.45	0.45	0.45	0.45	0.45	0.50	0.50	0.50	0.50
	4	0.40	0.45	0.45	0.45	0.45	0.45	0.45	0.50	0.50	0.50	0.50	0.50	0.50	0.50
	3	0.60	0.50	0.50	0.50	0.50	0.50	0.50	0.50	0.50	0.50	0.50	0.50	0.50	0.50
	2	0.85	0.65	0.60	0.55	0.55	0.55	0.50	0.50	0.50	0.50	0.50	0.50	0.50	0.50
	1	1.30	1.00	0.90	0.80	0.75	0.70	0.70	0.70	0.65	0.65	0.60	0.55	0.55	0.55

续附表 4-2

n	j \ K	0.1	0.2	0.3	0.4	0.5	0.6	0.7	0.8	0.9	1.0	2.0	3.0	4.0	5.0
9	9	−0.25	0.00	0.15	0.20	0.25	0.30	0.30	0.35	0.35	0.40	0.45	0.45	0.45	0.45
	8	0.00	0.20	0.30	0.35	0.35	0.40	0.40	0.40	0.40	0.45	0.45	0.50	0.50	0.50
	7	0.15	0.30	0.35	0.40	0.40	0.45	0.45	0.45	0.45	0.45	0.50	0.50	0.50	0.50
	6	0.25	0.35	0.40	0.40	0.45	0.45	0.45	0.45	0.45	0.50	0.50	0.50	0.50	0.50
	5	0.35	0.40	0.45	0.45	0.45	0.45	0.45	0.45	0.50	0.50	0.50	0.50	0.50	0.50
	4	0.45	0.45	0.45	0.45	0.45	0.50	0.50	0.50	0.50	0.50	0.50	0.50	0.50	0.50
	3	0.60	0.50	0.50	0.50	0.50	0.50	0.50	0.50	0.50	0.50	0.50	0.50	0.50	0.50
	2	0.85	0.65	0.60	0.55	0.55	0.55	0.55	0.50	0.50	0.50	0.50	0.50	0.50	0.50
	1	1.35	1.00	0.90	0.80	0.75	0.75	0.70	0.70	0.65	0.65	0.60	0.55	0.55	0.55
10	10	−0.25	0.00	0.15	0.20	0.25	0.30	0.30	0.35	0.35	0.40	0.45	0.45	0.45	0.45
	9	−0.10	0.20	0.30	0.30	0.35	0.40	0.40	0.40	0.40	0.45	0.45	0.50	0.50	0.50
	8	0.10	0.30	0.35	0.40	0.40	0.40	0.45	0.45	0.45	0.45	0.50	0.50	0.50	0.50
	7	0.20	0.35	0.40	0.40	0.45	0.45	0.45	0.45	0.45	0.50	0.50	0.50	0.50	0.50
	6	0.30	0.40	0.40	0.45	0.45	0.45	0.45	0.45	0.45	0.50	0.50	0.50	0.50	0.50
	5	0.40	0.45	0.45	0.45	0.45	0.45	0.45	0.50	0.50	0.50	0.50	0.50	0.50	0.50
	4	0.50	0.45	0.45	0.45	0.50	0.50	0.50	0.50	0.50	0.50	0.50	0.50	0.50	0.50
	3	0.60	0.55	0.50	0.50	0.50	0.50	0.50	0.50	0.50	0.50	0.50	0.50	0.50	0.50
	2	0.85	0.65	0.60	0.55	0.55	0.55	0.55	0.50	0.50	0.50	0.50	0.50	0.50	0.50
	1	1.35	1.00	0.90	0.80	0.75	0.75	0.70	0.70	0.65	0.65	0.60	0.55	0.55	0.55
11	11	−0.25	0.00	0.15	0.20	0.25	0.30	0.30	0.30	0.35	0.35	0.45	0.45	0.45	0.45
	10	−0.05	0.20	0.25	0.30	0.35	0.40	0.40	0.40	0.40	0.40	0.45	0.50	0.50	0.50
	9	0.10	0.30	0.35	0.40	0.40	0.40	0.45	0.45	0.45	0.45	0.50	050	050	050
	8	0.20	0.35	0.40	0.40	0.45	0.45	0.45	0.45	0.45	0.45	0.50	0.50	0.50	0.50
	7	0.25	0.40	0.40	0.45	0.45	0.45	0.45	0.45	0.45	0.50	0.50	0.50	0.50	0.50
	6	0.35	0.40	0.45	0.45	0.45	0.45	0.45	0.50	0.50	0.50	0.50	0.50	0.50	0.50
	5	0.40	0.45	0.45	0.45	0.45	0.50	0.50	0.50	0.50	0.50	0.50	0.50	0.50	0.50
	4	0.50	0.50	0.50	0.50	0.50	0.50	0.50	0.50	0.50	0.50	0.50	0.50	0.50	0.50
	3	0.65	0.55	0.50	0.50	0.50	0.50	0.50	0.50	0.50	0.50	0.50	0.50	0.50	0.50
	2	0.85	0.65	0.60	0.55	0.55	0.55	0.55	0.50	0.50	0.50	0.50	0.50	0.50	0.50
	1	1.35	1.05	0.90	0.80	0.75	0.75	0.70	0.70	0.65	0.65	0.60	0.55	0.55	0.55
12	↓1	−0.30	0.00	0.15	0.20	0.25	0.30	0.30	0.30	0.35	0.35	0.40	0.45	0.45	0.45
	2	−0.10	0.20	0.25	0.30	0.35	0.40	0.40	0.40	0.40	0.40	0.45	0.45	0.45	0.50
	3	0.05	0.25	0.35	0.40	0.40	0.40	0.45	0.45	0.45	0.45	0.45	0.50	0.50	0.50
	4	0.15	0.30	0.40	0.40	0.45	0.45	0.45	0.45	0.45	0.45	0.50	0.50	0.50	0.50
	5	0.25	0.35	0.50	0.45	0.45	0.45	0.45	0.45	0.45	0.45	0.50	0.50	0.50	0.50
	6	0.30	0.40	0.50	0.45	0.45	0.45	0.45	0.50	0.50	0.50	0.50	0.50	0.50	0.50
	7	0.35	0.40	0.55	0.45	0.45	0.45	0.50	0.50	0.50	0.50	0.50	0.50	0.50	0.50
	8	0.35	0.45	0.55	0.45	0.50	0.50	0.50	0.50	0.50	0.50	0.50	0.50	0.50	0.50
	中间	0.45	0.45	0.55	0.45	0.50	0.50	0.50	0.50	0.50	0.50	0.50	0.50	0.50	0.50
	4	0.55	0.50	0.50	0.50	0.50	0.50	0.50	0.50	0.50	0.50	0.50	0.50	0.50	0.50
	3	0.65	0.55	0.50	0.50	0.50	0.50	0.50	0.50	0.50	0.50	0.50	0.50	0.50	0.50
	2	0.70	0.70	0.60	0.55	0.55	0.55	0.55	0.50	0.50	0.50	0.50	0.50	0.50	0.50
	↑1	1.35	1.05	0.90	0.80	0.75	0.70	0.70	0.70	0.65	0.65	0.60	0.55	0.55	0.55

附表 4-3　上下层横梁线刚度比对 y_0 的修正值 y_1

I \ K	0.1	0.2	0.3	0.4	0.5	0.6	0.7	0.8	0.9	1.0	2.0	3.0	4.0	5.0
0.4	0.55	0.40	0.30	0.25	0.20	0.20	0.20	0.15	0.15	0.15	0.05	0.05	0.05	0.05
0.5	0.45	0.30	0.20	0.25	0.15	0.15	0.15	0.10	0.10	0.10	0.05	0.05	0.05	0.05
0.6	0.30	0.20	0.15	0.15	0.10	0.10	0.10	0.10	0.05	0.05	0.05	0.05	0.00	0.00
0.7	0.20	0.15	0.10	0.10	0.10	0.10	0.05	0.05	0.05	0.05	0.05	0.00	0.00	0.00
0.8	0.15	0.10	0.05	0.05	0.05	0.05	0.05	0.05	0.05	0.00	0.00	0.00	0.00	0.00
0.9	0.05	0.05	0.05	0.05	0.00	0.00	0.00	0.00	0.00	0.00	0.00	0.00	0.00	0.00

注： $I = \dfrac{i_1 + i_2}{i_3 + i_4}$，当 $i_1 + i_2 > i_3 + i_4$ 时，取 $I = \dfrac{i_3 + i_4}{i_1 + i_2}$，同时在查得的 y_1 值前加负号"—"；

$K = \dfrac{i_1 + i_2 + i_3 + i_4}{2i_c}$

附表 4-4　上下层层高变化对 y_0 的修正值 y_2 和 y_3

α_2	α_3 \ K	0.1	0.2	0.3	0.4	0.5	0.6	0.7	0.8	0.9	1.0	2.0	3.0	4.0	5.0
2.0	—	0.25	0.15	0.15	0.10	0.10	0.10	0.10	0.10	0.05	0.05	0.05	0.05	0	0
1.8	—	0.20	0.15	0.10	0.10	0.10	0.05	0.05	0.05	0.05	0.05	0.05	0	0	0
1.6	0.4	0.15	0.10	0.10	0.05	0.05	0.05	0.05	0.05	0.05	0.05	0	0	0	0
1.4	0.6	0.10	0.05	0.05	0.05	0.05	0.05	0.05	0.05	0.05	0	0	0	0	0
1.2	0.8	0.05	0.05	0.05	0	0	0	0	0	0	0	0	0	0	0
1.0	1.0	0	0	0	0	0	0	0	0	0	0	0	0	0	0
0.8	1.2	−0.05	−0.05	−0.05	0	0	0	0	0	0	0	0	0	0	0
0.6	1.4	−0.10	−0.05	−0.05	−0.05	−0.05	−0.05	−0.05	−0.05	−0.05	0	0	0	0	0
0.4	1.6	−0.15	−0.10	−0.10	−0.05	−0.05	−0.05	−0.05	−0.05	−0.05	−0.05	0	0	0	0
—	1.8	−0.20	−0.15	−0.10	−0.10	−0.10	−0.05	−0.05	−0.05	−0.05	−0.05	−0.05	0	0	0
—	2.0	−0.25	−0.15	−0.15	−0.10	−0.10	−0.10	−0.10	−0.10	−0.05	−0.05	−0.05	−0.05	0	0

注： y_2——按照 K 及 α_2 求得，上层较高时为正值；

y_3——按照 K 及 α_3 求得

5

多层砌体结构房屋抗震设计

本章叙述了多层砌体结构房屋的主要结构体系及其震害特点；介绍了多层砌体结构房屋抗震设计的一般规定；重点讨论了砌体结构抗震计算和抗震构造措施等方面的抗震设计问题，并给出了设计例题。

5.1　概述

砌体结构是指由黏土砖、混凝土砌块等砌成的结构，砌体结构房屋包括砌体承重的单、多层房屋，底部框架—抗震墙多层房屋和内框架房屋等多种结构形式。多层砌体房屋是指以黏土砖、粉煤灰中砌块和混凝土中、小砌块作为承重墙体，并采用钢筋混凝土（装配或现浇）楼盖、屋盖的混合结构房屋。这种房屋具有就地取材、节约钢材、构造简单等优点，在我国建筑工程中应用较广泛。在今后一定时期内，砌体房屋仍将是我国城乡建筑中主要结构形式之一。底部框架—抗震墙房屋是指底部一层或两层由钢筋混凝土框架—抗震墙承重，上部由多层砖墙承重的结构，常用于中、小城市临街的住宅、旅馆、办公楼等建筑。这些建筑由于规划上的要求往往在底部设置商店，房屋底部一层或两层因使用上需要较大空间而采用钢筋混凝土框架—抗震墙结构，房屋上部因使用上需要较多隔断，纵横墙体较多，故利用砖墙承重，形成底部框架—抗震墙、上部砖房的结构形式。

5.2　震害现象及其分析

砌体结构房屋以砌筑的墙体为主要承重构件。地震时，砌体结构同时承受重力荷载和水平及竖向地震作用，受力复杂，结构破坏情况随结构类型和构造措施的不同而有所不同，大致有如下震害现象：

1）房屋倒塌

当房屋墙体特别是底层墙体整体抗震强度不足时，易造成房屋整体倒塌；当房屋局部或上层墙体抗震强度不足时,易发生局部倒塌;当个别部位构件间连接强度不足时,易造成局部倒塌。

2) 墙体开裂、破坏(图5-1)

墙体裂缝形式主要是水平裂缝、斜裂缝、交叉裂缝和竖向裂缝。墙体出现斜裂缝主要是抗剪强度不足,高宽比较小的墙片易出现斜裂缝,高宽比较大的窗间墙易出现水平偏斜裂缝,当墙片平面外受弯时易出现水平裂缝,当纵横墙交接处连接不好时易出现竖向裂缝。

图5-1　墙体开裂

3) 墙角破坏

墙角处于纵横两个方向地震作用的交汇处,应力状态复杂,因而破坏形态多样,通常有受剪斜裂缝、受压竖向裂缝、块材被压碎或墙角脱落。

4) 纵横墙连接破坏(图5-2)

一般是因为施工时纵横墙没有很好地咬槎,连接差,加之地震时两个方向的地震作用,使连接处受力复杂,应力集中,这种破坏将导致整片纵墙外闪甚至倒塌。

图5-2　纵横墙连接破坏

5）楼梯间破坏

主要是墙体破坏，而楼梯本身很少破坏。这是因为楼梯在水平方向刚度大，不易破坏，而墙体在高度方向缺乏有力支撑，空间刚度差，且高厚比较大，稳定性差，容易造成破坏。

6）楼盖与屋盖破坏

主要是由于楼板支承长度不足，引起局部倒塌，或是其下部的支承墙体破坏倒塌，引起楼、屋盖倒塌。

7）附属构件的破坏

主要是由于这些构件与建筑物本身连接较差等原因，在地震时造成大量破坏。如突出屋面的小烟囱、女儿墙、门脸或附墙烟囱的倒塌，隔墙等非结构构件、室内外装饰等开裂、倒塌。

上述破坏大体可以归纳为3类：①由于房屋结构布置不当引起的破坏；②由于结构或构件承载力不足而引起的破坏；③是由于构造或连接方面存在缺陷引起的破坏。在抗震设计中，应在总结震害经验的基础上，按规范要求，采取合理可靠的抗震对策，从而有效地提高砌体结构房屋的抗震能力。

5.3 抗震设计基本要求

1）多层砌体房屋的结构体系

多层砌体房屋的结构体系，应符合下列要求：

（1）应优先采用横墙承重或纵横墙共同承重的结构体系。

（2）纵横墙的布置宜均匀对称，沿平面内宜对齐，沿竖向应上下连续；同一轴线上的窗间墙宽度宜均匀。

（3）房屋有下列情况之一时宜设置防震缝，缝两侧均应设置墙体，缝宽应根据烈度和房屋高度确定，可采用70～100 mm：

① 房屋立面高差在6 m以上。

② 房屋有错层，且楼板高差大于层高的1/4。

③ 各部分结构刚度、质量截然不同。

（4）楼梯间不宜设置在房屋的尽端和转角处。

（5）不应在房屋转角处设置转角窗。

（6）横墙较少、跨度较大的房屋，宜采用现浇钢筋混凝土楼、屋盖。

2）多层房屋的总高度和层数限值

（1）一般情况下，房屋的层数和总高度不应超过表5-1的规定。

表 5-1　多层砌体房屋的层数和总高度(m)限值

房屋类别		最小抗震墙厚度(mm)	烈　　　度										
			6		7				8				9	
			0.05g		0.10g		0.15g		0.20g		0.30g		0.40g	
			高度	层数	高度	层数	高度	层数	高度	层数	高度	层数	高度	层数
多层砌体房屋	普通砖	240	21	7	21	7	21	7	18	6	15	5	12	4
	多孔砖	240	21	7	21	7	18	6	18	6	15	5	9	3
	多孔砖	190	21	7	18	6	15	5	15	5	12	4	9	3
	小砌块	190	21	7	21	7	18	6	18	6	15	5	9	3
底部框架—抗震墙砌体房屋	普通砖多孔砖	240	22	7	22	7	19	6	16	5	—	—	—	—
	多孔砖	190	22	7	19	6	16	5	13	4	—	—	—	—
	小砌块	190	22	7	22	7	19	6	16	5	—	—	—	—

注：① 房屋的总高度指室外地面到主要屋面板板顶或檐口的高度,半地下室从地下室室内地面算起,全地下室和嵌固条件好的半地下室应允许从室外地面算起;对带阁楼的坡屋面应算到山尖墙的 1/2 高度处;

② 室内外高差大于 0.6 m 时,房屋总高度应允许比表中数据适当增加,增加量应少于 1.0 m;

③ 乙类的多层砌体房屋应允许按本地区设防烈度查表,但层数应减少一层且总高度应降低 3 m;

④ 本表小砌块砌体房屋不包括配筋混凝土空心小型砌块砌体房屋。

(2) 对医院、教学楼等横墙较少的多层砌体房屋,总高度应比表 5-1 的规定降低 3 m,层数相应减少一层;各层横墙很少的多层砌体房屋,还应再减少一层。

(3) 6、7 度时横墙较少的多层砖砌体住宅楼,当按规定采取加强措施并满足抗震承载力要求时,其高度和层数应允许仍按表 5-1 的规定采用。

(4) 采用蒸压灰砂砖和蒸压粉煤灰砖的砌体的房屋,当砌体的抗剪强度仅达到普通黏土砖砌体的 70% 时,房屋的层数应比普通砖房减少一层,总高度应减少 3 m;当砌体的抗剪强度达到普通黏土砖砌体的取值时,房屋的层数和总高度同普通砖房屋。

3) 房屋的高宽比

当房屋的高宽比大时,地震时易于发生整体弯曲破坏。多层砌体房屋不作整体弯曲验算,但为了保证房屋的稳定性,房屋总高度和总宽度的最大比值应满足表 5-2 的要求。

表 5-2　房屋最大高宽比

烈　　度	6	7	8	9
最大高宽比	2.5	2.5	2.0	1.5

注：单面走廊房屋的总宽度不包括走廊宽度。

4) 抗震横墙的间距

抗震横墙的多少直接影响到房屋的空间刚度。横墙数量多、间距小,结构的空间刚度就大,抗震性能就好;反之,结构抗震性能就差。同时,横墙间距的大小还与楼盖传递水平地震力的需求相联系。横墙间距过大时,楼盖刚度可能不足以传递水平地震力到相邻墙体。因此,为了保证结构的空间刚度、保证楼盖具有足够能力传递水平地震力给墙体的水平刚度,多层砌体房屋的抗震横墙间距不应超过表5-3中的规定值。

表5-3 多层砌体房屋抗震横墙最大间距(m)

房屋类别		烈 度			
		6	7	8	9
多层砌体房屋	现浇和装配整体式钢筋混凝土楼、屋盖	15	15	11	7
	装配式钢筋混凝土楼、屋盖	11	11	9	4
	木屋盖	9	9	4	—
底部框架—抗震墙砌体房屋	上部各层	同多层砌体房屋			—
	底层或底部两层	18	15	11	

注:① 多层砌体房屋的顶层,除木屋盖外的最大横墙间距应允许适当放宽,但应采取相应加强措施。
② 多孔砖抗震横墙厚度为190 mm时,最大横墙间距应比表中数值减少3 m。

5)房屋的局部尺寸

为避免结构中的抗震薄弱环节,防止因某些局部部位破坏引起房屋的倒塌,房屋中砌体墙段的局部尺寸限值宜符合表5-4的要求。

表5-4 房屋的局部尺寸限值(m)

部 位	烈 度			
	6	7	8	9
承重窗间墙最小宽度	1.0	1.0	1.2	1.5
承重外墙尽端至门窗洞边的最小距离	1.0	1.0	1.2	1.5
非承重外墙尽端至门窗洞边的最小距离	1.0	1.0	1.0	1.0
内墙阳角至门窗洞边的最小距离	1.0	1.0	1.5	2.0
无锚固女儿墙(非出入口处)的最大高度	0.5	0.5	0.5	0.0

6)对结构材料的要求

普通砖和多孔砖的强度等级不应低于MU10,其砌筑砂浆强度等级不应低于M5;混凝土小型空心砌块的强度等级不应低于MU7.5,其砌筑砂浆强度等级不应低于Mb7.5。

5.4 多层砌体房屋抗震设计

多层砌体结构所受地震作用主要包括水平作用、垂直作用和扭转作用。一般来说,垂直地震作用对多层砌体结构所造成的破坏比例相对较小,而扭转作用可以通过在平面布置中注意结构对称性得到缓解。因此,对多层砌体结构的抗震计算,一般只要求进行水平地震作用条件下的计算。计算的归结点,是对薄弱区段的墙体进行抗剪强度的复核。

多层砌体结构的抗震验算,一般包括 3 个基本步骤:确立计算简图;分配地震剪力;对不利墙段进行抗震验算。

5.4.1　计算简图

首先确定地震作用下多层砌体结构房屋的计算简图,在确定其计算简图时,有以下假定:
（1）将水平地震作用在建筑物两个主轴方向分别进行抗震验算。
（2）地震作用下结构的变形为剪切型。
（3）房屋各层楼盖水平刚度无限大,各抗侧力构件在同一楼层标高处侧移相同。

多层砌体房屋地震作用计算时,以防震缝所划分的结构单元作为计算单元,把计算单元中各楼层重力荷载代表值集中在楼、屋盖标高处,简化为串联的多质点体系如图 5-3 所示。各楼层质点重力荷载应包括楼、屋盖上的重力荷载代表值及墙体上、下层各半的重力荷载。

计算简图中结构底部固定端标高的取法:对于多层砌体结构房屋,当基础埋置较浅时,取为基础顶面;当基础埋置较深时,可取为室外地坪下 0.5 m 处;当设有整体刚度很大的全地下室时,则取为地下室顶板处;当地下室整体刚度较小或为半地下室时,则应取为地下室室内地坪处。

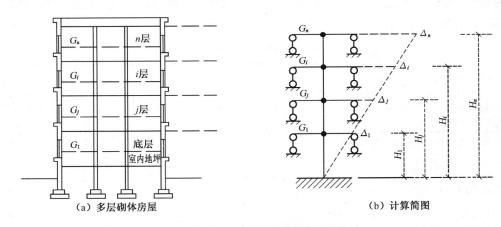

（a）多层砌体房屋　　　　　　　　　　（b）计算简图

图 5-3　多层砌体房屋的计算简图

5.4.2　水平地震作用和楼层地震剪力计算

多层砌体结构房屋的质量与刚度沿高度分布一般比较均匀,且以剪切变形为主,故可以按本书 3.6 节所述底部剪力法计算地震作用。考虑到多层砌体房屋中纵向或横向承重墙体的数量较多,房屋的侧向刚度很大,因而其纵向和横向基本周期较短,一般均不超过 0.25 s。所以《建筑抗震设计规范》规定:对于多层砌体房屋确定水平地震作用时,采用 $\alpha_1 = \alpha_{max}$。α_{max} 为水平地震影响系数最大值且不用考虑顶层附加水平地震作用标准值 ΔF_n。结构底部地震剪力为

$$F_{EK} = \alpha_{max}G_{eq} \tag{5-1}$$

各楼层水平地震作用标准值 F_i 为

$$F_i = \frac{G_i H_i}{\sum\limits_{i=1}^{n} G_i H_i} F_{\mathrm{EK}} \quad (i = 1, 2, \cdots, n)$$

(5-2)

作用于第 i 层的楼层地震剪力标准值 V_i 为 i 层以上的地震作用标准值之和,即

$$V_i = \sum_{j=i}^{n} F_j$$

(5-3)

对于突出屋面的屋顶间、女儿墙、烟囱等,其地震作用应乘以地震增大系数 3,以考虑鞭梢效应。但增大的 2 倍不应往下传递,即计算房屋下层层间地震剪力时不考虑上述地震作用增大部分的影响,但在设计时与该突出部分相连的构件应予计入。

5.4.3　楼层地震剪力在各墙体间的分配

在多层砌体房屋中,墙体是主要抗侧力构件。沿某一水平方向作用的楼层地震剪力 V_i 由同一层墙体中与该方向平行的各墙体共同承担,通过屋盖和楼盖将其传给各墙体。因此,楼层地震剪力在各墙体间的分配,决定于楼、屋盖的水平刚度和各墙体的抗侧力刚度等因素。

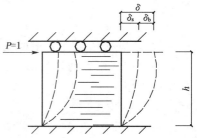

图 5-4　墙体侧移柔度

1) 墙体的抗侧力刚度

设某墙体如图 5-4 所示,墙体高度、宽度和厚度分别为 h、b 和 t。当其顶端作用有单位侧向力时,产生侧移 δ,称之为该墙体的侧移柔度。如只考虑墙体的剪切变形,其侧移柔度为

$$\delta_{\mathrm{s}} = \frac{\xi h}{AG} = \frac{\xi h}{btG}$$

(5-4)

如只考虑墙体的弯曲变形,其侧移柔度为

$$\delta_{\mathrm{b}} = \frac{h^3}{12EI} = \frac{1}{Et} \left(\frac{h}{b}\right)^3$$

(5-5)

式中:h——墙体高度;

$\quad b$、t —— 墙体的宽度、厚度;

$\quad I$——墙体水平截面惯性矩;

$\quad E$——砌体弹性模量;

$\quad A$——墙体水平截面面积;

$\quad \xi$——截面剪应力不均匀系数,对矩形截面取 $\xi = 1.2$;

$\quad G$——砌体剪切弹性模量,一般取 $G = 0.4E$。

墙体抗侧力刚度 K 是侧移柔度的倒数。对于同时考虑弯曲、剪切变形的构件,其侧移刚度为

$$K = \frac{1}{\delta} = \frac{1}{\delta_b + \delta_s} = \frac{Et}{\frac{h}{b}\left[\left(\frac{h}{b}\right)^2 + 3\right]} \tag{5-6}$$

而对于仅考虑剪切变形的墙体,其侧移刚度为

$$K = \frac{1}{\delta_s} = \frac{Et}{3\frac{h}{b}} \tag{5-7}$$

2) 横向水平地震剪力的分配

按照楼盖水平刚度的不同,横向水平地震剪力采用不同的分配方法。

(1) 刚性楼盖

对于抗震横墙最大间距满足表 5-3 的现浇及装配整体式钢筋混凝土楼盖房屋(如图 5-5 所示),当受横向水平地震作用时,可以认为楼盖在其平面内没有变形。此时各抗震横墙所分担的水平地震剪力与其抗侧力刚度成正比。因此,宜按同一层各横墙抗侧力刚度的比例分配。设第 i 层共有 m 道横墙,其中第 j 道横墙承受的地震剪力为 V_{ij},则

$$V_{ij} = \frac{K_{ij}}{\sum_{j=1}^{m} K_{ij}} V_i \tag{5-8}$$

式中:K_{ij}——第 i 层第 j 道横墙的侧移刚度。

当可以只考虑剪切变形,且同一层墙体材料及高度均相同,则将式(5-7)代入式(5-8),经简化后可得

$$V_{ij} = \frac{A_{ij}}{\sum_{j=1}^{m} A_{ij}} V_i \tag{5-9}$$

式中:A_{ij}——第 i 层第 j 片墙体的净横截面面积。

(2) 柔性楼盖

对于木楼盖等柔性楼盖房屋,由于其本身刚度小,在地震剪力作用下,楼盖平面变形除平移外尚有弯曲变形,可将其视为水平支承在各抗震横墙上的多跨简支梁(如图 5-6 所示)。各横墙所承担的地震作用为该墙两侧各横墙之间各一半面积的楼盖上的重力荷载所产生的地震作用。各横墙所承担的地震剪力,可按各墙所承担的上述重力荷载代表值比例进行分配,即

$$V_{ij} = \frac{G_{ij}}{G_i} V_i \tag{5-10}$$

式中:G_{ij}——第 i 层楼盖上、第 j 道墙与左右两侧相邻横墙之间各一半楼盖面积(从属面积)上所承担的重力荷载代表值;

G_i——第 i 层楼盖上所承担的总重力荷载。

当楼层上重力荷载均匀分布时,上述计算可进一步简化为按各墙体从属面积的比例进行分配,即

$$V_{ij} = \frac{A_{ij}^f}{A_i^f} V_i \tag{5-11}$$

式中：A_{ij}^f——第 i 层楼盖、第 j 道墙体的从属面积；

A_i^f——第 i 层楼盖总面积。

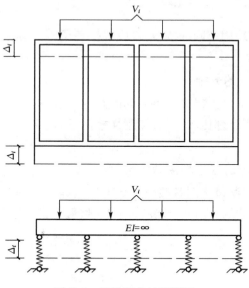

图 5-5 刚性楼盖计算简图

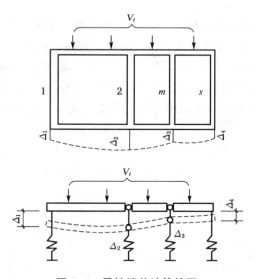

图 5-6 柔性楼盖计算简图

（3）中等刚度楼盖

采用小型预制板的装配式钢筋混凝土楼盖房屋，其楼盖刚度介于刚性楼盖和柔性楼盖之间。我国《建筑抗震设计规范》建议采用前述两种分配算法的平均值计算地震剪力，即

$$V_{ij} = \frac{1}{2}\left[\frac{K_{ij}}{\sum\limits_{j=1}^{m}K_{ij}} + \frac{G_{ij}}{G_i}\right]V_i \tag{5-12}$$

当墙高相同,所用材料相同且楼盖上重力荷载分布均匀时,可采用

$$V_{ij} = \frac{1}{2}\left(\frac{A_{ij}}{A_i} + \frac{A_{ij}^f}{A_i^f}\right)V_i \tag{5-13}$$

同一种建筑物中各层采用不同的楼盖时,应根据各层楼盖类型分别按上述 3 种方法分配楼层地震剪力。

3) 纵向水平地震剪力的分配

房屋纵向尺寸一般比横向大得多。纵墙的间距在一般砌体房屋中也比较小。因此,不论哪种楼盖,在房屋纵向的刚度都比较大,可按刚性楼盖考虑。即纵向楼层地震剪力可按各纵墙侧移刚度比例进行分配。

4) 同一道墙各墙段间的水平地震剪力分配

对于同一道墙体,门窗洞口之间各墙肢所承担的地震剪力可按各墙肢的侧移刚度比例再进行分配。设第 j 道墙上共划分出 s 个墙肢,则第 r 墙肢分配的地震剪力为

$$V_{jr} = \frac{K_{jr}}{\sum\limits_{r=1}^{s} K_{jr}}V_{ij} \tag{5-14}$$

式中:K_{jr}——第 j 墙体第 r 墙肢的侧移刚度。

墙段抗侧力刚度应按下列原则确定:

(1) 刚度的计算应计及高宽比的影响。这是因为对于不同的高宽比,其墙体变形中弯曲、剪切所占比例是不同的。这里,高宽比指层高与墙长之比,对门窗洞边的小墙段指洞净高与洞侧墙宽之比。当 $h/b \leqslant 1$ 时,墙体变形以剪切变形为主,墙肢高度可按式(5-7)计算;当 $1 < h/b \leqslant 4$ 时,弯曲变形和剪切变形在总变形中均占相当比例,墙肢高度应按式(5-6)计算;当 $h/b > 4$ 时,墙体变形以弯曲变形为主,此时,由于侧向变形大,故可以不计其抗侧力贡献,即对于 $h/b > 4$ 的墙肢,可取 $K_{jr} = 0$。

(2) 墙段宜按门窗洞口划分。对小开口墙段,为了避免计算的复杂性,可以按不考虑开洞计算墙体刚度,然后将所得值根据墙体开洞率乘以表 5-5 中的洞口影响系数,即得开洞墙体的刚度。

表 5-5 墙段洞口影响系数

开洞率	0.10	0.20	0.30
影响系数	0.98	0.94	0.88

注:开洞率为洞口水平截面积与墙段水平毛面积之比;相邻洞口之间净宽小于 500 mm 的墙段视为洞口。

5.4.4 墙体抗震承载力验算

(1) 普通砖、多孔砖墙体的截面抗震受剪承载力,应按下列规定验算:

① 一般情况下,应按下式验算:

$$V \leqslant \frac{f_{vE}A}{\gamma_{RE}} \tag{5-15}$$

式中:V——墙体地震剪力设计值;

$\quad A$——墙体横截面积,多孔砖取毛截面面积;

$\quad \gamma_{RE}$——承载力抗震调整系数,一般承重墙体 $\gamma_{RE}=1.0$;两端均有构造柱约束的承重墙体 $\gamma_{RE}=0.9$;自承重墙体 $\gamma_{RE}=0.75$;

$\quad f_{vE}$——砖砌体沿阶梯形截面破坏的抗震强度设计值,按下式计算:

$$f_{vE}=\xi_N f_v \qquad (5-16)$$

$\quad f_v$——非抗震设计的砌体抗剪强度设计值,可按我国砌体结构设计规范采用;

$\quad \xi_N$——砌体强度的正应力影响系数,可按表 5-6 采用。

表 5-6 砌体强度的正应力影响系数

砌体类别	σ_0/f_v							
	0.0	1.0	3.0	5.0	7.0	10.0	12.0	≥16.0
普通砖、多孔砖	0.80	0.99	1.25	1.47	1.65	1.90	2.05	—
混凝土小砌块	—	1.23	1.69	2.15	2.57	3.02	3.32	3.92

注:σ_0 为对应于重力荷载代表值的砌体截面平均压应力。

② 水平配筋普通砖、多孔砖墙体的截面抗震受剪承载力,应按下式验算:

$$V \leqslant \frac{1}{\gamma_{RE}}(f_{vE}A+\xi_s f_{yh}A_{sh}) \qquad (5-17)$$

式中:f_{yh}——钢筋抗拉强度设计值;

$\quad A_{sh}$——水平钢筋抗拉强度设计值;

$\quad \xi_s$——钢筋参与工作系数,可按表 5-7 采用。

表 5-7 钢筋参与工作系数

墙体高宽比	0.4	0.6	0.8	1.0	1.2
ζ_s	0.10	0.12	0.14	0.15	0.12

③ 当按式(5-15)、式(5-17)验算不满足要求时,可计入设置于墙段中部、截面不小于 240 mm×240 mm(墙厚为 190 mm 时为 240 mm×190 mm),且间距不大于 4 m 的构造柱对受剪承载力的提高作用,按下列简化方法验算:

$$V \leqslant \frac{1}{\gamma_{RE}}[\eta_c f_{vE}(A-A_c)+\zeta_c f_t A_c+0.08f_{yc}A_{sc}+\zeta_c f_{yh}A_{sh}] \qquad (5-18)$$

式中:A_c——中部构造柱的横截面总面积(对横墙和内纵墙,$A_c > 0.15A$ 时,取 $0.15A$;对外纵墙,$A_c > 0.25A$ 时,取 $0.25A$);

$\quad f_t$——中部构造柱的混凝土轴心抗拉强度设计值;

$\quad A_{sc}$——中部构造柱的纵向钢筋截面总面积(配筋率不小于 0.6%、大于 1.4% 时取 1.4%);

$\quad f_{yc}$——钢筋抗拉强度设计值;

$\quad \zeta_c$——中部构造柱参与工作系数,居中设 1 根时取 0.5,多于 1 根时取 0.4;

$\quad \eta_c$——墙体约束修正系数一般情况取 1.0,构造柱间距不大于 3 m 时取 1.1。

（2）混凝土小砌块墙体的截面抗震受剪承载力,应按下式验算:

$$V \leqslant \frac{1}{\gamma_{RE}}\left[f_{vE}A + (0.3f_tA_c + 0.05f_yA_s)\zeta_c\right] \tag{5-19}$$

式中:f_t——芯柱混凝土轴心抗拉强度设计值;

$\quad\quad A_c$——芯柱截面总面积;

$\quad\quad A_s$——芯柱钢筋截面总面积;

$\quad\quad f_y$——芯柱钢筋抗拉强度设计值;

$\quad\quad \zeta_c$——芯柱参与工作系数,按表5-8查取,表中填孔率系指芯柱根数(含构造柱)与孔洞
总数之比。

表5-8 芯柱影响系数

填孔率 ρ	$\rho < 0.15$	$0.15 \leqslant \rho < 0.25$	$0.25 \leqslant \rho < 0.5$	$\rho \geqslant 0.5$
ζ_c	0	1.0	1.10	1.15

5.5 多层砌体房屋抗震构造措施

结构抗震构造措施的主要目的在于加强结构的整体性,保证抗震设计目标的实现,弥补抗
震计算的不足。对于多层砌体结构,由于抗震验算仅对承受水平地震剪力的墙体进行,因而对
其抗震构造更要加以注意。

5.5.1 设置钢筋混凝土构造柱

在多层砌体结构中设置钢筋混凝土构造柱或芯柱,可以提高墙体的抗剪强度,大大增强房
屋的变形能力。在墙体开裂之后,构造柱与圈梁所形成的约束体系可以有效地限制墙体的散
落,使开裂墙体以滑移、摩擦等方式消耗地震能量,保证房屋不致倒塌。

1）钢筋混凝土构造柱

对多层砖房,应按表5-9要求设置钢筋混凝土构造柱。对外廊式或单面走廊式的多层砖
房、教学楼或医院等横墙较少的房屋,应根据房屋增加一层后的层数按表5-9设置构造柱,且
单面走廊两侧的纵墙均应按外墙处理。

构造柱最小截面尺寸可采用180 mm×240 mm(墙厚190 mm时为180 mm×190 mm),
纵向钢筋宜采用4φ12,箍筋间距不宜大于250 mm,且在柱上下端应适当加密。6、7度时超过6
层,8度时超过5层和9度时,构造柱纵筋宜采用4φ14,箍筋间距不宜大于200 mm;房屋四角的
构造柱应适当加大截面及配筋。

对钢筋混凝土构造柱的施工,应要求先砌墙、后浇柱,墙、柱连接处宜砌成马牙槎,并应沿
墙高每隔0.5 m设2φ6拉结钢筋和φ4分布短钢筋平面内点焊组成的拉结网片或φ4点焊钢筋
网片,每边伸入墙内不宜小于1 m。

构造柱与圈梁连接处,构造筋的纵筋应在圈梁纵筋内侧穿过,保证构造柱纵筋上下贯通。

构造柱可不单独设置基础,但应伸入室外地面下 0.5 m,或与埋深小于 0.5 m 的基础圈梁相连。

表 5-9　多层砖砌体房屋构造柱设置要求

房　屋　层　数				设置的部位	
6 度	7 度	8 度	9 度		
四、五	三、四	二、三		楼、电梯间四角,楼梯斜楼段上下端对应的墙体处 外墙四角和对应转角 错层部位横墙与外纵墙交接处 大房间内外墙交接处 较大洞口两侧	隔 12 m 或单元横墙与外纵墙交接处
六	五	四	二		隔开间横墙(轴线)与外墙交接处;山墙与内纵墙交接处
七	≥六	≥五	≥三		内墙(轴线)与外墙交接处 内墙的局部较小墙垛处 内纵墙与横墙(轴线)交接处

2) 钢筋混凝土芯柱

对多层砌块房屋,应要求设置钢筋混凝土芯柱。其中,对混凝土小砌块房屋,可按表 5-10 要求设置芯柱。

表 5-10　多层小砌块房屋芯柱设置要求

房　屋　层　数				设　置　部　位	设　置　数　量
6 度	7 度	8 度	9 度		
四、五	三、四	二、三		外墙转角,楼、电梯间四角,楼梯斜梯段上下端对应的墙体处;大房间内外墙交接处;错层部位横墙与外纵墙交接处;每隔 12 m 或单元横墙与外纵墙交接处	外墙转角,灌实 3 个孔;内外墙交接处,灌实 4 个孔;楼梯斜段上下端对应的墙体处,灌实 2 个孔
六	五	四		同上; 隔开间横墙(轴线)与外纵墙交接处	
七	六	五	二	同上; 各内墙(轴线)与外墙交接处; 内纵墙与横墙(轴线)交接处和门洞两侧	外墙转角,灌实 5 个孔;内外墙交接处,灌实 4 个孔;内墙交接处,灌实 4~5 个孔;洞口两侧,各灌实 1 个孔
	七	≥六	≥三	同上; 横墙内芯柱间距不大于 2 m	外墙转角,灌实 7 个孔;内外墙交接处,灌实 5 个孔;内墙交接处,灌实 4~5 个孔;洞口两侧各灌实 1 个孔

混凝土小砌块房屋芯柱截面不宜少于 120 mm×120 mm,芯柱混凝土强度等级不应低于 Cb20。芯柱与墙连接处应设置拉结钢筋网片。竖向钢筋应贯通墙身且应与每层圈梁连接。插筋不应小于 1ϕ12;对 6、7 度时超过 5 层、8 度时超过 4 层和 9 度时,插筋不应少于 1ϕ14。芯柱也应伸入室外地面下 0.5 m 或与埋深小于 0.5 m 的基础圈梁相连。

5.5.2 设置圈梁

圈梁在砌体结构抗震中可以发挥多方面的作用。它可以加强纵横墙的连接,增强楼盖的整体性,增加墙体的稳定性;可以有效地约束墙体裂缝的开展,从而提高墙体的抗震能力;还可以有效地抵抗由于地震或其他原因所引起的地基不均匀沉降对房屋的破坏作用。

装配式钢筋混凝土楼、屋盖或木楼、屋盖的砖房,横墙承重时,应按表 5-11 的要求设置圈梁;纵墙承重时,应每层设置圈梁且抗震横墙上的圈梁间距应比表 5-11 内要求适当加密。现浇或装配整体式钢筋混凝土楼、屋盖的多层砖房,当楼、屋盖与墙体有可靠连接时可不设圈梁。

砌块房屋采用装配式钢筋混凝土楼盖时,每层均要设置圈梁。现浇钢筋混凝土圈梁应在设防烈度基础上提高 1 度后按表 5-11 的相应要求设置。

表 5-11 砖房现浇钢筋混凝土圈梁设置要求

墙 类	烈 度		
	6、7	8	9
外墙及内纵墙	屋盖处及每层楼盖处	屋盖处及每层楼盖处	屋盖处及每层楼盖处
内 横 墙	同上;屋盖处间距不应大于 4.5 m;楼盖处间距不应大于 7.2 m;构造柱对应部位	同上;各层所有横墙,且间距不应大于 4.5 m;构造柱对应部位	同上;各层所有横墙

圈梁应闭合,遇有洞口应上下搭接。圈梁宜与预制板设在同一标高处或紧靠板底。圈梁的截面高度不应小于 120 mm ,配筋应符合表 5-12 的要求。为加强基础整体性和刚性而设置的基础圈梁,其截面高度不应小于 180 mm ,配筋不应少于 4ϕ12。

表 5-12 圈梁配筋要求

配 筋	烈 度		
	6、7	8	9
最小纵筋	4ϕ10	4ϕ12	4ϕ14
最大箍筋间距(mm)	250	200	150

5.5.3 加强结构各部位的连接

1)纵横墙连接

6、7 度时长度大于 7.2 m 的大房间,以及 8、9 度时外墙转角及内外墙交接处,应沿墙高每隔 0.5 m 配置 2ϕ6 的通长钢筋和 ϕ4 分布短筋平面内点焊组成的拉结网片或 ϕ4 点焊网片,且每边伸入墙内不少于 0.5 m(图 5-7)。

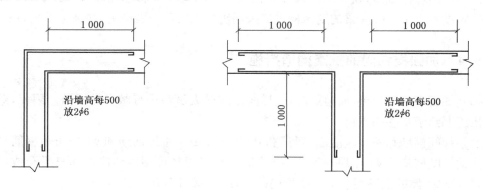

图 5-7　纵横墙的连接

后砌的非承重砌体隔墙应沿墙高每隔 0.5 m 配置 2ϕ6 钢筋与承重墙或柱拉结,并每边伸入墙内不少于 0.5 m。8 度和 9 度时长度大于 5 m 的后砌隔墙墙顶应与楼板或梁拉结,独立墙肢端部及大门洞边宜设钢筋混凝土构造柱。

混凝土小砌块房屋墙体交接处或芯柱与墙体连接处应沿墙高每隔 0.6 m 设置 ϕ4 点焊钢筋网片,网片每边伸入墙内不宜小于 1 m。

2）楼板间及楼板与墙体的连接

对房屋端部大房间的楼板,以及 8 度时房屋的屋盖和 9 度时房屋的楼屋盖,应加强钢筋混凝土预制板之间的拉结(图 5-8),以及板与梁、墙和圈梁的连接。

现浇钢筋混凝土楼板或屋面板伸进纵、横墙内的长度不应小于 120 mm。对装配式钢筋混凝土楼板或屋面板,当圈梁未设在板的同一标高时,板端伸进外墙的长度不应小于 120 mm,板端伸进内墙的长度不应小于 100 mm,在梁上不应小于 80 mm 或采

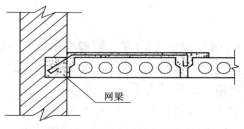

图 5-8　楼板与外墙体的拉结

用硬架支模连接。当板的跨度大于 4.8 m 并与外墙平行时,靠外墙的预制板边应与墙或圈梁拉结(图 5-9)。对装配式楼板应要求坐浆,以增强与墙体的粘结。

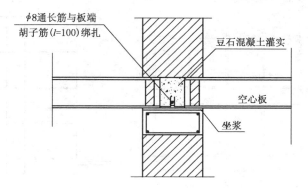

图 5-9　楼板与内墙或圈梁的拉结

楼、屋盖的钢筋混凝土梁或屋架应与墙、柱(包括构造柱)或圈梁可靠连接;6度时,梁与砖柱的连接不应削弱柱截面,独立砖柱顶部应在两个方向均有可靠连接;7~9度时不得采用独立砖柱。跨度不小于6m大梁的支承构件应采用组合砌体等加强措施,并满足承载力要求。

5.5.4 加强楼梯间的抗震构造措施

楼梯间的震害往往较重,而地震时,楼梯间是疏散人员和进行救灾的要道。因此,对其抗震构造措施要给予足够的重视。

顶层楼梯间横墙和外墙应沿墙高每隔500 mm设2ϕ6通长钢筋和ϕ4分布短钢筋平面内点焊组成的拉结网片或ϕ4点焊网片;7~9度时其他各层楼梯间墙体应在休息平台或楼层半高处设置60 mm厚的钢筋混凝土带或配筋砖带,纵向钢筋不应少于2ϕ10。

楼梯间及门厅内墙阳角处的大梁支承长度不应小于500 mm,并应与圈梁连接。

装配式楼梯段应与平台板的梁可靠连接,8、9度时不应采用装配式楼梯段;不应采用墙中悬挑式踏步或踏步竖肋插入墙体的楼梯,不应采用无筋砖砌栏板。

突出屋顶的楼、电梯间,构造柱应伸到顶部,并与顶部圈梁连接,所有墙体应沿墙高每隔500 mm设2ϕ6通长拉结钢筋和ϕ4分布短钢筋平面内点焊组成的拉结网片或ϕ4点焊网片。

5.6 多层砌体房屋抗震计算实例

【例题5-1】 某4层混合结构办公楼,平面、剖面图如图5-10所示。楼盖和屋盖采用钢筋混凝土预制空心板,横墙承重。窗洞尺寸为1.5 m×1.8 m,房间门洞尺寸为1.0 m×2.5 m,走道门洞尺寸为1.0 m×2.5 m,墙厚均为240 mm,窗下墙高度0.90 m。楼面及地面厚0.20 m,室内外高差为0.60 m。楼面恒载2.70 kN/m²,活载2.00 kN/m²;屋面恒载5.35 kN/m²,雪载0.30 kN/m²。外纵墙与横墙交接处设钢筋混凝土构造柱,砖的强度等级为MU10,混合砂浆强度等级首层、二层为M7.5,三、四层为M5。设防烈度8度,设计基本地震加速度为0.20g,设计地震分组为第一组、Ⅱ类场地。结构阻尼比为0.05。试求在多遇地震作用下楼层地震剪力及验算首层横墙不利墙段截面抗震承载力。

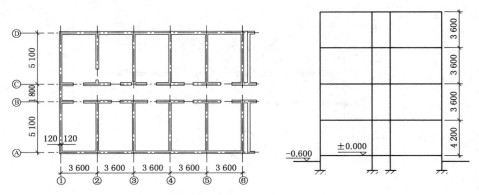

图5-10 结构平面及剖面示意图

【解】 (1) 计算集中于屋面及楼面处重力荷载代表值

按前述集中质量法和关于楼、屋面可变荷载组合系数的规定(即楼面活载和屋面雪荷载取50%,恒载取 100%),算出包括楼层墙重在内的集中于屋面及楼面处的重力荷载代表值,见图 5-11(a)。

四层顶:$G_4 = 2\,950$ kN;三层顶:$G_3 = 3\,600$ kN

二层顶:$G_2 = 3\,600$ kN;首层顶:$G_1 = 3\,950$ kN

房屋总重力代表值:$\sum G = 14\,100$ kN

$$G_{eq} = 0.85 \sum G = 0.85 \times 14\,100 = 11\,985 \text{ kN}$$

(2) 计算各楼层水平地震作用标准值及地震剪力

计算总水平地震作用(即底部剪力)标准值:

由表 3-3,查得 $\alpha_{max} = 0.16$,于是

$$F_{EK} = \alpha_{max} G_{eq} = 0.16 \times 11\,985 = 1\,917.6 \text{ kN}$$

各楼层水平地震作用和地震剪力标准值见表 5-13,F_i 和 V_j 图如图 5-11(b)、图 5-11(c)所示。

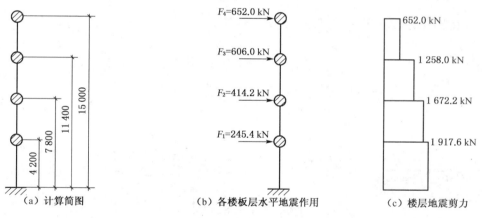

(a) 计算简图　　　　(b) 各楼板层水平地震作用　　　　(c) 楼层地震剪力

图 5-11　各层地震作用及楼层剪力

表 5-13

层位	分项					
	G_i (kN)	H_i (m)	$G_i H_i$	$\dfrac{G_i H_i}{\sum\limits_{j=1}^{n} G_j H_j}$	$F_i = \dfrac{G_i H_i}{\sum\limits_{j=1}^{n} G_j H_j} F_{EK}$	$V_j = \sum\limits_{j=1}^{n} F_j$
4	2 950	15.00	44 250	0.340	652.00	652
3	3 600	11.40	41 040	0.316	606.00	1 258
2	3 600	7.80	28 080	0.216	414.20	1 672.2
1	3 950	4.20	16 590	0.128	245.40	1 917.6
$\sum$	14 100		129 960	1.000	1 917.60	

(3) 截面抗震承载力验算

首层横墙(取②轴 C-D 墙片)验算。

① 计算各横墙的侧移刚度及总侧移刚度。

本例横墙按其是否开洞和洞口位置及大小,分为以下 3 种类型。现分别计算它们的侧移刚度。

a. 无洞横墙,如图 5-12(a)所示。

$$\rho = \frac{h}{b} = \frac{4.20}{5.34} = 0.787 < 1$$

$$k = \frac{1}{3\rho}Et = \frac{1}{3 \times 0.787}Et = 0.424Et$$

b. 有洞横墙,如图 5-12(b)所示。

$i = 1,3$ 段:

$$\rho_{(1+3)} = \frac{h_1 + h_3}{b} = \frac{0.6 + 1.1}{5.34} = 0.318 < 1$$

$$\delta_{(1+3)} = \frac{3\rho_{(1+3)}}{Et} = \frac{3 \times 0.318}{Et} = 0.955 \frac{1}{Et}$$

$i = 2$ 段:

$$\rho_{21} = \frac{h_{21}}{b_{21}} = \frac{2.50}{0.36} = 6.94 > 4, \text{不考虑承受地震剪力}$$

$$\rho_{22} = \frac{h_{22}}{b_{22}} = \frac{2.50}{3.98} = 0.628 < 1$$

$$\delta_{22} = \frac{3\rho_{22}}{Et} = \frac{3 \times 0.628}{Et} = 1.884 \frac{1}{Et}$$

单位力作用下总侧移

$$\delta = \sum \delta_i = (0.955 + 1.884)\frac{1}{Et} = 2.839 \frac{1}{Et}$$

侧移刚度

$$k = \frac{1}{\sum \delta_i} = \frac{1}{2.839}Et = 0.352Et$$

c. 有洞山墙,如图 5-12(c)所示。

$i = 1,3$ 段:

$$\rho_{(1+3)} = \frac{h_1 + h_2}{b} = \frac{0.6 + 1.1}{12.24} = 0.139 < 1$$

$$\delta_{(1+3)} = \frac{3\rho_{(1+3)}}{Et} = \frac{3 \times 0.139}{Et} = 0.417 \frac{1}{Et}$$

$i = 2$ 段:

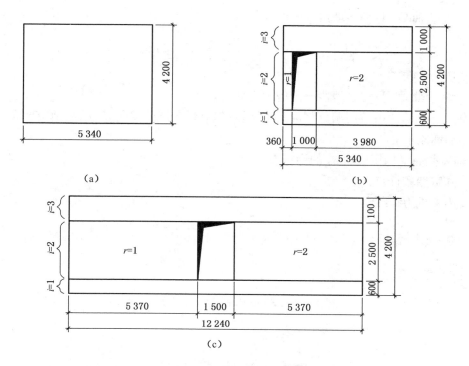

图 5-12　墙体验算简图

$$\rho_{21} = \frac{h_{21}}{b_{21}} = \frac{2.50}{5.37} = 0.466 < 1, \ \rho_{22} = \rho_{21}$$

$$k_{21} = k_{22} = \frac{1}{3\rho}Et = \frac{1}{3 \times 0.466}Et = 0.715Et$$

$$\delta_{22} = \frac{1}{\sum k_r} = \frac{1}{2 \times 0.715Et} = 0.699\frac{1}{Et}$$

单位力作用下总侧移

$$\delta = \sum \delta_i = (0.417 + 0.699)\frac{1}{Et} = 1.116\frac{1}{Et}$$

侧移刚度

$$k = \frac{1}{\sum \delta_i} = \frac{1}{1.116}Et = 0.896Et$$

首层横墙总侧移刚度

$$\sum k = (0.424 \times 7 + 0.352 \times 1 + 0.896 \times 2)Et = 5.112Et$$

② 计算首层顶板建筑面积 F_1 和所验算横墙承载面积 F_{12}。

$$F_1 = 18.24 \times 12.24 = 223.26 \ \text{m}^2$$

$$F_{12} = (5.1 + 0.9 + 0.12) \times 3.60 = 22.032 \ \text{m}^2$$

③ 计算②轴 C - D 墙各墙段分配的地震剪力。

$$V_{12} = \frac{1}{2}\left[\frac{k_{12}}{\sum k} + \frac{F_{12}}{F_1}\right]V_1 = \frac{1}{2} \times \left(\frac{0.352}{5.112} + \frac{22.03}{223.26}\right) \times 1\,917.6 = 160.63\text{ kN}$$

④ 计算②轴 C - D 墙各墙段分配的地震剪力。

② 轴 C - D 墙片虽被门洞分割成两个墙段,但靠近走道的墙段 $\rho>4$,故地震剪力 V_{12} 应完全由另一端墙段承受。

⑤ 砌体截面平均压应力 σ_0 的计算。

取 1 m 宽墙段计算:

楼板传来重力荷载

$$\left[\left(5.35 + \frac{1}{2} \times 0.3\right) + \left(2.7 + \frac{1}{2} \times 2\right) \times 3\right] \times 3.6 \times 1 = 59.76\text{ kN}$$

墙自重(算至首层 1/2 高度处)

$$[(3.60 - 0.20) \times 3 + (4.20 - 0.20)/2] \times 5.33 \times 1 = 65.03\text{ kN}$$

1/2 首层计算高度处的平均压应力

$$\delta_0 = \frac{59.76 + 65.03}{1 \times 0.24} = 519.83\text{ kN/m}^2 = 0.52\text{ N/mm}^2$$

⑥ 验算砌体截面抗震承载力。

当砂浆为 M7.5 和黏土砖时 $f_v = 0.14\text{ N/mm}^2$,$\gamma_{RE} = 1.0$。

计算砌体强度正应力影响系数

$$\xi_n = \frac{1}{1.2}\sqrt{1 + 0.45\frac{\delta_0}{f_v}} = \frac{1}{1.2}\sqrt{1 + 0.45 \times \frac{0.52}{0.14}} = 1.362$$

算出 f_{vE} $\qquad f_{vE} = \xi_n f_v = 1.362 \times 0.14 = 0.191\text{ N/mm}^2$

验算截面抗震承载力

$$\frac{f_{vE}A}{\gamma_{RE}} = \frac{0.191 \times 3.980 \times 240}{1.0} = 182\,443.2\text{ N} < V$$

$$= \gamma_{Eh}\sqrt{12} = 1.3 \times 160\,630 = 208\,819\text{ N}$$

不符合要求。可在墙段中部设置 240 mm×240 mm,配 ϕ12,采用 C20 混凝土浇筑的构造柱一根,此时截面抗剪承载力为

$$\frac{1}{\gamma_{RE}}\left[\eta_c f_{vE}(A - A_c) + \xi f_t A_c + 0.08 f_y A_s\right]$$

$$= \frac{1}{1.0}\left[1 \times 0.191 \times (3\,980 \times 240 - 240 \times 240) + 0.5 \times 1.100 + 0.08 \times 210 \times 452\right]$$

$$= 210\,715.2\text{ N} > 208\,819\text{ N}$$

符合要求。

本章小结

本章介绍了多层砌体结构的分类,分析了结构发生破坏的原因与破坏特征,给出了对多层砌体结构房屋进行抗震计算应选取的计算简图,地震作用的计算方法和步骤,楼层地震剪力在各墙体间的分配方法以及墙体抗震承载力验算的方法、步骤和抗震构造措施。

思 考 题

5.1　多层砌体房屋在地震作用下,其震害主要表现在哪些方面? 产生的原因是什么?

5.2　多层砌体房屋在抗震设计中,除进行抗震承载能力的验算外,为何更要注意概念设计及抗震构造措施的处理?

5.3　多层砌体房屋的计算简图如何选取? 地震作用如何确定? 层间地震剪力在墙体间如何分配? 墙体的抗震承载力如何验算?

5.4　圈梁和构造柱对砌体结构的抗震作用是什么?

5.5　配筋混凝土小型空心砌块抗震墙房屋与传统的多层砌体结构相比,在抗震性能和设计要求、设计方法等方面有哪些不同? 与钢筋混凝土多、高层结构相比有哪些不同?

5.6　楼层水平地震剪力的分配主要与哪些因素有关? 水平地震剪力怎样分配到各片墙和墙肢上?

5.7　某 5 层砖混办公楼,采用装配式钢筋混凝土楼盖,首层内墙和外墙厚均为 370 mm,其他楼层墙厚均为 240 mm,如图 5-13 所示。首层砖强度等级为 MU7.5,混合砂浆强度等级为 M7.5,各层层高均为 3.3 m,质点的重力荷载代表值分别为 $G_1 = 2\,834.0$ kN,$G_2 = G_3 = G_4 = 2\,316.0$ kN,$G_5 = 1\,923.0$ kN。抗震设防烈度为 7 度,设计基本加速度为 0.10g,设计地震分组为第一组,Ⅱ类场地。试进行结构抗震承载力验算。

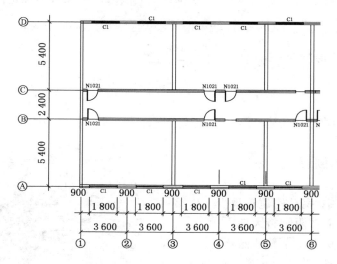

图 5-13　5 层砖混结构办公楼平面图

多层和高层钢结构建筑抗震设计

本章叙述了多层和高层钢结构建筑的主要结构体系及其震害特征;介绍了钢结构房屋抗震设计的一般规定,以及多层和高层钢结构房屋的抗震设计要求;重点讲述了多层和高层钢结构房屋的抗震计算以及多层和高层钢结构的抗震构造要求。

6.1 概述

在地震作用下,钢结构房屋由于钢材的材质均匀,其高强度的性能易于保证;轻质高强度的材料特点使钢结构房屋的自重轻,所受的地震作用减少;良好的延性性能,使钢结构具有较大的变形能力。总体来看,钢结构房屋与混凝土结构房屋相比,其抗震性能好、抗震能力强。但是,钢结构房屋如果设计与制造不当,在地震作用下,可能发生构件失稳和材料的脆性破坏,而使其优良的材料性能得不到充分发挥,结构未必具有较高的承载力和延性。

6.2 钢结构房屋的主要震害特征

震害调查表明,钢结构在地震作用下,主要表现为结构倒塌、构件破坏和连接破坏 3 种形式。

6.2.1 结构倒塌

在以往的地震中,钢结构建筑很少发生整层倒塌的破坏现象。而在阪神特大地震中,不仅一些多层钢结构在首层发生了整体破坏,甚至出现了多层钢结构在中间层发生整体破坏的现象。研究其原因,主要是楼层屈服强度系数沿高度分布不均匀,造成结构薄弱层的形成。图 6-1 为地震中某建筑支柱被折断,造成结构整体倒塌的情况。

图 6-1 某建筑整体倒塌的情形

6.2.2 构件破坏

构件破坏的形式有支撑杆件屈曲、断裂,节点板拉断、压屈,梁柱翼缘板件局部失稳破坏,柱的板件水平开裂,甚至脆性断裂等。

1) 支撑杆件的震害

截面较小的支撑杆件,地震中所受的拉力或压力超过其抗拉强度或屈曲临界力时,即发生拉断或压屈破坏。有的支撑交叉节点破裂,有的支撑在平面外变形很大。截面大些的支撑受到的破坏主要集中于支撑与邻近的连接处,如连接螺栓拉断等。图 6-2 为地震中某厂房支撑杆件失稳弯曲的例子。图 6-3 为地震中斜撑在节点处受拉断裂。

图 6-2　地震中某厂房支撑杆件失稳弯曲

图 6-3　地震中斜撑在节点处受拉断裂

2) 框架梁柱的震害

梁柱板件局部失稳、拼接处发生裂缝、翼缘层状撕裂及柱身脆性断裂是其主要破坏形式。柱在地震作用下反复受弯,在弯矩最大截面处附近,由于过度弯曲可能发生翼缘局部失稳现象,进而引起低周疲劳和断裂破坏。实验研究表明,要防止板件在往复塑性应变作用下发生局部失稳,进而引发低周疲劳破坏,就必须对支撑板件的宽厚比进行限制,且应比塑性设计的还要严格。阪神地震中,位于阪神地震区芦屋市海滨城的高层钢结构住宅有 57 根钢柱发生断裂,其中 13 根钢柱为母材断裂,7 根钢柱在与支撑连接处断裂,37 根钢柱在拼接焊缝处断裂。断裂的柱为箱形截面,高度为 $500\sim550$ mm,厚度为 $50\sim55$ mm,所有柱断裂均发生在 14 层以下的楼层里,且均为脆性受拉断裂,断口呈水平状,缝宽达 10 mm 左右。图 6-4 和图 6-5 为建筑的框架柱发生破坏。

分析震害原因认为:

(1) 竖向地震及倾覆力矩在柱中产生极大的拉力。

(2) 焊接缺陷造成薄弱部位。

(3) 箱形截面柱的壁厚达 50 mm,厚板焊接时过热,使焊缝附近钢材延性降低。

(4) 钢柱暴露于室外,地震时为日本严寒期,钢材温度低于零度。

加荷速度及变形速度尤其在低温下与破坏形态有很大关系。

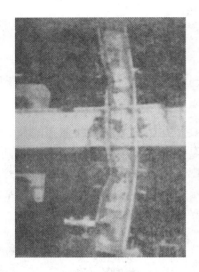

图 6-4 建筑的框架柱发生破坏

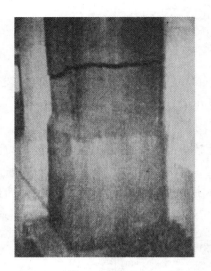

图 6-5 柱子被拉断

6.2.3 连接破坏

1）框架梁柱节点破坏

刚性连接的结构构件一般使用铆接和焊接的形式，框架梁柱节点传力集中、构造复杂、施工难度大，容易造成应力集中、强度不均衡的现象，再加上可能出现的焊缝缺陷、构造缺陷，就更容易出现节点破坏。节点域的破坏形式比较复杂，主要有加劲板的屈曲和开裂、加劲板焊缝的开裂、腹板的屈曲和裂缝。图 6-6 和图 6-7 为震后观察到的梁柱焊接连接处的实例和对应的模型。

图 6-6 梁柱节点柱焊缝裂缝

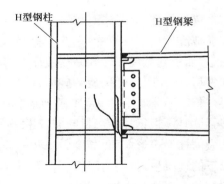

图 6-7 对应的模型

2）支撑的连接破坏

支撑构件的破坏和失稳在钢结构震害中出现较多。图 6-8 为地震发生时的塔式钢结构在强震作用下发生的支撑整体失稳、局部失稳的情况，主要原因是支撑构件为结构提供了较大的侧向刚度。当地震强度较大时，承受的轴向力（反复拉压）增加，如果支撑长度、局部加劲板构造与主体的连接构造有问题，就会发生破坏或失稳。在多次地震中都出现过支撑与节点板的连接破坏或支撑与柱的连接破坏。图6-9为某个钢结构房屋中工字形截面斜撑与柱子连接处受拉断裂的情况,其拉断的主要原因可能与焊接残余应力、地震加载下的应变速率影响有关。如果在地震时支撑所受的压力超过其屈曲临界力时,即发生压屈破坏。

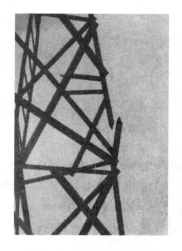

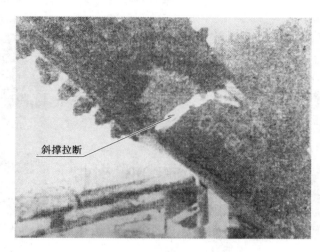

斜撑拉断

图6-8　塔式钢结构破坏　　　　　　　　图6-9　工字形截面支撑杆件拉断

3)基础锚固连接破坏

钢构件与基础的连接锚固破坏主要有螺栓拉断、混凝土锚固失效、连接板断裂等。其主要原因是设计构造、材料质量、施工质量等方面出现问题所致。图6-10为地震作用下钢柱脚出现锚固破坏的情况,原因是由于锚固力不足造成的混凝土剥落。

图6-10　柱脚锚栓破坏形式

通过上述内容可知,尽管钢结构抗震性能较好,但震害现象也是复杂多样的。原因可以归类为结构设计与计算、结构构造、施工质量、材料质量、维护情况5个方面。为了减少局部破坏的可能性,避免出现整体倒塌和整体失稳的情况,多层、高层钢结构的抗震设计必须遵循有关结构设计与施工规定,才能尽可能减少或避免生命财产的损失,减少震后修复的费用。抗震设计规范和技术标准,特别是对构件及连接构造的规定必须根据震害调查、科研成果及时补充完善,才能使钢结构的抗震设计更为可靠。

6.3 钢结构房屋抗震的设计

6.3.1 多高层钢结构房屋的选型

多高层钢结构的结构体系主要有框架体系、框架—支撑体系、框架—剪力墙板体系、筒体体系、巨型框架体系。

1) 框架体系

框架体系早在19世纪末就已经出现,是高层建筑中最早出现的结构体系之一。框架体系是由沿纵横方向的多榀框架构成及承担水平荷载的抗侧力结构,也是承担竖向荷载的结构。这种结构体系刚度分布均匀,构造简单,制作安装方便;同时,在大地震作用下,结构具有较大的延性和一定的耗能能力——其耗能能力主要是通过梁端塑性弯曲铰的非弹性变形来实现的。

在水平力作用下,当楼层较少时,结构的侧向变形主要是剪切变形,即由框架柱的弯曲变形和节点的转角所引起的;当层数较多时,结构的侧向变形则除了由框架柱的弯曲变形和节点转角造成外,框架柱的轴向变形所引起的侧移随着结构层数的增多也越来越大。由此可以看出,纯框架结构的抗侧移能力主要决定于框架柱和梁的抗弯能力。当层数越多时,要提高结构的抗侧移刚度,只有加大梁柱的截面,但截面过大,就会使框架结构失去其经济合理性,故其主要适用于多层钢结构房屋。

2) 框架—支撑体系

钢框架的抗侧刚度小,限制了框架结构的应用高度。框架—支撑体系是在框架体系中沿结构的纵、横两个方向均匀布置一定数量的支撑所形成的结构体系。在框架—支撑体系中,框架是剪切型结构,底部层间位移大;支撑为弯曲型结构,底部层间位移小,两者并联,可以明显减少建筑物下部的层间位移,因此在相同侧移限值标准的情况下,框架—支撑体系可以用于比框架体系更高的房屋。就钢支撑布置来说,可分为中心支撑和偏心支撑两大类。

中心支撑框架结构是指支撑的两端都直接连接在梁柱节点上。中心支撑框架体系在大震作用下支撑易失稳,造成刚度及耗能能力急剧下降,直接影响结构的整体性能,但其在小震作用下抗侧移刚度很大,构造相对简单,实际工程应用较多,我国很多的实际钢结构工程都采用了这种结构形式。为了提高中心支撑框架结构的耗能能力,解决支撑在大地震作用下易失稳的问题,目前应用较多的方法有两个,分别是中心支撑采用屈曲约束支撑和在中心支撑上安装阻尼器。

偏心支撑框架结构是一种新型的结构形式。偏心支撑就是支撑至少有一端偏离了梁柱节点,直接连在梁上,则支撑与柱之间的一段梁即为耗能梁段。它较好地结合了纯框架结构和中心支撑框架结构两者的长处。与钢框架结构相比,它每层加有支撑,具有更大的抗侧移刚度和极限承载力。与中心支撑框架结构相比,它在支撑的一端有耗能梁段。在大震作用下,耗能梁段在巨大的剪力作用下,先发生剪切屈服,从而保证支撑的稳定,使得结构的延性好、滞回环稳定,具有良好的耗能能力。近年来,有较多高层钢结构建筑选择偏心支撑框架结构作为主要的抗震结构体系。

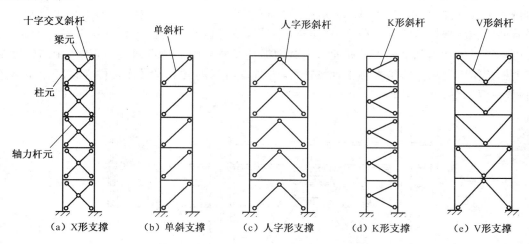

图 6-11 钢框架—中心支撑结构体系

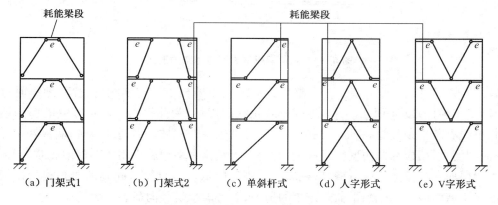

图 6-12 钢框架—支撑结构体系

3）框架—剪力墙板体系

框架—剪力墙板体系以钢框架为主体,并配置一定数量的剪力墙板。剪力墙板可以根据需要布置在任何位置上,布置灵活。另外,剪力墙板可以分开布置,两片以上剪力墙并联体较宽,从而可减少抗侧力体系等效高宽比,提高结构的抗推和抗倾覆能力。剪力墙板主要有以下3 种类型:

（1）钢板剪力墙。钢板剪力墙用钢板或带加劲肋的钢板制成,一般需采用厚钢板,其上下两边缘和左右两边缘可分别与框架梁和框架柱连接,采用高强度螺栓连接。钢板剪力墙承担沿框架梁、柱周边的地震作用,不承担框架梁上的竖向荷载。非抗震设防及按 6 度抗震设防的建筑,采用钢板剪力墙可不设置加劲肋。按 7 度及 7 度以上抗震设防的建筑,宜采用带纵向和横向加劲肋的钢板剪力墙,且加劲肋宜两面设置。

（2）内藏钢板支撑剪力墙。内藏钢板支撑剪力墙是以钢板为基本支撑,外包钢筋混凝土墙板的预制构件。它只在支撑节点处与框架相连,而且混凝土墙板与框架梁柱间留有间隙,因此实际上是一种支撑。其基本设计原则可参照普通钢支撑,可以是人字支撑、交叉支撑或单斜杆支撑。若选用单斜杆支撑,宜在相应柱间成对对称布置。内藏钢板支撑按其与框架的连接,可做成中心支撑,也可以做成偏心支撑。在高烈度地震区,宜采用偏心支撑。内藏钢板支撑的净截面面积应根据所承受的剪力,按照条件选择,不考虑屈曲。由于钢支撑有外包混凝土,因此可不考虑平面内和平面外的屈曲。内藏钢板支撑剪力墙上节点通过节点板,用高强度螺栓与上框架梁下翼缘连接板在施工现场连接,下节点与下钢梁上翼缘连接件在现场用全熔透坡口焊缝连接,如图 6-13 所示。

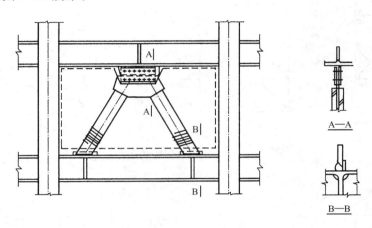

图 6-13　内藏钢板剪力墙与框架的连接

(3) 带竖缝混凝土剪力墙。普通整块钢筋混凝土墙板由于初期刚度过高,地震时首先斜向开裂,发生脆性破坏而退出工作,造成框架超载而破坏,为此提出一种带竖缝的剪力墙。它在墙板中设有若干条竖缝,将墙分割成一系列延性较好的壁柱。多遇地震时,墙板处于弹性阶段,侧向刚度大,墙板如同由壁柱组成的框架板,可承担水平地震作用。罕遇地震时,墙板处于弹塑性阶段而在柱壁上产生裂缝,壁柱屈服后刚度降低,变形增大,起到消能减震的作用。带竖缝混凝土剪力墙只承受水平荷载产生的剪力,不考虑承受竖向荷载产生的压力。

带竖缝混凝土剪力墙与柱间应有一定的空隙,使彼此无连接。墙板上端与高强度螺栓连接;墙板下端除临时连接措施外,应全长埋于现浇混凝土楼板内,通过齿槽和钢梁上焊接栓钉实现可靠连接。墙板的两侧角部应采用充分可靠的连接措施,如图 6-14 所示。

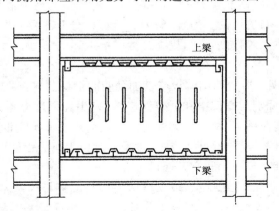

图 6-14　带竖缝剪力墙与框架的连接

4) 筒体体系

筒体结构体系因其具有较大的刚度和较强的抗侧力能力,能形成较大的使用空间,对于超高层建筑是一种经济、有效的结构形式。根据筒体的布置、组成、数量的不同,筒体结构体系可分为框架筒、桁架筒、筒中筒以及束筒等。框筒实际上是密柱框架结构,由于梁跨度小、刚度大,使周圈柱近似构成一个整体受弯的薄壁筒体,具有较大的抗侧刚度和承载力,因而框筒结构多用于高层建筑。各类筒体在超高层建筑中应用较多,图 6-15 为框筒结构,图 6-16 为束筒结构。

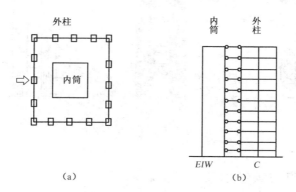

图 6-15 框筒结构

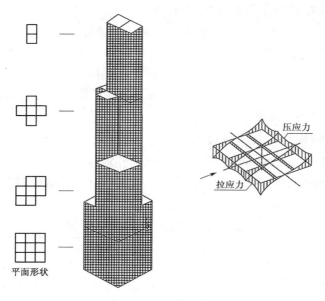

图 6-16 束筒结构

5) 巨型框架体系

一般高层钢结构梁、柱、支撑为一个楼层和一个开间内的构件,如果将梁、柱、支撑的概念扩展到数个楼层和数个开间,则可构成巨型框架结构,其由柱距较大的立体桁架柱及立体桁架梁构成。立体桁架梁应沿纵横向布置,并形成一个空间桁架层,在两层空间桁架层之间的各层楼面荷载,并将其通过此框架结构的柱子传递给立体桁架梁和立体桁架柱,如图 6-17,这种体系能在建筑中提供较大的空间,具有很大的刚度和强度。

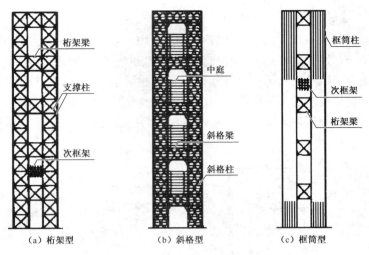

图 6-17　巨型框架结构形式

6.3.2　多层和高层钢结构房屋的结构布置

1）结构平、立面布置以及防震缝的设置

多、高层钢结构房屋的结构平面布置、竖向布置应遵守抗震概念设计中结构布置规则性的原则。设计中如出现平面不规则或竖向不规则的情况,应按规范要求进行水平地震作用计算和内力调整,并对薄弱部位采取有效的抗震构造措施。不应采用严重不规则的设计方案。由于钢结构可耐受的结构变形比混凝土结构大,一般不宜设防震缝。需要设置防震缝时,缝的宽度应不小于相应钢筋混凝土结构房屋的 1.5 倍。

2）钢结构房屋结构最大高度和最大高宽比

结构类型的选择关系到结构的安全性、适用性和经济性。可根据结构总体高度和抗震设防烈度确定结构类型的最大适用高度。表 6-1 为《建筑抗震设计规范》规定的多、高层钢结构民用房屋适用的最大高度。

表 6-1　钢结构房屋适用的最大高度（m）

结构类型	6、7 度 (0.10g)	7 度 (0.15g)	8 度		9 度 (0.40g)
			(0.20g)	(0.30g)	
框架	110	90	90	70	50
框架—中心支撑	220	200	180	150	120
框架—偏心支撑（延性墙板）	240	220	200	180	160
筒体（框筒,筒中筒,桁架筒,束筒）和巨型框架	300	280	260	240	180

注:①　房屋高度指室外地面到主要屋面板板顶的高度(不包括局部突出屋顶部分)。
　　②　超过表内高度的房屋,应进行专门研究和论证,采取有效的加强措施。
　　③　表内的筒体不包括混凝土筒。

结构的高宽比对结构的整体稳定性和人在建筑中的舒适感等有重要的影响,钢结构民用房屋的最大高宽比不宜超过表 6-2 的规定。

表 6-2　钢结构民用房屋适用的最大高宽比

烈度	6、7	8	9
最大高宽比	6.5	6.0	5.5

注:① 计算高宽比的高度从室外地面算起。
　　② 当塔形建筑的底部有大底盘时,计算高宽比采用的高度从大底盘顶部算起。

　　根据抗震概念设计的思想,多、高层钢结构要根据安全性和经济性的原则按多道防线设计。在上述结构类型中,框架结构一般设计成梁铰机制,有利于消耗地震能量、防止倒塌。梁是这种结构的第一道抗震防线;框架—支撑(抗震墙板)体系以支撑或抗震墙板作为第一道抗震防线;偏心支撑体系是以梁的消能段作为第一道抗震防线。在选择结构类型时,除考虑结构总高度和高宽比之外,还要根据各结构类型抗震性能的差异及设计需求加以选择。一般情况下,对不超过 12 层的钢结构房屋可采用框架结构、框架—支撑结构或其他结构类型。钢结构房屋应根据设防分类、烈度和房屋高度采用不同的抗震等级,并采用符合相应的计算和构造措施要求。丙类建筑的抗震等级应按表 6-3 确定。

表 6-3　钢结构房屋的抗震等级

房屋高度	烈　度			
	6	7	8	9
≤50 m		四	三	二
>50 m	四	三	二	一

注:① 高度接近或等于高度分界时,应允许结合房屋不规则程度和场地、地基条件确定抗震等级。
　　② 一般情况下,构件的抗震等级应与结构相同;当某个部位各构件的承载力均满足 2 倍地震作用组合下的内力要求时,7~9 度的构件抗震等级应允许按降低 1 度确定。

3)平面布置

　　多高层钢结构的建筑平面宜简单、规则,并使结构各层的抗侧力刚度中心与水平作用合力中心接近重合,同时各层刚心和质心接近在同一竖直线上;建筑的开间、进深宜统一。

　　为避免地震作用下发生强烈的扭转振动或水平地震力在建筑平面上的不均匀分布,建筑平面的尺寸关系应符合表 6-4 和图 6-18 的规定。当钢框筒结构采用矩形平面时,其长宽比不宜大于 1.5:1,不能满足此项要求时,宜采用多束筒结构。

表 6-4　L、l 和 l'、B' 的限值

L/B	L/B_{max}	l/b	l'/B_{max}	B'/B_{max}
≤5	≤4	≤1.5	≥1	≤0.5

　　高层建筑钢结构不宜设置防震缝,但薄弱部位应采取措施提高抗震能力。当钢结构房屋需要设置防震缝时,缝宽应不小于相应钢筋混凝土结构房屋的 1.5 倍。高层建筑钢结构不宜设置伸缩缝;当必须设置伸缩缝时,抗震设防的结构伸缩缝应同时满足防震缝的要求。

　　高层建筑钢结构除不符合表 6-4 和图 6-18 要求者外,在平面布置上具有下列情况之一者,均属平面不规则结构:

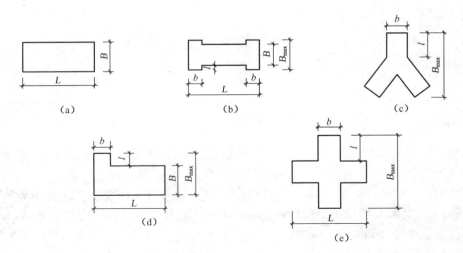

图 6-18 表 6-4 中的尺寸

① 任一层的偏心率大于 0.15。偏心率可按下列公式计算：

$$\varepsilon_x = e_y / r_{ex} \qquad \varepsilon_y = e_x / r_{ey} \qquad (6-1)$$

其中：

$$r_{ex} = \sqrt{\frac{K_T}{\sum K_x}} \qquad r_{ey} = \sqrt{\frac{K_T}{\sum K_y}} \qquad (6-2)$$

式中：ε_x、ε_y——分别为所计算楼层在 x 和 y 方向的偏心率；

e_x、e_y——分别为 x 和 y 方向水平作用合力线到结构刚心的距离；

r_{ex}、r_{ey}——分别为 x 和 y 方向的弹性半径；

$\sum K_x$、$\sum K_y$——分别为所计算楼层各抗侧力构件在 x 和 y 方向的侧向刚度之和；

K_T——所计算楼层的扭转刚度；

x、y——以刚心为原点的抗侧力构件坐标。

② 结构平面形状有凹角，凹角的伸出部分在一个方向的长度，超过该方向建筑总尺寸的 25%。

③ 楼面不连续或刚度突变，包括开洞面积超过该层总面积的 50%。

④ 抗水平力构件既不平行又不对称于抗侧力体系的两个互相垂直的主轴。

属于上述情况第①、④项者应计算结构扭转的影响，属于第③项者应采用相应的计算模型，属于第②项者应采用相应的构造措施。

4）竖向布置

抗震设防的高层建筑钢结构，宜采用竖向规则的结构。在竖向布置上具有下列情况之一者，为竖向不规则结构：

（1）楼层刚度小于其相邻上层刚度的 70%，且连续 3 层总的刚度降低超过 50%。

（2）相邻楼层质量之比超过 1.5（建筑为轻屋盖时，顶层除外）。

（3）立面收进尺寸的比例为 $L_1/L < 0.75$（图 6-19）。

（4）竖向抗侧力构件不连续。

（5）任一楼层抗侧力构件的总受剪承载力，小于其相邻上层的 80%。

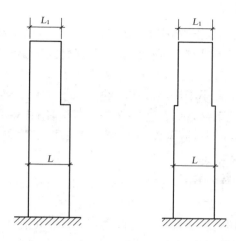

图 6-19　立面收进

框架—支撑结构中,支撑(剪力墙板)宜竖向连续布置。除底部楼层和外伸钢臂所在楼层外,支撑的形式和布置在竖向均宜一致。

5）楼盖的选择

多、高层钢结构楼盖的设计有多种选择,主要考虑以下因素:①建筑对楼面空间和室内静空的要求;②建筑防火、隔音、设备管线等方面的要求;③结构楼面荷载的需求及其分布特点;④结构整体刚度的要求;⑤结构施工安装的技术要求。

在工程上常用的楼盖种类有以下几种形式:

(1) 压型钢板现浇钢筋混凝土组合楼盖。结构整体刚度大,施工速度快,造价较高。

(2) 装配整体式预制混凝土楼盖。结构整体刚度大,施工速度较快,造价较低。

(3) 装配式预制混凝土楼盖。结构整体刚度较大,施工速度较快,造价较低。

《建筑抗震设计规范》建议钢结构房屋的楼盖宜采用压型钢板现浇钢筋混凝土组合楼板或钢筋混凝土楼板。对于 6、7 度不超过 50 m 的钢结构,尚可采用装配整体式钢筋混凝土楼板,也可采用装配式楼板或其他轻型楼盖。对转换层楼盖或楼板有大洞口等情况,必要时可设置水平支撑以增加水平整体刚度。各种形式的楼盖都要采取可靠措施保证与梁的连接,以满足结构体系对楼盖整体性的要求。图 6-20 为采用压型钢板组合楼板。

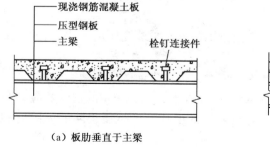
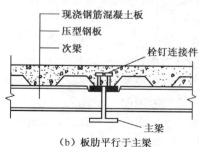

（a）板肋垂直于主梁　　　　　　（b）板肋平行于主梁

图 6-20　采用压型钢板组合楼板

6）地下室的设置

多、高层钢结构设置地下室对于提高上部结构抗震稳定性、提高结构抗倾覆能力、增加结构下部整体性、减少结构沉降等具有有利作用。因此，《建筑抗震设计规范》规定，对于超过 50 m 的钢结构房屋应设置地下室。其基础埋置深度，当采用天然地基时不宜小于房屋的 1/15；当采用桩基时，桩承台埋深不宜小于房屋总高度的 1/20。为保证连接刚度、传力可靠、方便结构构件的构造连接，当设置地下室，框架—支撑（抗震墙板）结构中竖向连续布置的支撑（抗震墙板）应延伸至基础；框架柱应至少延伸至地下一层，其竖向荷载应直接传至基础。

7）支撑、加固层的设置要求

在框架—支撑体系中，可使用中心支撑或偏心支撑。不论是哪一种支撑，均可提供较大的抗侧移刚度，因此，其结构平面布局应遵循抗侧移刚度中心与结构质量中心尽可能接近的原则，以减少结构可能出现的扭转。支撑框架之间的楼盖的长度比不宜大于 3，以防止楼盖平面内变形影响对支撑抗侧刚度的准确估计。另外，还可以使用支撑构件改进结构刚度中心与质量中心偏差较大的情况。

中心支撑构造简单，设计施工方便。在大震作用下支撑可能失稳，所产生的非线性变形可消耗一定的地震能量，但由于其力—位移并不饱满，耗能并不理想。偏心支撑系统在小震及正常使用条件下与中心支撑体系具有相当的抗侧刚度，在大震条件下靠梁的受弯段耗能，具有与强柱弱梁型框架相当的耗能能力，但构造相对复杂。因此，对三、四级且高度不大于 50 m 的钢结构宜采用中心支撑，也可采用偏心支撑、防屈曲支撑等耗能支撑。对一、二级的钢结构房屋，宜设置偏心支撑、带竖缝钢筋混凝土抗震墙板、内藏钢支撑钢筋混凝土墙板、防屈曲支撑或筒体结构。

6.4 多层和高层钢结构房屋的抗震设计

6.4.1 一般计算原则

多、高层建筑钢结构的抗震设计采用两阶段设计方法，即第一阶段设计应按多遇地震计算地震作用，第二阶段设计应按罕遇地震计算地震作用。第一阶段设计时，地震作用应考虑下列原则：

（1）通常情况下，应在结构的两个主轴方向分别计入水平地震作用，各方向的水平地震作用应全部由该方向抗侧力构件承担。

（2）当有斜交抗侧力构件时，宜分别计入各抗侧力构件方向的水平地震作用。

（3）质量和刚度明显不均匀、不对称的结构，应计入水平地震作用的扭转效应。

（4）按 9 度抗震设防的高层建筑钢结构，或者按 8 度和 9 度抗震设防的大跨度和长悬臂构件，应计入竖向地震作用。

6.4.2 结构自震周期

钢结构的计算周期,应采用按主体结构弹性刚度计算所得的周期,对于重量及刚度沿高度分布比较均匀的高层钢结构,基本自震周期可按顶点位移法计算:

$$T_1 = 1.7\xi_T \sqrt{u_n} \tag{6-3}$$

式中:u_n——结构顶层假想侧移(m),即假想将结构各层的重力荷载作为楼层的集中水平力,按弹性静力方法计算所得到的顶层侧移值;

ξ_T——考虑非结构构件影响的周期修正系数,可取0.9。

初步设计时,基本周期可按经验公式 $T_1 = 0.1n$ 估算,n 为建筑物层数,不包括地下室部分及屋顶小塔楼。

6.4.3 地震作用下钢结构的内力与位移计算

1)地震作用下的内力与位移计算

(1)多遇地震作用下

钢结构在进行内力和位移计算时,对于框架—支撑、框架—抗震墙板以及框筒等结构常采用矩阵位移法。对于工字形截面柱,宜计入梁柱节点域剪切变形对结构侧移的影响;对中心支撑框架和不超过12层的钢结构,其层间位移计算可不计入梁柱节点域剪切变形的影响。框架—支撑结构的斜杆可按端部铰接杆计算;中心支撑框架的斜杆轴线偏离梁柱轴线交点不超过支撑杆件的宽度时,仍可按中心支撑框架分析,但应计及由此产生的附加弯矩。对于筒体结构,可将其按位移相等原则转化为连续的竖向悬臂筒体,采用有限条法对其进行计算。

在预估杆截面时,内力和位移的分析可采用近似方法。在水平荷载作用下,框架结构可采用 D 值法进行简化计算;框架—支撑(抗震墙)可简化为平面抗侧力体系,分析时将所有框架合并为总框架,所有竖向支撑(抗震墙)合并为总支撑(抗震墙),然后进行协同工作分析。此时可将总支撑(抗震墙)当作一悬臂梁,如图 6-21 所示。

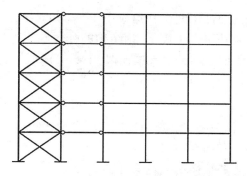

图 6-21 框架—支撑结构的协同分析模型

（2）罕遇地震作用下

高层钢结构第二阶段的抗震验算应采用时程分析法对结构进行弹塑性时程分析,其结构计算模型可以采用杆系模型、剪切型层模型、剪弯型模型或剪弯协同工作模型。在采用杆系模型分析时,柱、梁的恢复力模型可采用二折线型,其滞回模型可不考虑刚度退化。

对新型、特殊的杆件和结构,其恢复力模型宜通过试验确定。分析时结构的阻尼比可取0.05,并应考虑二阶效应对侧移的影响。

2）作用效应组合及调整

抗震设计时,构件截面组合的内力设计值应按下述要求进行调整:

（1）钢结构应按规范规定计入重力二阶效应。对框架梁,可不按柱轴线处的内力而按梁端内力设计。对工字形截面柱,宜计入梁柱节点域剪切变形对结构侧移的影响;中心支撑框架和不超过12层的钢结构,其层间位移计算可不计入梁柱节点域剪切变形的影响。

（2）框架—支撑结构中,框架部分按计算得到的地震剪力不小于结构底部总地震剪力的25%和框架部分地震剪力最大值1.8倍二者的较小者。

（3）中心支撑框架的斜杆轴线偏离梁柱轴线交点不超过支撑杆件的宽度时,仍可按中心支撑框架分析,但应计及由此产生的附加弯矩;人字形和V形支撑组合的内力设计值应乘以增大系数,其值可采用1.5。

（4）支撑斜杆的轴力设计值,应取与支撑斜杆相连接的消能梁段达到受剪承载力时支撑斜杆轴力与增大系数的乘积,其值在8度及以下时不应小于1.4,9度时不应小于1.5;位于消能梁段同一跨的框架梁内力设计值,应取消能梁段达到受剪承载力与增大系数的乘积,其值在8度及以下时不应小于1.5,9度时不应小于1.6;框架柱的内力设计值,应取消能梁段达到受剪承载力时柱内力与增大系数的乘积,其值在8度及以下时不应小于1.5,9度时不应小于1.6。

（5）内藏钢支撑钢筋混凝土墙板和带竖缝钢筋混凝土墙板应按有关规定计算,带竖缝钢筋混凝土墙板可仅承受水平荷载产生的剪力,不承受竖向荷载产生的压力。

（6）钢结构转换层下的钢框架柱,地震内力应乘以1.5的增大系数。

（7）在抗震设计中,一般高层钢结构可不考虑风荷载及竖向地震的作用,但对于高度大于60 m的高层钢结构须考虑风荷载的作用,在9度区尚需考虑竖向地震的作用。

3）侧移控制

在多遇地震下,钢结构的弹性层间位移角应小于1/300。结构平面端部构件的最大侧移不得超过质心侧移的1.3倍;在罕遇地震下,钢结构的弹塑性层间位移角应小于1/50。同时结构层间侧移的延性比对于纯框架、偏心支撑框架、中心支撑框架、有混凝土抗震墙的钢框架应分别大于3.5、3.0、2.5和2.0。

4）钢结构的整体稳定

高层钢结构的稳定分为倾覆稳定和压屈稳定两种类型。倾覆稳定可通过限制高宽比来满足,压屈稳定又分为整体稳定和局部稳定。当钢框架梁的上翼缘采用抗剪连接件与组合楼板连接时,可不验算地震作用下的整体稳定。

6.4.4 钢结构构件与连接的抗震承载力验算

验算的主要内容有:框架梁柱承载力和稳定验算、节点承载力与稳定性验算、支撑构件的承载力验算、偏心支撑框架构件的抗震承载力验算、构件及其连接的极限承载力验算。

1)钢结构构件及其节点的抗震承载力计算

(1)钢框架梁

钢梁在反复荷载下的极限荷载比静力单向荷载下小,但由于与钢梁整体连接的楼板的约束作用,钢框架梁的实际承载力不低于其静承载力。故钢梁抗震承载力计算与静荷载作用下的相同,计算时取截面塑性发展系数 $\gamma_x = 1$,承载力抗震调整系数 $\gamma_{RE} = 0.75$。

(2)钢框架柱

柱端应比梁端有更大的承载能力储备。节点左右梁端和上下柱端的全塑性承载力应符合下式要求:

$$\sum W_{pc}\left(f_{yc} - \frac{N}{A_c}\right) \geqslant \eta \sum W_{pb} f_{yb} \tag{6-4}$$

式中: W_{pc}、W_{pb}——分别为柱和梁的塑性截面模量;

$\quad N$——柱轴向压力设计值;

$\quad A_c$——柱截面面积;

$\quad f_{yc}$、f_{yb}——分别为柱和梁的钢材屈服强度;

$\quad \eta$——强柱系数,超过6层的钢框架,6度Ⅳ类场地和7度时可取1.0,8度时可取1.05,9度时可取1.15。

(3)节点域设计

在罕遇地震作用下,为了较好地发挥节点域的消能作用,节点域应首先屈服,其次是梁段屈服。因此节点域的屈服承载力应满足下式要求:

$$\frac{\psi(M_{pb1} + M_{pb2})}{V_p} \leqslant \frac{4f_{yv}}{3} \tag{6-5}$$

为保证工字形截面柱和箱形截面柱节点域的稳定,节点域腹板的厚度应满足下式要求:

$$t_w \geqslant \frac{h_b + h_c}{90} \tag{6-6}$$

在梁柱刚性连接中,柱受到不平衡的梁端弯矩时,在节点域会产生相当大的剪力。工字形截面柱和箱形截面柱节点域的受剪承载力应满足下式要求:

$$\frac{M_{b1} + M_{b2}}{V_p} \leqslant \frac{4f_v}{3\gamma_{RE}} \tag{6-7}$$

式中: V_p——节点域的体积,对工字形截面柱, $V_p = h_b h_c t_w$;对箱形截面柱, $V_p = 1.8 h_b h_c t_w$;

$\quad M_{pb1}$、M_{pb2}——分别为节点域两侧梁的全塑性受弯承载力;

$\quad f_v$——钢材的抗剪强度设计值;

$\quad \psi$——折减系数,6度Ⅳ类场地和7度时可取0.6,8、9度时可取0.7;

h_b、h_c——分别为梁腹板高度和柱腹板高度；

t_w——柱在节点域的腹板厚度；

M_{b1}、M_{b2}——分别为节点域两侧梁的弯矩设计值；

γ_{RE}——节点域承载力抗震调整系数，取 0.85。

2）中心支撑框架构件的抗震承载力验算

（1）中心支撑框架支撑斜杆的受压承载力应按下式验算：

$$\frac{N}{\varphi A_{br}} \leqslant \frac{\psi f}{\gamma_{RE}} \tag{6-8}$$

$$\psi = \frac{1}{1 + 0.35\lambda_n} \tag{6-9}$$

$$\lambda_n = \frac{\lambda}{\pi}\sqrt{\frac{f_{ay}}{E}} \tag{6-10}$$

式中：N——支撑斜杆的轴向力设计值；

A_{br}——支撑斜杆的截面面积；

φ——轴心受压构件的稳定系数；

ψ——受循环荷载时的强度降低系数；

λ_n——支撑斜杆的长细比；

f_{ay}——钢材屈服强度；

E——支撑斜杆材料的弹性模量；

γ_{RE}——支撑构件的承载力抗震调整系数；

λ——构件长细比。

（2）支撑横梁承载力验算

对人字形支撑，当支撑腹杆在大震下受压屈曲后，其承载力将下降，导致横梁在支撑连接处出现向下的不平衡集中力，可能引起横梁破坏和楼板下陷，并在横梁两端出现塑性铰；V 形支撑的情况类似，只是斜杆失稳时楼板不是下陷而是向上隆起，不平衡力方向相反。因此，设计时要求人字形支撑和 V 形支撑的横梁在支撑连接处应保持连续。验算横梁时，除应承受支撑斜杆传来的内力外，尚应满足在不考虑支撑的支点作用将横梁视为简支梁时在竖向荷载和受压支撑屈曲后产生的不平衡力作用下的承载力要求。

3）偏心支撑框架构件的抗震承载力验算

偏心支撑框架的设计原则是强柱、强支撑和弱消能梁段，即在大地震时消能梁段屈服形成塑性铰，且具有稳定的滞回性能，即使消能梁段进入应变硬化阶段，支撑斜杆、柱和其余梁段仍保持弹性。设计良好的偏心支撑框架，除柱脚有可能出现塑性铰外，其他塑性铰均出现在梁段上。偏心支撑框架的每根支撑应至少一端与梁连接，并在支撑与梁交点和柱之间或同一跨内另一支撑与梁交点之间形成消能梁段。消能梁段的受剪承载力应按下列规定验算：

当 $N \leqslant 0.15A_f$ 时

$$V \leqslant \frac{\varphi V_1}{\gamma_{RE}} \tag{6-11}$$

V_1 取 $0.58A_wf_{ay}$ 和 $2M_{lp}/a$ 的较小值。

$$A_w = (h - 2t_f)t_w, \quad M_{lp} = W_pf \tag{6-12}$$

当 $N > 0.15A_f$ 时

$$V \leqslant \frac{\varphi V_{1c}}{\gamma_{RE}} \tag{6-13}$$

$$V_{lc} = 0.58A_wf_{ay}\sqrt{1 - \left(\frac{N}{A_f}\right)^2} \tag{6-14}$$

或

$$V_{lc} = 2.4M_{lp}\left(1 - \frac{N}{A_f}\right)/a \tag{6-15}$$

式中：V_1——消能梁段的受剪承载力；

V_{lc}——消能梁段计入轴力影响的受剪承载力；

φ——系数，可取 0.9；

V、N——分别为消能梁段的剪力设计值和轴力设计值；

M_{lp}——消能梁段的全塑性受弯承载力；

a、h、t_w、t_f——分别为消能梁段的长度、截面高度、腹板厚度和翼缘厚度；

A、A_w——分别为消能梁段的截面面积和腹板截面面积；

W_p——消能梁段的塑性截面模量；

f、f_{ay}——分别为消能梁段钢材的抗拉强度设计值和屈服强度；

γ_{RE}——消能梁段承载力抗震调整系数，取 0.85。

4）钢结构构件连接的抗震承载力验算

（1）梁与柱连接的承载力验算

梁与柱连接的极限受弯、受剪承载力，应符合下列要求：

$$M_u \geqslant 1.2M_p \tag{6-16}$$

$$V_u \geqslant 1.3(2M_p/l_n + V_0) \quad \text{且} \quad V_u \geqslant 0.58h_wt_wf_{ay} \tag{6-17}$$

式中：M_u——梁上下翼缘全熔透坡口焊缝的极限受弯承载力；

V_u——梁腹板连接的极限受剪承载力，垂直于角焊缝受剪时，可提高 1.22 倍；

M_p——梁（梁贯通时为柱）的全塑性受弯承载力；

l_n——梁的净跨（梁贯通时取该楼层柱的净高）；

h_w、t_w——梁腹板的高度和厚度；

f_{ay}——钢材屈服强度。

（2）支撑与框架的连接及支撑拼连的承载力计算

支撑与框架的连接及支撑拼接，须采用螺栓连接，其极限承载力应符合下式要求：

$$N_{ubr} \geqslant 1.2A_nf_{ay} \tag{6-18}$$

式中：N_{ubr}——螺栓连接和节点板连接在支撑轴线方向的极限承载力；

A_n——支撑的截面净面积；

f_{ay}——支撑钢材的屈服强度。

（3）梁、柱构件拼接处的承载力验算

梁、柱构件拼接处，除少数情况外，在大震时都进入塑性区，故拼接按承受构件全截面屈服时的内力设计，且受剪承载力不应小于构件截面受剪承载力的 50%。拼接的极限承载力，应符合下列要求：

$$V_u \geqslant 0.58 h_w t_w f_{ay} \tag{6-19}$$

无轴向力时 $$M_u \geqslant 1.2 M_p \tag{6-20}$$

有轴向力时 $$M_u \geqslant 1.2 M_{pc} \tag{6-21}$$

式中：M_u、V_u——分别为构件拼接的极限受弯、受剪承载力；

h_w、t_w——拼接构件截面腹板的高度和厚度；

f_{ay}——被拼接构件的钢材屈服强度；

M_{pc}——构件有轴向力时的全截面受弯承载力，应按下列原则计算：

① 工字形截面（绕强轴）和箱形截面

当 $$N/N_y \leqslant 0.13 \text{ 时}, M_{pc} = M_p \tag{6-22}$$

当 $$N/N_y > 0.13 \text{ 时}, M_{pc} = 1.15(1 - N/N_y)M_p \tag{6-23}$$

② 工字形截面（绕弱轴）

当 $$N/N_y \leqslant A_w/A \text{ 时}, M_{pc} = M_p \tag{6-24}$$

当 $$N/N_y > A_w/A \text{ 时}, M_p M_{pc} = \{1 - [(N - A_w f_{ay})/(N_y - A_w f_{ay})]^2\}M_p \tag{6-25}$$

式中：N、N_y——构件的轴向力和轴向屈服承载力，$N_y = A_n f_{ay}$；

A、A_w——构件截面面积和腹板截面面积。

拼接采用螺栓连接时，尚应符合下列要求：

翼缘 $$n N_{cu}^b \geqslant 1.2 A_f f_{ay} \tag{6-26}$$

且 $$n N_{vu}^b \geqslant 1.2 A_f f_{ay} \tag{6-27}$$

腹板 $$n N_{cu}^b \geqslant \sqrt{(V_u/n)^2 + (N_M^b)^2} \tag{6-28}$$

且 $$n N_{vu}^b \geqslant \sqrt{(V_u/n)^2 + (N_M^b)^2} \tag{6-29}$$

对高强度螺栓，其连接的极限受剪承载力，应取下列二式计算的较小者：

$$N_{cu}^b = d \sum (t \times f_{cu}^b) \tag{6-30}$$

$$N_{vu}^b = 0.58 n_f A_e^b f_u^b \tag{6-31}$$

焊缝的极限承载力应按下列各式计算：

对接焊接受拉 $$N_u = A_f^w f_u \tag{6-32}$$

角焊缝受剪 $$V_u = 0.58 A_f^w f_u \tag{6-33}$$

6.5　多、高层钢结构房屋的抗震计算

6.5.1　计算模型

确定多层和高层钢结构抗震计算模型时,应注意:

(1)进行多、高层钢结构地震作用下的内力与位移分析时,一般可假定楼板在自身平面内为绝对刚性。对整体性较差、开孔面积大、有较长的外伸段的楼板,宜采用楼板平面内的实际刚度进行计算。

(2)进行多、高层钢结构多遇地震作用下的反应分析时,可考虑现浇混凝土楼板与钢梁的共同作用。在设计中应保证楼板与钢梁间有可靠的连接措施。此时楼板可作为梁翼缘的一部分来计算梁的弹性截面特征,楼板的有效宽度 b_e 按下式计算(图6-22):

$$b_e = b_0 + b_1 + b_2 \qquad (6-34)$$

式中:b_0——钢梁上翼缘宽度。

b_1、b_2——梁外侧和内侧的翼缘计算宽度,各取梁跨度 l 的 1/6 和翼缘板厚度 t 的 6 倍中的较小值。此外,b_1 不应超过翼板实际外伸宽度 s_1;b_2 不应超过相邻梁板托间净距 s_0 的 1/2。

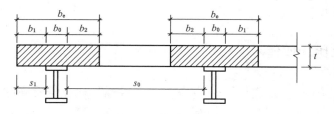

图6-22　楼板的有效宽度

进行多、高层钢结构罕遇地震分析时,考虑到此时楼板与梁的连接可能遭到破坏,则不应考虑楼板与梁的共同工作。

(3)多、高层钢结构的抗震计算可采用平面抗侧力结构的空间协同计算模型。当结构布置规则、质量及刚度沿高度分布均匀、不计扭转效应时,可采用平面结构计算模型;当结构平面或立面不规则、体系复杂、无法划分平面抗侧力单元的结构以及筒体结构时,应采用空间结构计算模型。

(4)多、高层钢结构在地震作用下的内力与位移计算,除应考虑梁柱的弯曲变形和剪切变形外,尚应考虑柱的轴向变形。一般可不考虑梁的轴向变形,但当梁同时作为腰桁架或桁架的弦杆时,则应考虑轴力的影响。

(5)柱间支撑两端应为刚性连接,但可按两端铰接计算。偏心支撑中的耗能梁段应取为单独单元。

(6)应计入梁柱节点域剪切变形对多、高层建筑钢结构位移的影响。可将梁柱节点域当

做一个单独的单元进行结构分析,也可按下列规定作近似计算。对于箱形截面柱框架,可将节点域当做刚域,刚域的尺寸取节点域尺寸的一半。对于工字形截面柱框架,可按结构轴线尺寸进行分析。若结构参数满足 $EI_{bm}/K_m h_{bm} > 1$ 且 $\eta > 5$ 时,可按下式修正结构楼层处的水平位移:

$$u'_i = \left(1 + \frac{\eta}{100 - 0.5\eta}\right)u_i \tag{6-35}$$

其中

$$\eta = \left[17.5\frac{EI_{bm}}{K_m h_{bm}} - 1.8\left(\frac{EI_{bm}}{K_m h_{bm}}\right)^2 - 10.7\right]\sqrt[4]{\frac{I_{cm}h_{bm}}{I_{bm}h_{cm}}} \tag{6-36}$$

式中:u'——修正后的第 i 层楼层的水平位移;

u_i——不考虑节点域剪切变形并按结构轴线尺寸计算所得第 i 层楼层的水平位移;

I_{cm}、I_{bm}——分别为结构全部柱和梁截面惯性矩的平均值;

h_{cm}、h_{bm}——分别为结构全部柱和梁腹板高度的平均值;

E——钢材的弹性模量;

K_m——节点域剪切刚度的平均值;

其中

$$K_m = h_{cm}h_{bm}t_m G \tag{6-37}$$

式中:t_m——节点域腹板厚度平均值;

G——钢材的剪变模量。

6.5.2　阻尼比的取值

在多遇烈度地震下进行地震计算时,结构的黏弹性阻尼比在房屋高度不大于 50 m 时,可采用 0.04;高度大于 50 m 且小于 200 m 时,可取 0.03;高度不小于 200 m 时,宜取 0.02。当偏心支撑框架部分承担的地震倾覆力矩大于结构总地震倾覆力矩的 50% 时,其阻尼比可比上述取值增加 0.005。在罕遇烈度地震下,阻尼比可采用 0.05。

6.5.3　计算的有关要求

进行多、高层钢结构抗震计算时,应注意满足下列设计要求:

(1) 进行多遇地震下抗震设计时,框架—支撑(剪力墙板)结构体系中总框架任意楼层所承担的地震剪力,不得小于结构底部总剪力的 25%。

(2) 在水平地震作用下,如果楼层侧移满足下式,则应考虑 P-Δ 效应:

$$\frac{\delta}{h} \geqslant 0.1\frac{\sum V}{\sum P} \tag{6-38}$$

式中:δ——多遇地震作用下楼层层间位移;

h——楼层层高；

$\sum P$——计算楼层以上全部竖向荷载之和；

$\sum V$——计算楼层以上全部多遇水平地震作用之和。

此时该楼层的位移和所有构件的内力均应乘以下式的放大系数 α：

$$\alpha = \frac{1}{1 - \dfrac{\delta}{h}\dfrac{\sum P}{\sum V}} \tag{6-39}$$

（3）验算在多遇地震作用下整体基础（筏形基础或箱形基础）对地基的作用时，可采用底部剪力法计算作用于地基的倾覆力矩，但宜取 0.8 的折减系数。

（4）当在多遇地震作用下进行构件承载力验算时，托柱梁及承托钢筋混凝土抗震墙的钢框架柱的内力应乘以不小于 1.5 的增大系数。

6.6　多层和高层钢结构的抗震构造要求

6.6.1　纯框架结构抗震构造措施

1）框架柱的长细比

在一定的轴力作用下，柱的弯矩转角如图 6-23 所示。研究发现，由于几何非线性（p-d 效应）的影响，柱的弯曲变形能力与柱的轴压比及柱的长细比有关，柱的轴压比与长细比越大，弯曲变形能力越小。因此，为保障钢框架抗震的变形能力，需对框架柱的轴压比及柱的长细比进行限制。

我国规范目前对框架柱的轴压比没有提出要求，建议按重力荷载代表值作用下框架柱的地震组合轴力设计值计算的轴压比不大于 0.7。

对于框架柱的长细比，则应符合下列规定：一级不应大于 $60\sqrt{235/f_{ay}}$，二级不应大于 $80\sqrt{235/f_{ay}}$，三级不应大于 $100\sqrt{235/f_{ay}}$，四级不应大于 $120\sqrt{235/f_{ay}}$。

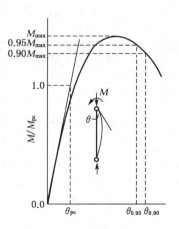

图 6-23　柱的弯矩转角关系

2）梁、柱板件的宽厚比

图 6-24 是日本所做的一组梁柱试件在反复加载下的受力变形情况。可见，随着构件板件宽厚比的增大，构件反复受载的承载力与耗能能力将降低。其原因是：板件宽厚比越大，板件越易发生局部屈曲，从而影响后继承载能力。

考虑到框架柱的转动变形能力要求比框架梁的转动变形能力要求低，因此框架柱的板件宽厚比限值可比框架梁的板件宽厚比限值大，具体要求应符合表 6-5。

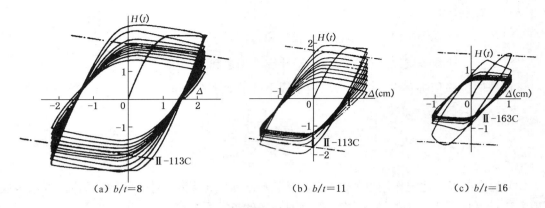

（a）$b/t=8$　　　　　　　（b）$b/t=11$　　　　　　（c）$b/t=16$

图 6-24　梁柱试件反复加载试验

表 6-5　框架梁、柱板件宽厚比限值

	板件名称	一级	二级	三级	四级
柱	工字形截面翼缘外伸部分	10	11	12	13
	工字形截面腹板	43	45	48	52
	箱形截面壁板	33	36	38	40
梁	工字形截面和箱形截面翼缘外伸部分	9	9	10	11
	箱形截面翼缘在两腹板间的部分	30	30	32	36
	工字形截面和箱形截面腹板	$72-12\dfrac{N_b}{Af}$ $\leqslant 60$	$72-100\dfrac{N_b}{Af}$ $\leqslant 65$	$80-110\dfrac{N_b}{Af}$ $\leqslant 70$	$85-120\dfrac{N_b}{Af}$ $\leqslant 75$

注：1. 表列数值适用于 Q235，当材料为其他牌号钢材时，应乘以 $\sqrt{235/f_{ay}}$。

　　2. N_b/Af 为。

梁与柱的连接构造应符合下列要求：

（1）梁与柱的连接宜采用柱贯通型。

（2）柱在两个相互垂直的方向都与梁刚接时，宜采用箱形截面。当仅在一个方向刚接时，宜采用工字形截面，并将柱腹板置于刚接框架平面内。

（3）梁翼缘与柱翼缘应采用全熔透坡口焊缝。

（4）柱在梁翼缘对应位置应设置横向加劲肋，且加劲肋厚度不应小于梁翼缘厚度。

（5）在梁翼缘的塑性截面模量小于梁全截面塑性截面模量的 70% 时，梁腹板与柱的连接螺栓不得小于 2 列；当计算仅需 1 列时，仍应布置 2 列，且此时螺栓总数不得小于计算值的 1.5 倍。

为防止框架梁柱连接处发生脆性断裂，可以采用如下措施：

（1）严格控制焊接工艺制作，重要的部位由技术等级高的工人施焊，减少梁柱连接中的焊接缺陷。

（2）8 度乙类建筑和 9 度时，应检验梁翼缘处全熔透坡口焊缝 V 形切口的冲击韧性，其冲击韧性在 -20℃ 时不低于 27 J。

（3）适当加大梁腹板下部的割槽口（位于垫板上面，用于梁下翼缘与柱翼缘的施焊），以便于工人操作，提高焊缝质量。

（4）补充梁腹板与抗剪连接板之间的焊缝。

（5）采用梁端加盖板和加腋，或梁柱采用全焊接方式来加强连接的强度。

（6）利用节点域的塑性变形能力，为此节点域可设计成先于梁端屈服，但仍需满足有关公式的要求。

（7）利用"强节点弱杆件"的抗震概念，将梁端附近截面局部削弱。试验表明，基于这一思想的梁端狗骨式设计（图 6-25）具有优越的抗震性能，可将框架的屈服控制在削弱的梁端截面处。设计与制作时，月牙形切削的切削面应刨光，起点可距梁端约 150 mm，切削后梁翼缘最小截面积不宜大于原截面积的 90%，并应能承受按弹性设计的多遇地震下的组合内力。为进一步提高梁端的变形延性，还可根据梁端附近的弯矩分布，对梁端截面的削弱进行更细致的设计，使得梁在一个较长的区段（同步塑性区）能同步地进行塑性耗能（图 6-26）。建议梁的同步塑性区 L_3 的长度取为梁高的一半，使梁的同步塑性区各截面的塑性抗弯承载力比弯矩设计值同等地低 5%～10%，在同步塑性区的两端各有一个 $L_2 = L_4 = 100$ mm 左右的光滑过渡区，过渡区离柱表面 $L_1 = 50 \sim 100$ mm，以避开热影响区。

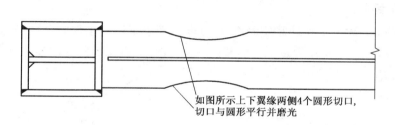

如图所示上下翼缘两侧4个圆形切口，切口与圆形平行并磨光

图 6-25　狗骨式设计

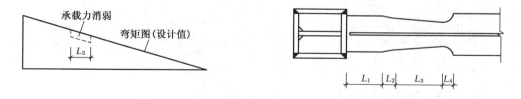

承载力消弱　弯矩图（设计值）
L_3

L_1 L_2 L_3 L_4

图 6-26　同步塑性设计

6.6.2　中心支撑框架抗震构造措施

1）受拉支撑的布置要求

考虑到地震作用下方向是任意的，且为反复作用，当中心支撑采用只能受拉的斜杆体系，应同时设置两组不同倾斜方向的斜杆，且两组斜杆的截面面积在水平方向的投影面积之差不得大于 10%。

2）支撑杆件的要求

在地震作用下,支撑杆件可能会经历反复的压曲拉直作用,因此支撑杆件不宜采用焊接截面,应尽量采用轧制型钢。若采用焊接 H 型截面做支撑构件时,在 8、9 度区,其翼缘与腹板的连接宜采用全熔透连续焊缝。

为限制支撑压曲造成的支撑板件的局部屈曲对支撑承载力及耗能能力的影响,对支撑板件的宽厚比需限制更严,应不大于表 6-6 规定的限值。

表 6-6　钢结构中心支撑板件宽厚比限值

板件名称	一级	二级	三级	四级
翼缘外伸部分	8	9	10	13
工字形截面腹板	25	26	27	33
箱形截面腹板	18	20	25	30
圆管外径和壁厚比	38	40	40	42

注:表中所列值适用于 Q235 钢,其他钢号应乘以 $\sqrt{235/f_{\mathrm{ay}}}$。

3）支撑节点的要求

一、二、三级,支撑宜采用 H 型钢制作,两端与框架可采用刚接构造,梁柱与支撑连接处应设置加劲肋;一级和二级采用焊接工字形截面的支撑时,其翼缘与腹板的连接宜采用全熔透连续焊缝。支撑与框架连接处,支撑杆端宜做成圆弧(图 6-27)。

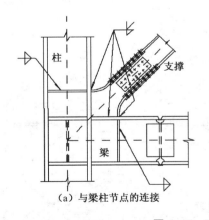
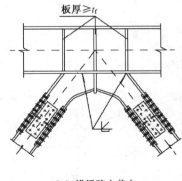

（a）与梁柱节点的连接　　　　　　　（b）横梁跨中节点

图 6-27　H 型钢支撑连接节点示例

4）框架部分要求

中心支撑框架结构的框架部分,其抗震构造措施要求可与纯框架结构抗震构造措施要求一致。但当房屋高度不高于 100 m 且框架部分承担的地震作用不大于结构底部总地震剪力的 25％时,一、二、三级的抗震构造措施可按框架结构降低一级的相应要求采用。

6.6.3 偏心支撑框架抗震构造措施

1）消能梁段的长度

偏心支撑框架的抗震设计应保证罕遇地震下结构的屈服发生在耗能梁段上，因而要求框架柱的承载力和支撑的承载力高于偏心梁段的承载力。而耗能梁段的屈服形式有两种，一种是剪切屈服型，另一种是弯曲屈服型。试验和分析表明，剪切屈服型耗能梁段的偏心支撑框架的刚度和承载力较大，延性和耗能性能较好，抗震设计时，耗能梁段宜设计成剪切屈服型。其净长 a 满足下列公式者为剪切屈服型：

当 $\rho(A_w/A) < 0.3$ 时

$$a \leqslant 1.6 \frac{M_p}{V_p} \tag{6-40}$$

当 $\rho(A_w/A) \geqslant 0.3$ 时

$$a \leqslant \left(1.15 - 0.5\rho \frac{A_w}{A}\right) 1.6 \frac{M_p}{V_p} \tag{6-41}$$

其中

$$V_p = 0.58 f_y h_0 t_w \tag{6-42}$$

$$M_p = W_p f_{ay} \tag{6-43}$$

式中：V_p——消能梁段塑性受剪承载力；

$\quad M_p$——消能梁段塑性受弯承载力；

$\quad h_0$——消能梁段腹板高度；

$\quad t_w$——消能梁段腹板厚度；

$\quad W_p$——消能梁段截面塑性抵抗矩；

$\quad A$——消能梁段截面面积；

$\quad A_w$——消能梁段腹板截面面积。

当消能梁段与柱连接，或在多遇地震作用下的组合轴力设计值 $N > 0.16Af$ 时，应设计成剪切屈服型。

2）消能梁段的材料及板件宽厚比要求

偏心支撑框架主要依靠耗能梁段的塑性变形消耗地震能量，故对消能梁段的塑性变形能力要求较高。一般钢材的塑性变形能力与其屈服强度成正比，因此消能梁端所采用的钢材的屈服强度不能太高，应不大于 345 MPa。

此外，为保障消能梁段具有稳定的反复受力的塑性变形能力，消能梁段腹板不得加焊贴板提高强度，也不得在腹板上开洞，且消能梁段及与消能梁段同一跨内的非消能梁段，其板件的宽厚比不应大于表 6-7 的限值。

表 6-7 偏心支撑框架梁的板件宽厚比限值

板件名称		宽厚比限值
翼缘外伸部分		8
腹板	当 $N/Af \leqslant 0.14$ 时	$90[1-1.65N/Af]$
	当 $N/Af > 0.14$ 时	$33[2.3-N/Af]$

注：① 表列数值适用于 Q235 钢，当材料为其他钢号时，应乘以 $\sqrt{235/f_{ay}}$。
② N_b/Af 为梁轴压比。N_b 为偏心支撑框架梁的轴力设计值；A 为梁截面面积；f 为钢材抗拉强度设计值。
③ 消能梁段加劲肋的设置。

为保证在塑性变形过程中消能梁段的腹板不发生局部屈曲，应按下列规定在梁腹板两侧设置加劲肋：

（1）在与偏心支撑连接处应设加劲肋。

（2）在距消能梁段端部 b_f 处，应设加劲肋。b_f 为消能梁段翼缘宽度。

（3）在消能梁段中部应设加劲肋，加劲肋间距 c 应根据消能梁段长度 a 确定。

当 $a \leqslant 1.6M_{1p}/V_1$ 时，最大间距为 $30t_w - (h_0/5)$。

当 $2.6M_{1p}/V_1 < a \leqslant 5M_{1p}/V_1$ 时，应在距消能梁段端部 $1.5b_f$ 处配置中间加劲肋，且中间加劲肋间距不应大于 $52t_w - (h_0/5)$。

当 a 介于以上两者之间时，最大间距宜用线性插值确定。其中 t_w、h_0 分别为消能梁段腹板厚度与高度。

当 $a > 5M_{1p}/V_1$ 时，可不配置中间加劲肋。

消能梁段加劲肋的宽度不得小于 $0.5b_f - t_w$，厚度不得小于 t_w 或 10 mm。加劲肋应采用角焊缝与消能梁段腹板和翼缘焊接，加劲肋与消能梁段腹板的焊缝应能承受大小为 $A_{st}f_y$ 的力，与翼缘的焊缝应能承受大小为 $A_{st}f_y/4$ 的力。其中 A_{st} 为加劲肋的截面面积，f_y 为加劲肋屈服强度。

3）消能梁段与柱的连接

为防止消能梁段与柱的连接破坏，而使消能梁段不能充分发挥塑性变形耗能作用，消能梁段与柱的连接应符合下列要求：

（1）消能梁段翼缘与柱翼缘之间应采用坡口全焊透对接焊缝连接，消能梁段腹板与柱之间应采用角焊缝连接；角焊缝的承载力不得小于消能梁段腹板的轴向承载力、受剪承载力和受弯承载力。

（2）消能梁段与柱腹板连接时，消能梁段翼缘与连接板间应采用坡口全焊透焊缝，消能梁段腹板与柱间应采用角焊缝；角焊缝的承载力不得小于消能梁段腹板的轴向承载力、受剪承载力和受弯承载力。

4）支撑及框架部分要求

偏心支撑框架支撑杆件的长细比不应大于 $120\sqrt{235/f_{ay}}$，支撑杆件的板件宽厚比不应超过轴心受压构件按弹性设计时的宽厚比限值。偏心支撑框架结构框架部分的抗震构造措施要求可与纯框架结构抗震构造要求一致。但当房屋高度不高于 100 m 且框架部分承担的地震作用不大于结构底部总地震剪力的 25% 时，一、二、三级的抗震构造措施可按框架结构降低一级的相应要求采用。

6.7 钢结构设计例题

【例题 6-1】 某大学教学楼,主体为 7 层纯钢框架结构,局部 8 层。层高为 3.9 m,室内外高差为 0.45 m,建筑物总高度为 27.75 m,总建筑面积为 8 358.0 m²。该建筑总长为 70.7 m,横向 3 跨,宽度为 6.6 m(边跨)和 2.7 m(中跨);12 榀横向框架,柱距为 6.6 m(局部柱距为 3.3 m、6.9 m、7.2 m)。

1)设计资料

(1)基本设计条件

抗震设防类别:标准设防类;抗震设防烈度为 8 度,设计基本地震加速度为 0.2g,设计地震分组为第一组;建筑场地类别为 I_1 类;结构抗震等级为三级;结构设计使用年限为 50 年;建筑结构安全等级为二级。

基本风压为 0.40 kN/m²(场地粗糙度属于 C 类);基本雪压为 0.35 kN/m²;土壤冻结深度为 0.8 m;地下水位按室外地坪以下 4 m 考虑,地下水无侵蚀性。

(2)材料选用

钢材:均采用 Q345 - B 钢($E = 2.06 \times 10^5$ N/mm²)。

墙体:±0.000 m 以下墙体采用 M10 水泥砂浆砌 MU10 烧结砖;±0.000 m 以上内外墙体均采用 M5 混合砂浆砌 MU5 加气混凝土砌块。

楼板:结构层采用 100 厚压型钢板组合楼板,选用双波型 W - 500 压型钢板。

2)横向框架计算简图及梁柱线刚度

(1)确定框架计算简图

本案取 15 轴框架进行内力分析。假定框架柱嵌固于基础顶面。框架梁与柱采用刚性连接,梁跨等于轴线之间的距离。底层柱高取从基础顶面至一层楼盖顶面的距离。基础埋深初定为室外地面以下 1.0 m,故底层柱高为 5.35 m;其余各层柱高取上、下两层楼盖顶面之间的高度,均为 3.9 m。框架计算简图见图 6-28。

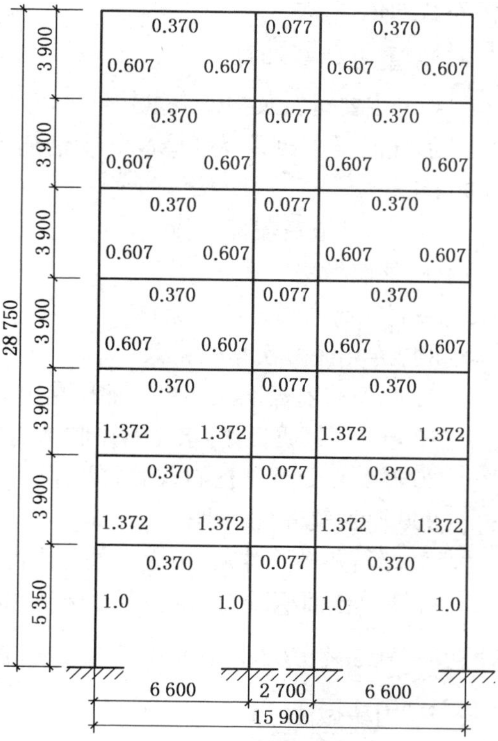

(2)框架截面尺寸及线刚度计算

① 框架柱:多层钢框架的柱截面通常选用热轧宽翼缘 H 型钢。根据经验,并考虑计算方便,柱截面尺寸及线刚度计算如下:

1~3 层:选用 HW502×470×20×25。

4 层以上:选用 HW400×400×13×21。

图 6-28 15 轴横向框架计算简图(单位:mm)

$$i\text{底层柱} = \frac{EI_c}{h} = 2.06 \times 10^5 \times \frac{150\,283 \times 10^4}{5\,350} = 5.787 \times 10^4 \text{kN} \cdot \text{m}$$

$$i2\sim3\text{层} = \frac{EI_c}{h} = 2.06 \times 10^5 \times \frac{150\,283 \times 10^4}{3\,900} = 7.938 \times 10^4 \text{kN} \cdot \text{m}$$

$$i4\sim7\text{层} = \frac{EI_c}{h} = 2.06 \times 10^5 \times \frac{66\,455 \times 10^4}{3\,900} = 3.51 \times 10^4 \text{kN} \cdot \text{m}$$

② 框架梁:对于简支梁,当容许挠度按 $l/400$ 确定,承受均布荷载时,其最小高度可按 $l/10.2$(Q345)确定。框架梁的截面高度,可参考简支梁的要求进行调整,将截面高度减小一些。15 轴框架为中框架,因采用压型钢板组合楼板,所以梁的惯性矩取 1.5 倍 I_b(I_b 为钢梁惯性矩)。框架梁截面尺寸及线刚度计算如下:

所有纵向框架梁及 6.6 m 跨的横向框架梁:选用 HN500×200×10×16。

2.7 m 跨的横向框架梁:选用 HN250×125×6×9。

$$i6.6\text{ m} = \frac{EI_b}{l} = 1.5 \times 2.06 \times 10^5 \times \frac{45\,685 \times 10^4}{6\,600} = 2.139 \times 10^4 \text{ kN} \cdot \text{m}$$

$$i2.7\text{ m} = \frac{EI_b}{l} = 1.5 \times 2.06 \times 10^5 \times \frac{3\,868 \times 10^4}{2\,700} = 4.43 \times 10^3 \text{ kN} \cdot \text{m}$$

纵、横向次梁均选用 HN350×175×7×11。

(3) 框架梁柱相对线刚度计算

令 i 底层柱 $= 1.0$,则其余各杆件的相对线刚度如图 6-28,作为计算各节点杆端弯矩分配系数的依据。

3) 重力荷载计算

(1) 主要材料及构件自重

加气混凝土砌块为 8 kN/m³;钢筋混凝土为 25 kN/m³;钢窗为 0.45 kN/m³;木门为 0.2 kN/m³。

(2) 内外墙荷载标准值

① 外墙做法

一底二涂高弹丙烯酸涂料;

3 厚专用胶 2 次粘贴;

20 厚聚苯乙烯泡沫塑料板加压粘牢,板面打磨成细麻面;

10 厚 1∶1(质量比)水泥专用胶粘剂刮于板背面;

20 厚 2∶1∶8 水泥石灰砂浆找平;

200 厚加气混凝土砌体;

20 厚石灰砂浆抹灰(卫生间处为水泥砂浆抹灰)。

外墙单位面积重力荷载标准值统一按下值考虑,即

$$0.5 \times 0.02 + 16 \times 0.01 + 17 \times 0.02 + 8 \times 0.2 + 17 \times 0.02 = 2.45 \text{ kN/m}^2$$

② 内墙做法

200 厚加气混凝土砌块;

20 厚水泥石灰砂浆双面抹灰(卫生间处一面为水泥砂浆抹灰)。

内墙单位面积重力荷载标准值统一按下值考虑,即

$$17 \times 0.02 \times 2 + 8 \times 0.20 = 2.28 \text{ kN/m}^2$$

(3) 屋面及楼面永久荷载标准值

① 屋面永久荷载标准值(倒置式屋面,不上人):

40 厚 C20 细石混凝土,内配 $\phi4@150 \times 150$ 钢筋网片	$24 \times 0.04 = 0.96 \text{ kN/m}^2$
干铺无纺聚酯纤维布隔离层	0.01 kN/m^2
25 厚挤塑聚苯乙烯泡沫塑料板保温层	$0.5 \times 0.025 = 0.012\,5 \text{ kN/m}^2$
4 厚高聚物改性沥青防水卷材层	0.01 kN/m^2
20 厚 1:3 水泥砂浆掺聚丙烯找平层	$20 \times 0.02 = 0.40 \text{ kN/m}^2$
1:8 水泥膨胀珍珠岩找 2% 坡,最薄处 20 厚	$7 \times (0.18 + 0.02)/2 = 0.7 \text{ kN/m}^2$
100 厚压型钢板组合楼板混凝土部分	$25 \times 0.10 = 2.50 \text{ kN/m}^2$
双波型 W-500 压型钢板	0.11 kN/m^2
装饰层	0.30 kN/m^2
合计:	5.0 kN/m^2

② 楼面永久荷载标准值(普通房间):

水磨石楼面(总厚度 30)	0.65 kN/m^2
100 厚压型钢板组合楼板混凝土部分	$25 \times 0.10 = 2.50 \text{ kN/m}^2$
双波型 W-500 压型钢板	0.11 kN/m^2
装饰层	0.30 kN/m^2
合计:	3.56 kN/m^2

(4) 楼面永久荷载标准值(卫生间):

水磨石防水楼面(总厚度 97)	2.17 kN/m^2
100 厚压型钢板组合楼板混凝土部分	$25 \times 0.10 = 2.50 \text{ kN/m}^2$
双波型 W-500 压型钢板	0.11 kN/m^2
装饰层	0.30 kN/m^2
合计:	5.08 kN/m^2

(5) 屋面及楼面均布可变荷载标准值

屋面基本雪压,考虑 50 年一遇,取 $s_0 = 0.35 \text{ kN/m}^2$,$\mu_r = 1.0$,故屋面雪荷载标准值为 $s_k = 1.0 \times 0.35 = 0.35 \text{ kN/m}^2$;不上人屋面均布可变荷载标准值为 0.5 kN/m^2;教室、会议室、卫生间等楼面可变荷载标准值为 2.0 kN/m^2;走廊、楼梯间楼面可变荷载标准值为 2.5 kN/m^2。

(6) 各层重力荷载代表值的计算

① 墙:各层墙体的重力荷载标准值计算见表 6-8。表中总标准值 =(墙毛面积 — 门窗面积)×墙体单位面积重力荷载标准值 + 门窗面积×门窗自重。以 7 层为例。

外墙:$(538.68 - 221.04) \times 2.45 + 221.04 \times 0.45 = 877.686 \text{ kN}$

内墙:$(821.275 - 77.82) \times 2.28 + 77.82 \times 0.2 = 1\,710.64 \text{ kN}$

表 6-8　墙体重力荷载标准值计算表

楼　　　层		1	2	3	4	5	6	7	8
墙毛面积 （m²）	外墙	527.9	527.9	527.9	538.68	538.68	538.68	538.68	227.14
	内墙	757.575	801.125	801.125	821.275	821.275	821.275	821.275	259.675
门窗面积 （m²）	外墙	224.04	221.04	221.04	221.04	221.04	221.04	221.04	62.64
	内墙	71.58	77.82	77.82	77.82	77.82	77.82	77.82	26.46
总标准值 （kN）	外墙	845.422	851.422	851.422	877.686	877.686	877.686	877.686	431.213
	内墙	1 578.385	1 664.70	1 664.70	1 710.64	1 710.64	1 710.64	1 710.64	537.02
标准值合计 （kN）		2 423.807	2 516.122	2 516.122	2 588.326	2 588.326	2 588.326	2 588.326	968.233

② 柱：框架柱自重为 H 型钢自重加装饰层重量 0.50 kN/m，计算见表 6-9。

H 型钢 HW502×470×20×25；2.54(258.7)＋0.50 ＝ 3.04 kN/m

H 型钢 HW400×400×13×21；1.68(171.7)＋0.50 ＝ 2.18 kN/m

表 6-9　柱重力荷载标准值计算表

楼层	柱选型	每延米重量 （kN/m）	柱长 （m）	根数	总长 （m）	标准值（kN）
8	HW400×400×13×21	2.18	3.9	16	62.4	136.032
4~7	HW400×400×13×21	2.18	3.9	48	187.2	408.096
2~3	HW502×470×20×25	3.04	3.9	48	187.2	569.088
1	HW502×470×20×25	3.04	5.35	48	256.8	780.672

③ 梁：框架梁自重为 H 型钢自重加装饰层重量(0.30 kN/m)，计算见表 6-10。

H 型钢 HN500×200×10×16；0.863(88.1)＋0.30 ＝ 1.163 kN/m

H 型钢 HN250×125×6×9；0.284(29.0)＋0.30 ＝ 0.584 kN/m

HN350×175×7×11；0.484(49.4)＋0.30 ＝ 0.784 kN/m

④ 楼面、屋面的重力荷载：各层楼面、屋面的永久荷载标准值及可变荷载标准值计算见表 6-11 和表 6-12。

⑤ 楼层质点重力荷载代表值的计算：计算地震作用时，建筑的重力荷载代表值应取结构和构配件自重标准值与各可变荷载组合值之和。各可变荷载组合值系数，对楼面活荷载和雪荷载取 0.5，屋面活荷载取 0。

表 6-10　梁重力荷载标准值计算表

楼层	选　　型	每延米重量 （kN/m）	梁长 （m）	标准值 （kN）	小计 （kN）
8	HN500×200×10×16	1.163	146.1	169.92	212.69
	HN250×125×6×9	0.584	10	5.84	
	HN350×175×7×11	0.784	47.1	36.93	

续表 6-10

楼层	选 型	每延米重量 (kN/m)	梁长 (m)	标准值 (kN)	小计 (kN)
4~7	HN500×200×10×16	1.163	426.8	496.368	623.256
	HN250×125×6×9	0.584	30	17.52	
	HN350×175×7×11	0.784	139.5	109.368	
1~3	HN500×200×10×16	1.163	422	490.786	617.674
	HN250×125×6×9	0.584	30	17.52	
	HN350×175×7×11	0.784	139.5	109.368	

表 6-11 楼面、屋面的永久荷载标准值计算表

楼层	部 位	面积 (m²)	均布永久荷载标 准值(kN/m²)	永久荷载标 准值(kN)	永久荷载合计 (kN)
8	屋面	341.32	5.0	1706.7	1706.7
7	屋面	796.95	5.0	3984.75	5496.53
	楼面	298.12	3.56	1061.31	
	设备间	—	—	400	
	楼梯间	—	—	50.466	
6	教室、会议室、走廊	1010.61	3.56	3597.78	4148.67
	卫生间	64.26	5.08	326.44	
	楼梯间	—	—	224.45	
1~5	教室、会议室、走廊	1010.61	3.56	3597.78	4294.89
	卫生间	64.26	5.08	326.44	
	楼梯间	—	—	370.67	

注:① 表中楼梯间荷载取自楼梯计算数据,计算过程此处从略,下同。
② 8层设备间为电梯机房及水箱间,其荷载为粗略估算。

表 6-12 楼面、屋面的可变荷载标准值计算表

楼层	部 位	面积(m²)	均布可变荷载标 准值(kN/m²)	可变荷载标准值 (kN)	可变荷载合计 (kN)
8	屋面	379.62	0.5(0.35)	189.81(132.867)	189.81(132.867)
7	屋面	863.55	0.5(0.35)	431.775(302.243)	1278.715 (1149.183)
	楼面	252.58	2.0	505.16	
	设备间	45.54	7.0	318.78	
	楼梯间	9.2	2.5	23	

续表 6-12

楼层	部 位	面积(m²)	均布可变荷载标准值(kN/m²)	可变荷载标准值(kN)	可变荷载合计(kN)
6	教室、会议室、卫生间	796.32	2.0	1 592.64	2 254.165
	走廊、楼梯间	264.61	2.5	661.525	
1～5	教室、会议室、卫生间	796.32	2.0	1 592.64	2 323.065
	走廊、楼梯间	292.17	2.5	730.425	

注:括号中为考虑雪荷载组合的计算值。

各个楼层质点的重力荷载代表值 G_i 的计算过程见表 6-13。计算时,将每层的楼面荷载及上下各半层的墙、柱荷载集中到该层处,即为该层质点的重力荷载代表值。

表 6-13　楼层质点的重力荷载代表值计算表(kN)

质点	楼面永久荷载	楼面可变荷载	梁	柱	墙	雨篷	G_i
8	1 706.7	189.81 (132.867)	212.69	136.032	968.233	236.77	2 774.73
7	5 496.53	1 278.715 (1 149.183)	623.256	408.096	2 588.326	412.96	9 162.66
6	4 148.67	2 254.165	623.256	408.096	2 588.326	—	8 895.43
5	4 294.89	2 323.065	623.256	408.096	2 588.326		9 076.10
4	4 294.89	2 323.065	623.256	408.096	2 588.326		9 076.10
3	4 294.89	2 323.065	617.674	617.674	2 516.122		9 114.91
2	4 294.89	2 323.065	617.674	617.674	2 516.122		9 159.31
1	4 294.89	2 323.065	617.674	617.674	2 423.807	16.87	9 218.94

注:表中雨篷为一层出口处及屋顶处的雨篷,其重力荷载计算过程从略。

各质点重力荷载代表值如图 6-29 所示。

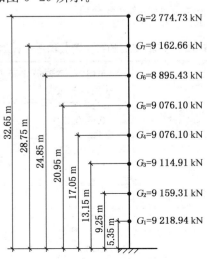

G_8=2 774.73 kN
G_7=9 162.66 kN
G_6=8 895.43 kN
G_5=9 076.10 kN
G_4=9 076.10 kN
G_3=9 114.91 kN
G_2=9 159.31 kN
G_1=9 218.94 kN

32.65 m　28.75 m　24.85 m　20.95 m　17.05 m　13.15 m　9.25 m　5.35 m

图 6-29　质点重力荷载代表值示意图

4）框架横向抗侧刚度计算

（1）横向框架梁的线刚度计算

本案例有 12 榀横向框架。梁一侧或两侧有楼板，会影响框架梁的惯性矩取值，进而影响框架柱的抗侧刚度。根据框架柱横向抗侧刚度的不同，将框架柱做了编号，如图 6-30，除图中所示外，其余边柱均为 Z_1，中柱均为 Z_2。

表 6-14 为横向框架梁线刚度 i_b 的计算表。表中 I_0 为矩形梁截面惯性矩，I_b 为考虑梁翼缘的影响，乘以惯性矩增大系数后的梁截面惯性矩。对于中框架梁和边框架梁，增大系数分别取 1.5 和 1.2。

（2）横向框架柱的抗侧刚度计算

采用 D 值法对各横向框架柱进行抗侧移刚度计算，以 Z_1、Z_2 为例，计算过程见表 6-15 和表 6-16。

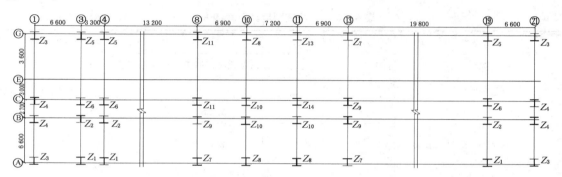

图 6-30　横向抗侧刚度计算示意图

表 6-14　横向框架梁线刚度计算表

跨度 （m）	截面（mm×mm）	I_0（mm⁴）	部位	I_b（mm⁴）	E（N/mm²）	$i_b = E_c I_b / l$ （kN·m）
6.6	HN 500×200× 10×16	45 685×10⁴	中	68 527.5×10⁴	2.06×10⁵	2.139×10⁴
			边	54 822×10⁴		1.711×10⁴
2.7	HN 250×125× 6×9	3 868×10⁴	中	5 802×10⁴		4.43×10³
			边	4 641.6×10⁴		3.54×10³

表 6-15　Z_1 抗侧刚度计算表（9 根）

层数	1	2～3	4～7
选型	HW502×470×20×25	HW502×470×20×25	HW400×400×13×21
层高 h（m）	5.35	3.9	3.9
惯性矩 I_c（mm⁴）	150 283×10⁴	150 283×10⁴	66 455×10⁴
钢材弹性模量 E（N/mm²）	2.06×10⁵	2.06×10⁵	2.06×10⁵
线刚度： $i_c = EI_c/h$（kN·m）	5.787×10⁴	7.938×10⁴	3.51×10⁴

续表 6-15

层数	1	2～3	4～7
一般层：$k=\dfrac{\sum i_b}{2i_c}$ 底层：$k=\dfrac{\sum i_b}{i_c}$	0.369 6	0.269 5	0.609 4
一般层：$a_c=\dfrac{k}{2+k}$ 底层：$a_c=\dfrac{0.5+k}{2+k}$	0.367 0	0.118 7	0.233 5
抗侧刚度：$D=a_c\dfrac{12i_c}{h^2}$(kN/m)	8 904.2	7 433.9	6 466.2

表 6-16　Z_2 抗侧刚度计算表（9 根）

层数	1	2～3	4～7
选型	HW 502×470×20×25	HW 502×470×20×25	HW 400×400×13×21
层高 h(m)	5.35	3.9	3.9
惯性矩 I_c(mm^4)	150 283×10^4	150 283×10^4	66 455×10^4
钢材弹性模量 E(N/mm^2)	2.06×10^5	2.06×10^5	2.06×10^5
线刚度： $i_c=EI_c/h$(kN·m)	5.787×10^4	7.938×10^4	3.51×10^4
一般层：$k=\dfrac{\sum i_b}{2i_c}$ 底层：$k=\dfrac{\sum i_b}{i_c}$	0.446 2	0.325 3	0.735 6
一般层：$a_c=\dfrac{k}{2+k}$ 底层：$a_c=\dfrac{0.5+k}{2+k}$	0.386 8	0.139 9	0.268 9
抗侧刚度： $D=a_c\dfrac{12i_c}{h^2}$(kN/m)	9 384.6	8 761.5	7 446.5

$Z_3\sim Z_{14}$ 的抗侧刚度计算从略。各层框架的横向抗侧刚度统计见表 6-17。

表 6-17　横向框架抗侧刚度统计表

层数	1	2	3	4	5	6	7	8
Z_1(9)	8 904.2×9 =80 137.8	7 433.9×9 =66 905.1	7 433.9×9 =66 905.1	6 466.2×9 =58 195.8	6 466.2×9 =58 195.8	6 466.2×9 =58 195.8	6 466.2×9 =58 195.8	—
Z_2(9)	9 384.6×9 =84 461.4	8 761.5×9 =78 853.5	8 761.5×9 =78 853.5	7 446.5×9 =67 018.5	7 446.5×9 =67 018.5	7 446.5×9 =67 018.5	7 446.5×9 =67 018.5	—

续表 6-17

层数	1	2	3	4	5	6	7	8
$Z_3(4)$	$8\,409.2 \times 4$ $= 33\,636.8$	$6\,093.6 \times 4$ $= 24\,374.4$	$6\,093.6 \times 4$ $= 24\,374.4$	$5\,427.7 \times 4$ $= 21\,710.8$	$5\,427.7 \times 4$ $= 21\,710.8$	$5\,427.7 \times 4$ $= 21\,710.8$	$5\,427.7 \times 4$ $= 21\,710.8$	…
$Z_4(4)$	$8\,819.2 \times 4$ $= 35\,276.8$	$7\,208.4 \times 4$ $= 28\,833.6$	$7\,208.4 \times 4$ $= 28\,833.6$	$6\,294.5 \times 4$ $= 25\,178$	$6\,294.5 \times 4$ $= 25\,178$	$6\,294.5 \times 4$ $= 25\,178$	$6\,294.5 \times 4$ $= 25\,178$	…
$Z_5(3)$	$8\,409.2 \times 3$ $= 25\,227.6$	$6\,093.6 \times 3$ $= 18\,280.8$	$6\,093.6 \times 3$ $= 18\,280.8$	$5\,427.7 \times 3$ $= 16\,283.1$	$5\,427.7 \times 3$ $= 16\,283.1$	$5\,427.7 \times 3$ $= 16\,283.1$	$5\,959.4 \times 3$ $= 17\,878.2$	…
$Z_6(3)$	$8\,921.2 \times 3$ $= 26\,763.6$	$7\,484.0 \times 3$ $= 22\,452$	$7\,484.0 \times 3$ $= 22\,452$	$6\,502.2 \times 3$ $= 19\,506.6$	$6\,502.2 \times 3$ $= 19\,506.6$	$6\,502.2 \times 3$ $= 19\,506.6$	$6\,984 \times 3$ $= 20\,952$	…
$Z_7(3)$	$8\,904.2 \times 3$ $= 26\,712.6$	$7\,433.9 \times 3$ $= 22\,301.7$	$7\,433.9 \times 3$ $= 22\,301.7$	$6\,466.2 \times 3$ $= 19\,398.6$	$6\,466.2 \times 3$ $= 19\,398.6$	$6\,466.2 \times 3$ $= 19\,398.6$	$6\,466.2 \times 3$ $= 19\,398.6$	$5\,959.4 \times 3$ $= 17\,878.2$
$Z_8(3)$	$8\,904.2 \times 3$ $= 26\,712.6$	$7\,433.9 \times 3$ $= 22\,301.7$	$7\,433.9 \times 3$ $= 22\,301.7$	$6\,466.2 \times 3$ $= 19\,398.6$	$6\,466.2 \times 3$ $= 19\,398.6$	$6\,466.2 \times 3$ $= 19\,398.6$	$6\,466.2 \times 3$ $= 19\,398.6$	$6\,466.2 \times 3$ $= 19\,398.6$
$Z_9(3)$	$9\,384.6 \times 3$ $= 28\,153.8$	$8\,761.5 \times 3$ $= 26\,284.5$	$8\,761.5 \times 3$ $= 26\,284.5$	$7\,446.5 \times 3$ $= 22\,339.5$	$7\,446.5 \times 3$ $= 22\,339.5$	$7\,446.5 \times 3$ $= 22\,339.5$	$7\,446.5 \times 3$ $= 22\,339.5$	$6\,886.7 \times 3$ $= 20\,660.1$
$Z_{10}(3)$	$9\,384.6 \times 3$ $= 28\,153.8$	$8\,761.5 \times 3$ $= 26\,284.5$	$8\,761.5 \times 3$ $= 26\,284.5$	$7\,446.5 \times 3$ $= 22\,339.5$	$7\,446.5 \times 3$ $= 22\,339.5$	$7\,446.5 \times 3$ $= 22\,339.5$	$7\,446.5 \times 3$ $= 22\,339.5$	$7\,446.5 \times 3$ $= 22\,339.5$
$Z_{11}(1)$	$8\,409.2$	$6\,093.6$	$6\,093.6$	$5\,427.7$	$5\,427.7$	$5\,427.7$	$5\,427.7$	$5\,427.7$
$Z_{12}(1)$	$8\,921.2$	$7\,484.0$	$7\,484.0$	$6\,502.2$	$6\,502.2$	$6\,502.2$	$6\,984$	$6\,399.7$
$Z_{13}(1)$	$8\,409.2$	$6\,093.6$	$6\,093.6$	$5\,427.7$	$5\,427.7$	$5\,427.7$	$5\,427.7$	$5\,959.4$
$Z_{14}(1)$	$8\,921.2$	$7\,484.0$	$7\,484.0$	$6\,502.2$	$6\,502.2$	$6\,502.2$	$6\,502.2$	$6\,984$
$\sum D$	$429\,897.6$	$364\,027$	$364\,027$	$315\,228.8$	$315\,228.8$	$315\,228.8$	$318\,751.1$	$105\,047.2$

（3）横向框架的规则性判断

$$\sum D_1 / \sum D_2 = 429\,897.6/364\,027 = 1.181 > 0.7$$

且

$$3\sum D_1 / \left(\sum D_2 + \sum D_3 + \sum D_4\right) = (3 \times 429\,897.6)/(315\,228.8 + 364\,027 \times 2)$$
$$= 1.236 > 0.8$$

故横向框架为竖向规则结构。

5）横向水平地震作用下框架结构的位移和内力计算

（1）横向框架自振周期的计算

本案例质量和刚度沿高度分布比较均匀，可计算其基本自振周期，周期折减系数取 0.9。表 6-18 为假想的结构顶点水平位移 u_n 的计算过程。u_n 取值时，不考虑突出屋面的屋顶间，取主体结构的顶点位移。

表 6-18　顶点假想水平位移计算表

楼层	G_i(kN)	V_i(kN)	$\sum D$(kN/m)	Δu(m)	u(m)
8	2 774.73	2 774.73	105 047.2	0.026	0.792
7	9 162.66	11 937.39	318 751.1	0.037	0.766
6	8 895.43	20 832.82	315 228.8	0.066	0.729
5	9 076.10	29 908.92	315 228.8	0.095	0.663
4	9 076.10	38 985.02	315 228.8	0.124	0.568
3	9 114.91	48 099.93	364 027	0.132	0.444
2	9 159.31	57 259.24	364 027	0.157	0.312
1	9 218.94	66 478.18	429 897.6	0.155	0.155

结构的横向基本周期为

$$T_1 = 1.7\xi_T \sqrt{u_n} = 1.7 \times 0.9 \times \sqrt{0.766} = 1.339 \text{ s}$$

（2）横向水平地震作用及楼层地震剪力的计算

本教学楼的高度不超过 40 m，质量和刚度沿高度分布比较均匀，变形以剪切变形为主，故可采用底部剪力法计算水平地震作用。

结构等效总重力荷载为

$$G_{eq} = 0.85 \sum G_i = 0.85 \times 66\,478.18 = 56\,506.5 \text{ kN}$$

抗震设防烈度为 8 度，设计基本地震加速度为 0.20g，查表得多遇地震下 $a_{max} = 0.16$；设计地震分组为第一组，I_1 类场地，得到场地特征周期 $T_g = 0.25 \text{ s}$。

多遇地震作用下，钢结构阻尼比取 $\xi = 0.04$，则有

$$\gamma = 0.9 + \frac{0.05 - \xi}{0.3 + 6\xi} = 0.918\,5$$

$$\eta_1 = 0.02 + \frac{0.05 - \xi}{4 + 32\xi} = 0.021\,9$$

$$\eta_2 = 1 + \frac{0.05 - \xi}{0.08 + 1.6\xi} = 1.069\,4$$

因为 $T_1 = 1.339 \text{ s} > 5T_g = 5 \times 0.25 = 1.25 \text{ s}$，所以

$$\begin{aligned}
\alpha_1 &= [\eta_2 0.2^\gamma - \eta_1(T_1 - 5T_g)]\alpha_{max} \\
&= [1.069\,4 \times 0.2^{0.918\,5} - 0.021\,9(1.339 - 5 \times 0.25)] \times 0.16 = 0.038\,7
\end{aligned}$$

结构总水平地震作用标准值为

$$F_{EK} = \alpha_1 G_{eq} = 0.038\,7 \times 56\,506.5 = 2\,186.8 \text{ kN}$$

因为 $T_1 = 1.339 \text{ s} > 1.4T_g = 1.4 \times 0.25 = 0.35 \text{ s}$，所以应考虑顶部附加水平地震作用；又 $T_g < 0.35 \text{ s}$，故顶部附加地震作用系数为

$$\delta_7 = 0.08T_1 + 0.07 = 0.08 \times 1.339 + 0.07 = 0.177\,12$$

顶部附加水平地震作用(作用在主体结构顶部)为

$$\Delta F_7 = \delta_7 F_{EK} = 0.177\ 12 \times 2\ 186.8 = 387.33\ \text{kN}$$

各质点的横向水平地震作用按下式计算,即

$$F_i = \frac{G_i H_i}{\sum\limits_{j=1}^{n} G_j H_j} F_{EK}(1 - \delta_n) \qquad (i = 1, 2, \cdots, 8)$$

地震作用下各楼层水平地震层间剪力为

$$V_i = \sum_{j=1}^{n} F_j \qquad (i = 1, 2, \cdots, 8)$$

各质点的横向水平地震作用及楼层地震剪力计算见表 6-19。

表 6-19　各质点的横向水平地震作用及楼层地震剪力计算表

质点	H_i (m)	G_i (kN)	$H_i G_i$ (kN·m)	$\sum H_i G_i$ (kN·m)	F_{EK} $(1-\delta_7)$(kN)	F_i (kN)	ΔF_7 (kN)	V_i (kN)
8	32.65	2 774.73	90 594.94			138.88		138.88
7	28.75	9 162.66	263 426.48			403.82		930.03
6	24.85	8 895.43	221 051.44			338.86		1 268.89
5	20.95	9 076.10	190 144.30	1 173 870.69	1 799.47	291.48	387.33	1 560.37
4	17.05	9 076.10	154 747.51			237.22		1 797.59
3	13.15	9 114.91	119 861.07			183.74		1 981.33
2	9.25	9 159.31	84 723.62			129.88		2 111.21
1	5.35	9 218.94	49 321.33			75.61		2 186.8

各质点水平地震作用分布及楼层地震剪力分布见图 6-31 和图 6-32。

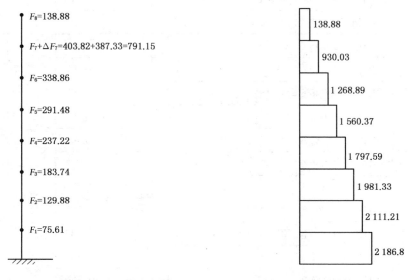

图 6-31　各质点水平地震作用分布图(单位:kN)　　图 6-32　楼层地震剪力分布图(单位:kN)

（3）多遇地震作用下的弹性层间位移计算

多遇地震作用下横向框架结构的弹性层间位移 Δu_i 和顶点位移 $\sum u_i$ 的计算见表 6-20。

表 6-20　多遇地震作用下横向框架结构的各楼层弹性层间位移计算表

楼层	层间剪力 V_i（kN）	层间刚度 $\sum D_i$（kN/m）	层间弹性位移 $\Delta u_i = V_i / \sum D_i$（m）	顶点位移 $\sum u_i$（m）	层高 h（m）	层间弹性位移 $\Delta u_i / h$
8	138.88	105 047.2	0.001 32	0.035 25	3.9	1/2 955
7	930.03	318 751.1	0.002 92	0.033 93	3.9	1/1 336
6	1 268.89	315 228.8	0.004 03	0.031 01	3.9	1/969
5	1 560.37	315 228.8	0.004 95	0.026 98	3.9	1/788
4	1 797.59	315 228.8	0.005 70	0.022 03	3.9	1/684
3	1 981.33	364 027	0.005 44	0.016 33	3.9	1/717
2	2 111.21	364 027	0.005 80	0.010 89	3.9	1/672
1	2 186.8	429 897.6	0.005 09	0.005 09	5.35	1/767

最大弹性层间位移角发生在第二层，其值为 1/672<[1/250]，符合抗震规范规定弹性层间位移角限值。

（4）水平地震作用下横向框架内力的计算

采用 D 值法，对 15 轴横向框架进行水平地震（左震）作用下的框架内力计算，具体计算过程见表 6-21～表 6-24。

表 6-21　反弯点高度计算表

总层数 m	楼层 n	部位	k	y_0	y_1	y_2	y_3	y	h（m）	y_h（m）
7	7	边柱	0.609 4	0.30	0	—	0	0.30	3.90	1.170
		中柱	0.735 6	0.318	0	—	0	0.318		1.240
	6	边柱	0.609 4	0.40	0	0	0	0.40		1.560
		中柱	0.735 6	0.40	0	0	0	0.40		1.560
	5	边柱	0.609 4	0.45	0	0	0	0.45		1.755
		中柱	0.735 6	0.45	0	0	0	0.45		1.755
	4	边柱	0.609 4	0.45	0	0	0	0.45		1.755
		中柱	0.735 6	0.45	0	0	0	0.45		1.755
	3	边柱	0.269 5	0.50	0	0	0	0.50		1.950
		中柱	0.325 3	0.50	0	0	0	0.50		1.950
	2	边柱	0.269 5	0.615	0	0	−0.05	0.565		2.204
		中柱	0.325 3	0.587	0	0	−0.048	0.539		2.102
	1	边柱	0.369 6	0.830	—	−0.028	—	0.802	5.35	4.291
		中柱	0.446 2	0.777	—	−0.018	—	0.759		4.061

表 6-22　水平地震作用下 15 轴框架柱地震剪力及柱端弯矩计算表

楼层	$\sum D_i$(kN/m)	部位	D_{ik}(kN/m)	V_i(kN)	V_{ik}(kN)	yh(m)	M_{ik}^{t}(kN·m)	$M_{ik}^{\overline{F}}$(kN·m)
7	318 751.1	边柱	6 466.2	930.03	18.867	1.170	51.507	22.074
		中柱	7 446.5		21.727	1.240	57.794	26.941
6	315 228.8	边柱	6 466.2	1 268.89	26.028	1.560	60.906	40.604
		中柱	7 446.5		29.974	1.560	70.139	46.759
5	315 228.8	边柱	6 466.2	1560.37	32.007	1.755	68.655	56.172
		中柱	7 446.5		36.860	1.755	79.065	64.689
4	315 228.8	边柱	6 466.2	1 797.59	36.873	1.755	79.093	64.712
		中柱	7 446.5		42.464	1.755	91.085	74.524
3	364 027	边柱	7 433.9	1 981.33	40.461	1.950	78.899	78.899
		中柱	8 761.5		47.687	1.950	92.990	92.990
2	364 027	边柱	7 433.9	2 111.21	43.114	2.204	73.121	95.023
		中柱	8 761.5		50.813	2.102	91.362	106.809
1	429 897.6	边柱	8 904.2	2 186.8	45.294	4.291	47.966	194.357
		中柱	9 384.6		47.738	4.061	61.534	193.864

表 6-23　水平地震作用下 15 轴框架梁端弯矩计算表

楼层	节点	$i_{节点}^{l}$(kN·m)	$i_{节点}^{r}$(kN·m)	M_{ik}^{t}(kN·m)	$M_{i+1,k}^{\overline{F}}$(kN·m)	$M_{节点}^{l}$(kN·m)	$M_{节点}^{r}$(kN·m)
7 层顶	边	—	2.139×10^4	51.507	—	—	51.507
	中	2.139×10^4	0.443×10^4	57.794		47.878	9.916
6 层顶	边	—	2.139×10^4	60.906	22.074	—	82.98
	中	2.139×10^4	0.443×10^4	70.139	26.941	80.421	16.659
5 层顶	边	—	2.139×10^4	68.655	40.604	—	109.259
	中	2.139×10^4	0.443×10^4	79.065	46.759	104.233	21.591
4 层顶	边	—	2.139×10^4	79.093	56.172	—	135.265
	中	2.139×10^4	0.443×10^4	91.085	64.689	129.043	26.731
3 层顶	边	—	2.139×10^4	78.899	64.712	—	143.611
	中	2.139×10^4	0.443×10^4	92.990	74.524	138.769	28.745
2 层顶	边	—	2.139×10^4	73.121	78.899	—	152.02
	中	2.139×10^4	0.443×10^4	91.362	92.990	152.717	31.635
1 层顶	边	—	2.139×10^4	47.966	95.023	—	142.989
	中	2.139×10^4	0.443×10^4	61.534	106.809	139.455	28.888

表 6-24　水平地震作用下 15 轴框架梁端剪力及柱轴力计算表

楼层	边跨梁				走道梁				柱轴力	
	M_b^l	M_b^r	l(m)	V_b(kN)	M_b^l	M_b^r	l(m)	V_b(kN)	边柱 (kN)	中柱 (kN)
	(kN·m)				(kN·m)					
7	51.507	47.878	6.4	15.53	9.916	9.916	2.9	6.84	−15.53	8.69
6	82.98	80.421	6.4	25.53	16.659	16.659	2.9	11.49	−41.06	22.73
5	109.259	104.507	6.4	33.36	21.591	21.591	2.9	14.89	−74.42	41.20
4	135.265	129.043	6.4	41.30	26.731	26.731	2.9	18.44	−115.72	64.06
3	143.611	138.769	6.4	44.12	28.745	28.745	2.9	19.82	−159.84	88.36
2	152.02	152.717	6.4	47.62	31.635	31.635	2.9	21.82	−207.46	114.16
1	142.989	139.455	6.4	44.13	28.888	28.888	2.9	19.92	−251.59	138.37

　　根据上述计算结果,绘出 15 轴框架在多遇地震(左震)作用下的弯矩图、剪力图和轴力图,见图 6-33～图 6-35。柱受压轴力图画在左侧,柱受拉轴力图画在右侧。

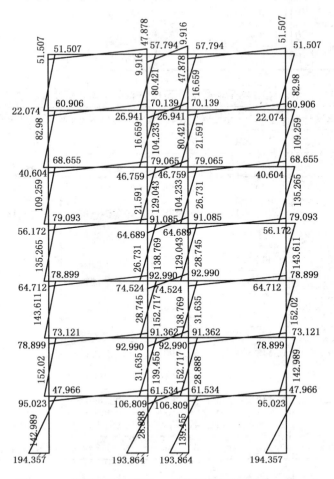

图 6-33　水平地震作用下 15 轴框架弯矩图(单位:kN·m)

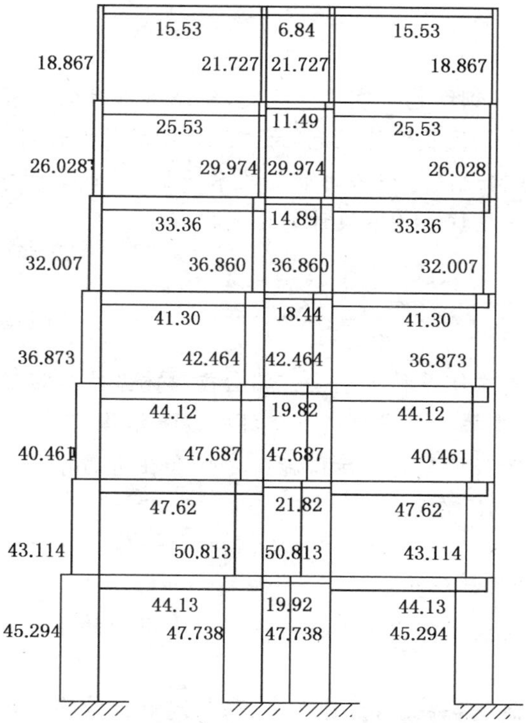

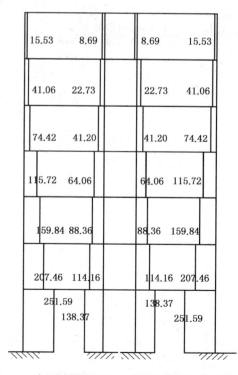

图 6-34 水平地震作用下 15 轴框架剪力图(单位:kN)

图 6-35 水平地震作用下 15 轴框架轴力图(单位:kN)

本章小结

本章介绍了多层和高层钢结构抗震设计规定，钢结构房屋的抗震计算，以及钢结构房屋的抗震构造要求。以我国《建筑抗震设计规范》为主线介绍的抗震设计规定、结构抗震计算、房屋抗震构造设计是进行钢结构设计与施工的重要技术依据，是本章的学习重点。介绍了钢结构房屋抗震计算方法，熟悉房屋抗震构造设计的主要内容。

思 考 题

6.1 钢框架—中心支撑体系和钢框架—偏心支撑体系的抗震工作机理各有何特点？

6.2 避免梁柱节点、支撑构件发生失稳破坏对改善结构抗震性能有何作用？

6.3 楼盖与钢梁有哪些可靠的连接措施？为什么在进行罕遇烈度下结构地震反应分析时不考虑楼板与钢梁的共同工作？

6.4 钢框架结构、钢框架—中心支撑结构、钢框架—偏心支撑结构、钢框架—抗震墙板结构多道抗震防线的设计思路是什么？

6.5 进行钢框架地震反应分析与进行钢筋混凝土框架地震反应分析相比有何特殊因素要考虑？

6.6 在同样的设防烈度条件下，为什么多、高层建筑钢结构的地震作用大于多、高层建筑钢筋混凝土结构？

6.7 防止框架梁柱连接脆性破坏可采取什么措施？

6.8 中心支撑钢框架抗震设计应注意哪些问题？

6.9 偏心支撑钢框架抗震设计应注意哪些问题？

7

单层钢筋混凝土柱厂房抗震设计

本章简要叙述了单层钢筋混凝土柱厂房结构的震害特点;分析了产生震害的主要原因,并介绍了其主要结构体系和结构布置的基本原则;讨论了单层钢筋混凝土柱厂房结构的横向与纵向抗震计算问题;此外,还简要介绍了单层钢筋混凝土柱厂房结构抗震构造的一般要求。

7.1 概述

单层厂房在工业建筑中应用广泛,按其主要承重构件材料的不同,单层厂房可分为钢筋混凝土柱厂房、钢结构厂房和砖柱厂房等。其中,单层钢筋混凝土柱厂房是较多采用的结构形式,它通常是由钢筋混凝土柱、钢筋混凝土屋架或钢屋架以及有檩或无檩的钢筋混凝土屋盖组成的装配式结构。由于这种厂房结构高度、跨度较大,屋盖较重,整体性较差。另外,多跨厂房形式还存在着跨度、跨数、柱距等方面的较大变化,因而其震害反应较为复杂。震害结果的调查表明,单层钢筋混凝土柱厂房的抗震性能不仅取决于整体结构的抗震能力,还取决于各构件的抗震能力。为提高单层厂房的抗震能力,就需要对结构合理地进行布置,正确选用各构件并进行抗震强度验算;同时,加强各构件之间的拉结构造措施,以较好的空间整体性能来抵抗地震作用。

7.2 震害现象及分析

不同地震烈度地区,单层钢筋混凝土厂房主要结构构件的震害情况大体为:6 度、7 度区,少数围护墙开裂外闪,主体结构基本保持完好;在 8、9 度区,除围护结构、支撑系统破坏外,主体结构也出现不同程度的破坏,柱身开裂甚至折断,屋架倾斜,屋面板错动移位,一些重屋盖厂房,屋盖塌落;在 10 度、11 度地区,厂房倒塌现象普遍。不少震害资料还表明,震害的轻重与场地类别密切相关。当结构自振周期与场地卓越周期相接近时,建筑物与地基土产生类似共振现象,震害加重。单层钢筋混凝土厂房纵向抗震能力较差,此外还存在一些构件间联结构造单薄、支撑系统较弱、构件强度不足等薄弱环节,当发生地震时首先破坏。钢筋混凝土单层厂房的主要震害表现如下:

1) 屋盖体系

屋盖体系在 7 度区基本完好,仅在个别柱间支撑处由于地震剪力的累积效应而出现屋面板支座酥裂;8 度区发生屋面板错动、移位、震落,造成屋盖局部倒塌;9 度区发生屋盖倾斜、位移,屋盖有部分塌落,屋面板大量开裂、错位;9 度以上地震区则发生屋盖大面积倒塌。

(1)屋面板。由于屋面板端部预埋件小,且预应力屋面板的预埋件又未与板肋内主钢筋焊接,加之施工中有的屋面板搁置长度不足、屋顶板与屋架的焊点数不足、焊接质量差、板间没有灌缝或灌缝质量很差等连接不牢的原因,造成地震时屋面板焊缝拉开,屋面板滑脱,以致部分或全部屋面板倒塌。

(2)天窗架。天窗架主要有Ⅱ式天窗架和井式(下沉式)天窗架两种。井式天窗架由于降低了厂房的高度,在 7 度、8 度区一般无震害。目前大量采用的Ⅱ式天窗架,地震时震害普遍。7 度区出现天窗架立柱与侧板连接处及立柱与天窗架垂直支撑连接处混凝土开裂的现象;8 度区上述裂缝贯穿全截面。天窗架立柱底部折断倒塌;9 度、10 度区Ⅱ式天窗架大面积倾倒。Ⅱ式天窗架的震害如此严重,主要原因是:门形天窗架突出在屋面上,受到经过主体建筑放大后的地震加速度而强化、激励产生显著的鞭梢效应,随着其突出越高,地震作用也越大。特别是天窗架上的屋面板与屋架上的屋面板不在同一标高,在厂房纵向振动时产生高振型的影响,一旦支撑失效,地震作用全部由天窗架承受,而天窗架在本身平面外的刚度差、强度低、联结弱而引起天窗架破坏。此外,天窗架垂直支撑布置不合理或不足,也是主要原因。

(3)屋架。主要震害发生在屋架与柱的连接部位、屋架与屋面板的焊接处出现混凝土开裂、预埋件拔出等;而当屋架与柱的连接破坏时,有可能导致屋架从柱顶塌落。设计中加强连接,保证预埋件的锚固长度是十分重要的。当屋架高度较大,而两端又未设垂直支撑,或砖墙未能起到支撑作用时,屋架有可能发生倾倒。

(4)支撑。在厂房支撑系统中,主要震害是支撑失稳弯曲,进而造成屋面的破坏或屋面倒塌。在支撑系统震害中,尤以天窗架垂直支撑最为严重,其次是屋盖垂直支撑和柱间支撑。在一般情况下,设计时只按构造设置支撑,可能出现间距过大、支撑数量不足、形式不尽合理、杆件刚度偏弱、承效力偏低、节点构造单薄等情况。地震时普遍发生杆件压曲、焊缝撕开、锚件拉脱、钢筋拉断、杆件拉断等现象,致使支撑部分失效或完全失效,从而造成主体结构错位或倾倒。有时因支撑间距过大而造成撑杆对厂房主体结构的应力集中,也可能导致主体结构的破坏。

2) 钢筋混凝土柱

一般情况下,钢筋混凝土柱具有一定的抗震能力,但它的局部震害是普遍的,有时甚至是严重的。钢筋混凝土柱在 7 度区基本完好;在 8 度、9 度区一般破坏较轻,个别发现有上柱根部折断震害;在 10 度、11 度区有部分厂房发生倾倒。钢筋混凝土柱的破坏主要发生在上柱与下柱的变截面处,由于截面刚度突然变化,产生应力集中而出现水平裂缝、酥裂或折断。没有柱间支撑的厂房,在 8 度以上地区,柱间支撑有可能被压屈,甚至在柱的根部将柱剪断,钢筋折弯错位。

高低跨厂房在支承高低跨屋架的中柱,由于高振型的影响受两侧屋盖相反的地震作用的冲击,发生弯曲或剪切裂缝,见图 7-1。低跨承受屋架的牛腿,有时被拉裂出现劈裂裂缝,如图 7-2 所示。

有的厂房在柱间下部有矮墙,在纵向地震力作用下,柱为剪切破坏,出现水平断裂。平腹杆双肢柱由于刚度较小和腹杆的构造单薄,在平腹杆两端多出现环形裂缝。开孔的预制腹板工字形柱,在腹板孔间有时产生交叉裂缝。

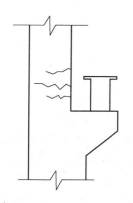

图 7-1 混凝土柱剪切裂缝

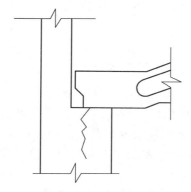

图 7-2 混凝土柱劈裂裂缝

3) 围护墙

凡排架柱与砖砌体围护墙有良好拉结时,如柱内伸出足量的钢筋伸入墙内,则围护墙的震害一般较轻;嵌砌在柱间的砖墙的震害较贴砌在柱边的震害轻。在 7 度区其围护墙基本完好或者轻微破坏,少量开裂、外闪;8 度区破坏十分普遍;9 度区破坏严重,部分倒塌或大量倒塌。纵、横墙的破坏,一般从檐口、山尖处脱离主体结构开始,进一步使整个墙体或上下两层圈梁间的墙体外闪或产生水平裂缝。严重时,局部脱落,甚至于大面积倒塌。

此外,伸缩缝两侧砖墙由于缝宽较小而往往发生相互撞击,造成局部破坏。

4) 山墙和封檐墙的破坏

地震区山墙破坏的情况很多,一种是高大山墙,由于扶墙梁柱未通到墙顶,在扶墙垛中断处,墙体出现断裂;另一种是山墙开门窗洞口较大,山墙削弱过多,特别是开洞面积超过全面积的一半以上时山墙上裂缝较多。地震中许多砖砌山墙整片或山尖部分倒塌,无端屋架时,连同第一跨的屋面板一起倒塌;带端屋架时,山墙倒塌,但屋盖完好。屋盖与山墙的连接处,有的由于搁置长度较短而使山墙外倾。在带端屋架的单层厂房中,山墙与屋面板的连接更差,因此亦常常在此处遭到破坏。在锯齿形屋盖的单层厂房中,破坏常常发生在锯齿形山墙的下边,由于屋面与山墙在地震中的振动频率不同,斜角山墙下部受弯破坏明显,有的山墙在此处倒塌。地震区封檐墙破坏的例子更多,主要在高低跨相接处的封檐墙、厂房檐口的封檐墙及女儿墙等。封檐墙由于突出于屋面,墙体有时较高,与下部无锚固,在地震时动力放大效应明显,因此,往往首先遭到破坏。倒塌的封檐墙常常把副跨屋面结构砸坏,造成严重的次生灾害。

5) 厂房与生活间相接处的破坏

钢筋混凝土柱单层厂房为较柔的结构体系,而车间的生活间(如办公室、附属用房等)常常是刚性砖混结构,二者刚度相差悬殊,自振频率和变形极不一致。在设计生活间时,往往利用厂房的山墙或纵墙作为生活间墙体的一边,有的承重构件就直接伸入该墙,因此地震时该处普遍遭到破坏。破坏现象主要表现为山墙与生活间脱开或互撞,生活间的承重构件拔出,山墙上有通长或局部的水平裂缝等。

7.3 抗震设计的一般规定

1）厂房的结构平面布置

（1）多跨厂房宜等高和等长，高低跨厂房不宜采用一端开口的结构布置。

（2）厂房的贴建房屋和构筑物，不宜布置在厂房角部和紧邻防震缝处。

（3）厂房体型复杂或有贴建房屋和构筑物时，宜设防震缝；在厂房纵横跨交接处、大柱网厂房或不设柱间支撑的厂房，防震缝宽度可采用 100～150 mm，其他情况可采用 50～90 mm。

（4）两个主厂房之间的过渡跨至少应有一侧采用防震缝与主厂房脱开。

（5）厂房内上起重机的铁梯不应靠近防震缝设置；多跨厂房各跨上起重机的铁梯不宜设置在同一横向轴线附近。

（6）厂房内的工作平台、刚性工作间宜与厂房主体结构脱开。

（7）厂房的同一结构单元内，不应采用不同的结构形式；厂房端部应设屋架，不应采用山墙承重；厂房单元内不应采用横墙和排架混合承重。

（8）厂房柱距宜相等，各柱列的侧移刚度宜均匀，当有抽柱时，应采取抗震加强措施。

2）厂房天窗架的设置

（1）天窗宜采用突出屋面较小的避风型天窗，有条件或 9 度时宜采用下沉式天窗。

（2）突出屋面的天窗宜采用钢天窗架；6 度～8 度时，可采用矩形截面杆件的钢筋混凝土天窗架。

（3）天窗架不宜从厂房结构单元第一开间开始设置；8 度和 9 度时，天窗架宜从厂房单元端部第三柱间开始设置。

（4）天窗屋盖、端壁板和侧板宜采用轻型板材，不宜采用端壁板代替端天窗架。

3）厂房屋架的设置

（1）厂房宜采用钢屋架或重心较低的预应力混凝土、钢筋混凝土屋架。

（2）跨度不大于 15 m 时，可采用钢筋混凝土屋面梁。

（3）跨度大于 24 m，或 8 度Ⅲ、Ⅳ类场地和 9 度时，应优先采用钢屋架。

（4）柱距为 12 m 时，可采用预应力混凝土托架（梁）；当采用钢屋架时，亦可采用钢托架（梁）。

（5）有突出屋面天窗架的屋盖不宜采用预应力混凝土或钢筋混凝土空腹屋架。

（6）8 度（0.30g）和 9 度时，跨度大于 24 m 的厂房不宜采用大型屋面板。

4）厂房柱的设置

（1）8 度和 9 度时，宜采用矩形、工字形截面柱或斜腹杆双肢柱，不宜采用薄壁工字形柱、腹板开孔工字形柱、预制腹板的工字形柱和管柱。

（2）柱底至室内地坪以上 500 mm 范围内和阶形柱的上柱宜采用矩形柱截面。

5）厂房围护墙和女儿墙的设置

建筑结构中，设置连接幕墙、围护墙、隔墙、女儿墙、雨篷、商标、广告牌、顶篷支架、大型储物架等建筑非结构构件的预埋件、锚固件的部位,应采取加强措施,以承受建筑非结构构件传给主体结构的地震作用。非承重墙体的材料、选型和布置,应根据烈度、房屋高度、建筑体型、结构层间变形、墙体自身抗侧力性能的利用等因素,经综合分析后确定。

(1)墙体材料的选用应符合以下要求:

① 混凝土结构和钢结构的非承重墙体应优先采用轻质墙体材料。

② 单层钢筋混凝土柱厂房的围护墙宜采用轻质墙板或钢筋混凝土大型墙板外侧柱距为12 m时,应采用轻质墙板或钢筋混凝土大型墙板;不等高厂房的高跨封墙和纵横向厂房交接处的悬墙宜采用轻质墙板。

(2)刚性非承重墙体的布置,应避免使结构形成刚度和强度分布上的突变。单层钢筋混凝土柱厂房的刚性围护墙沿纵向宜均匀对称布置。

(3)墙体与主体结构应有可靠的拉结,应能适应主体结构不同方向的层间位移;8度、9度时应具有满足层间变位的变形能力;与悬挑构件相连接时,尚应具有满足节点转动引起的竖向变形的能力。

(4)外墙板的连接件应具有足够的延性和适当的转动能力,宜满足在设防烈度下主体结构层间变形的要求。

(5)砌体墙应采取措施减少对主体结构的不利影响,并应设置拉结筋水平系梁、圈梁、构造柱等与主体结构可靠拉结。

① 后砌的非承重隔墙应沿墙高每隔500 mm配置2φ6拉结钢筋与承重墙或柱拉结,每边伸入墙内不应少于500 mm;8度和9度时,长度大于5 m的后砌隔墙,墙顶尚应与楼板或梁拉结。

② 钢筋混凝土结构中的砌体填充墙,宜与柱脱开或采用柔性连接,并应符合下列要求:填充墙在平面和竖向的布置,宜均匀对称,宜避免形成薄弱层或短柱;砌体的砂浆强度等级不应低于M5,实心块体的强度等级不宜低于MU2.5,空心块体的强度等级不宜低于MU3.5,墙顶应与框架梁密切结合;填充墙应沿框架柱全高每隔500~600 mm设2φ6拉筋,拉筋伸入墙内的长度6度、7度时宜沿墙全长贯通,8度、9度时应沿墙全长贯通;墙长大于5 m时,墙顶与梁宜有拉结;墙长超过8 m或层高2倍时宜设置钢筋混凝土构造柱;墙高超过4 m时,墙体半高宜设置与柱连接且沿墙全长贯通的钢筋混凝土水平系梁。

(6)单层钢筋混凝土柱厂房的砌体隔墙和围护墙应符合下列要求:

① 砌体隔墙与柱宜脱开或柔性连接,并应采取措施使墙体稳定,隔墙顶部应设现浇钢筋混凝土压顶梁。

② 厂房的砌体围护墙宜采用外贴式并与柱可靠拉结;不等高厂房的高跨封墙和纵横向厂房交接处的悬墙采用砌体时,不应直接砌在低跨屋盖上。

③ 砌体围护墙在下列部位应设置现浇钢筋混凝土圈梁:梯形屋架端部上弦和柱顶的标高处应各设一道,但屋架端部高度不大于900 mm时可合并设置。应按上密下稀的原则每隔4 m左右在窗顶增设一道圈梁,不等高厂房的高低跨封墙和纵墙跨交接处的悬墙,圈梁的竖向间距不应大于3 m。山墙沿屋面应设钢筋混凝土卧梁,并应与屋架端部上弦标高处的圈梁连接。

(7)圈梁的构造应符合下列规定:

① 圈梁宜闭合,圈梁截面宽度宜与墙厚相同,截面高度不应小于180 mm;圈梁的纵筋,

6 度~8 度时不应少于 4φ12,9 度时不应少于 4φ14。

② 厂房转角处柱顶圈梁在端开间范围内的纵筋,6 度~8 度时不宜少于 4φ14,9 度时不宜少于 4φ16,转角两侧各 1 m 范围内的箍筋直径不宜小于 8,间距不宜大于 100 mm;圈梁转角处应增设不少于 3 根且直径与纵筋相同的水平斜筋。

③ 圈梁应与柱或屋架牢固连接,山墙卧梁应与屋面板拉结;顶部圈梁与柱或屋架连接的锚拉钢筋不宜少于 4φ12,且锚固长度不宜少于 35 倍钢筋直径,防震缝处圈梁与柱或屋架的拉结宜加强。

④ 墙梁宜采用现浇,当采用预制墙梁时,梁底应与砖墙顶面牢固拉结并应与柱锚拉;厂房转角处相邻的墙梁,应相互可靠连接。

(8) 砌体女儿墙在人流出入口应与主体结构锚固;防震缝处应留有足够的宽度,缝两侧的自由端应予以加强。

(9) 各类顶棚的构件与楼板的连接件,应能承受顶棚、悬挂重物和有关机电设施的自重和地震附加作用;其锚固的承载力应大于连接件的承载力。

(10) 悬挑雨篷或一端由柱支承的雨篷,应与主体结构可靠连接。

(11) 玻璃幕墙、预制墙板、附属于楼屋面的悬臂构件和大型储物架的抗震构造,应符合相关专门标准的规定。

7.4 单层钢筋混凝土柱厂房抗震计算

震害调查表明,在 7 度 Ⅰ、Ⅱ 类场地,柱高不超过 10 m 且结构单元两端均有山墙的单跨及等高多跨厂房(锯齿形厂房除外),当按《建筑抗震设计规范》规定采取抗震构造措施时,主体结构无明显震害,故可不进行横向及纵向的截面抗震验算,但应符合相关抗震构造措施的规定。

一般厂房均应沿厂房平面的两个主轴方向分别考虑水平地震作用,并分别进行抗震验算,每个方向的地震作用全部由该方向的抗侧力构件承担。

8 度、9 度区跨度大于 24 m 的屋架尚需考虑竖向地震作用。8 度 Ⅲ 类、Ⅳ 类场地和 9 度区的高大单层钢筋混凝土柱厂房,还需对阶形柱的上柱进行罕遇地震的水平地震作用下的弹塑性变形验算。

7.4.1 厂房的横向抗震验算

厂房的横向抗震计算可根据不同的屋盖类型采用不同的计算方法:混凝土无檩和有檩屋盖厂房,一般情况下,宜计及屋盖的横向弹性变形,按多质点空间结构分析;当在 7 度和 8 度,柱顶高度不大于 15 m,厂房单元屋盖长度与总跨度之比小于 8 或厂房总跨度大于 12 m,山墙的厚度不小于 240 mm,开洞所占的水平截面积不超过总面积的 50%,并与屋盖系统有良好的连接时,可按平面排架计算,并考虑空间工作、扭转及吊车桥架的影响对排架柱的剪力和弯矩应进行调整。

横向抗震计算的主要内容是确定厂房排架的横向水平地震作用。在确定地震作用时,可采用底部剪力法和振型分解反应谱法。

本章仅介绍单跨或多跨等高厂房的计算问题。

1）横向自振周期的计算

进行单层厂房横向计算时,取一榀排架作为计算单元,它的动力分析计算简图,取为质量集中在不同标高屋盖处的下端固定于基础顶面的弹性竖直杆。对于单跨和多跨等高厂房,可简化为单质点体系,如图7-3所示。

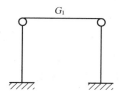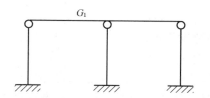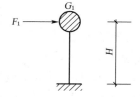

图7-3　单跨和多跨等高厂房排架计算简图

计算厂房自振周期时,集中于屋盖标高处的质点等效重力荷载代表值,是根据动能等效原理求得的,即原结构体系的最大动能与折算质量体系的最大动能相等,从而保证两体系基本周期等效。

集中于屋盖标高处的重力荷载代表值按下式计算:

$$G = 1.0G_{屋盖} + 0.5G_{雪} + 0.5G_{积灰} + 1.0G_{悬挂} + 0.5G_{吊车梁} + 0.25G_{柱} + 0.25G_{纵墙} \quad (7-1)$$

式中:$1.0G_{屋盖}$、$1.0G_{悬挂}$——屋盖自重、屋架悬挂荷重;

$0.5G_{雪}$、$0.5G_{积灰}$——乘以可变荷载组合值系数后的雪荷载、屋面积灰荷载;

$0.5G_{吊车梁}$、$0.25G_{柱}$、$0.25G_{纵墙}$——乘以动力等效(即基本周期等效)换算系数的吊车梁自重、柱自重、外纵墙自重。

确定厂房自振周期时,一般可不考虑吊车桥架刚度和重量的影响。因为桥架对厂房横向排架起支撑杆作用,使排架的横向刚度增大;而桥架的重量又使周期等效重量增大。两种影响互相抵消。考虑吊车桥架时厂房横向基本周期小于或等于无吊车桥架时的基本周期,两者差别不大。

自振周期的计算公式参见第3章。

2）横向地震作用的计算

(1) 计算简图。

对于无桥式吊车的厂房,计算简图如图7-3所示。

对于有桥式吊车的厂房,除把质量集中在屋盖处G_1之外,还要在吊车梁顶面处增设质点G_2。G_2等于吊车重力荷载代表值,对柱距为12 m或12 m以下的厂房,单跨时取1台吊车的值,多跨时不超过2台。对软钩吊车G_2仅取桥架重量,不取悬吊物重量;对硬钩吊车除取桥架自重外,一般尚取悬吊物重量的30%,硬钩吊车的吊重较大时,组合值系数宜按实际情况采用。计算厂房地震作用时,重力荷载代表值的取值与计算周期时的不同。重力荷载等效换算系数由柱底或墙底截面处弯矩等效的原则确定。

计算厂房横向地震作用时,集中于屋盖处质点的等效重力荷载代表值G_1按下式计算:

$$G_1 = 1.0G_{屋盖} + 0.5G_{雪} + 0.5G_{积灰} + 1.0G_{悬挂} + 0.75G_{吊车梁} + 0.5G_{柱} + 0.5G_{纵墙} \quad (7-2)$$

式中：$0.75G_{吊车梁}$、$0.5G_{柱}$、$0.5G_{纵墙}$——吊车梁、柱、外纵墙换算至屋盖处的等效重量。

（2）厂房横向地震作用计算单层工业厂房的横向水平地震作用可采用底部剪力法计算。

3）地震作用效应的调整

（1）天窗架横向地震作用计算

计算分析表明，由于天窗架的横向刚度远大于厂房排架的刚度，因而天窗架在横向相对于排架来说，接近刚性，在横向水平地震作用下可以认为基本上是随屋盖平移，其自身变位很小，第二振型影响极小。大量分析表明，按底部剪力法计算时，由于假设地震作用按三角形分布，天窗架的地震作用比按振型分解反应谱法计算的结果大 15％～27％。因此，《建筑抗震设计规范》规定：有斜撑杆的三铰拱式钢筋混凝土和钢天窗架的横向地震作用计算可采用底部剪力法；当跨度大于 9 m 或设防烈度为 9 度时，天窗架的地震作用效应应乘以增大系数 1.5。其他情况下天窗架的横向水平地震作用可采用振型分解反应谱法计算。

（2）厂房空间工作和扭转影响对地震作用效用的调整

震害和理论分析表明，当厂房山墙之间的距离不太大，且为钢筋混凝土屋盖时，作用在厂房上的地震作用将有一部分通过屋盖传递给山墙，从而使排架上的地震作用减小，这种现象称为厂房的空间作用。

在横向地震力作用下，当厂房两端有山墙时，由于山墙在其平面内的刚度远大于排架的刚度，因此，各排架的地震作用将部分地通过屋盖传给山墙，即排架所受到的地震作用将有所减少。山墙的间距越短，屋盖的整体性就越好，山墙的刚度越大，厂房的空间作用就越显著，排架的地震作用就减小得越多。当厂房仅一端有山墙时，厂房除了有空间作用影响外，还伴随出现平面扭转效应，使远离山墙一端的排架侧移增大。只有在厂房无山墙且各排架的刚度和质量沿纵向分布均匀时，各排架的侧移才相同，才可视作厂房无空间影响，即厂房的整体侧移与单个排架的独立侧移是相同的。

设单个排架或无山墙（横墙）厂房排架的柱顶侧移为 Δ_0，两端有山墙厂房的中间（侧移最大的）排架的柱顶侧移为 Δ_1，仅一端有山墙厂房的山墙远端第二榀排架（最不利排架）的柱顶侧移为 Δ_2，则在其他条件相同的情况下，有 $\Delta_1 < \Delta_0 < \Delta_2$。因此，对于有空间作用和扭转作用的厂房，按平面排架求得的地震作用效应应予修正。《建筑抗震设计规范》规定，钢筋混凝土屋盖的单层钢筋混凝土柱厂房，当按平面排架计算厂房的横向地震作用时，等高厂房柱的各截面、不等高厂房除高低跨交接处上柱以外的柱各截面，地震作用效应（弯矩、剪力）均应考虑空间作用及扭转影响而乘以表 7-1 中相应的调整系数。

按表 7-1 考虑空间工作和扭转影响调整柱的地震作用效应时，尚应符合下列条件：

表 7-1　钢筋混凝土柱（除高低跨交接处上柱外）考虑空间作用和扭转影响的效应调整系数

屋　盖	山　墙		屋盖长度（m）											
			≤30	36	42	48	54	60	66	72	78	84	90	96
钢筋混凝土有檩屋盖	两端山墙	等高厂房			0.75	0.75	0.75	0.8	0.8	0.8	0.85	0.85	0.85	0.9
		不等高厂房			0.85	0.85	0.85	0.9	0.9	0.9	0.95	0.95	0.95	1.0
	一端山墙		1.05	1.15	1.2	1.25	1.3	1.3	1.3	1.3	1.35	1.35	1.35	1.35

续表 7-1

屋　盖	山　墙		屋盖长度(m)										
			≤30	36	42	48	54	60	66	72	78	84	90	96
钢筋混凝土有檩屋盖	两端山墙	等高厂房			0.8	0.85	0.9	0.95	0.95	1.0	1.0	1.05	1.05	1.1
		不等高厂房			0.85	0.9	0.95	1.0	1.0	1.05	1.05	1.1	1.1	1.15
	一端山墙		1.0	1.05	1.1	1.1	1.15	1.15	1.15	1.2	1.2	1.2	1.25	1.25

① 设防烈度不高于 8 度。

② 厂房单元屋盖长度与总跨度之比小于 8 或厂房总跨度大于 12 m;屋盖长度指山墙到山墙的间距,仅一端有山墙时,应取所考虑排架至山墙的距离;高低跨相差较大的不等高厂房,总跨度可不包括低跨;否则不满足屋盖平面内以剪切变形为主及厂房的横向变形以剪切形为主的条件。

③ 山墙的厚度不小于 240 mm,开洞所占的水平截面面积不超过总面积的 50%,并且与屋盖有良好的连接。

④ 柱顶高度不大于 15 m。这个限制是由于 7 度、8 度区,高度大于 15 m 厂房山墙的抗震经验不多,规范考虑到当厂房较高时山墙的稳定性和山墙与侧墙转角处应力分布复杂,为保证安全所做的规定。

4）高低跨交接处钢筋混凝土柱的内力调整

在排架高低跨交接处的钢筋混凝土柱支承低跨屋盖牛腿以上各截面,按底部剪力法计算的地震剪力和弯矩应乘以增大系数,其值可按下式采用:

$$\eta = \zeta\left(1 + 1.7\frac{n_h G_{EL}}{n_0 G_{EH}}\right) \tag{7-3}$$

式中：η——地震剪力和弯矩的增大系数;

ζ——不等高厂房高低跨交接处空间工作影响系数,可按表 7-2 采用;

n_h——高跨的跨数;

n_0——计算跨数,仅一侧有低跨时应取总跨数,两侧均有低跨时应取总跨数与高跨数之和;

G_{EL}——集中于交接处一侧各低跨屋盖标高处的总重力荷载代表值;

G_{EH}——集中于高跨处柱顶标高处的总重力荷载代表值。

表 7-2　高低跨交接处钢筋混凝土上柱空间工作影响系数 ζ

屋盖	山墙	屋盖长度(m)										
		≤36	42	48	54	60	66	72	78	84	90	96
钢筋混凝土无檩屋盖	两端山墙		0.7	0.76	0.82	0.88	0.94	1.0	1.06	1.06	1.06	1.06
	一端山墙						1.25					
钢筋混凝土有檩屋盖	两端山墙		0.9	1.0	1.05	1.1	1.1	1.15	1.15	1.15	1.2	1.2
	一端山墙						1.05					

5）吊车桥架对排架柱局部地震作用效用的调整

吊车桥架是一个较大的移动质量,在地震中往往引起厂房的强烈局部振动,对吊车所在排架产生局部影响,加重震害。因此,对于钢筋混凝土柱单层厂房的吊车梁顶标高处的上柱截面,由吊车桥架引起的地震剪力和弯矩应乘以增大系数,当按底部剪力法等简化方法计算时,增大系数可按表 7-3 采用。

表 7-3　吊车桥架引起的地震剪力和弯矩增大系数

屋盖类型	山墙	边柱	高低跨柱	其他中柱
钢筋混凝土无檩屋盖	两端山墙	2.0	2.5	3.0
	一端山墙	1.5	2.0	2.5
钢筋混凝土有檩屋盖	两端山墙	1.5	2.0	2.5
	一端山墙	1.5	2.0	2.0

6）排架内力组合

内力组合是指水平地震作用效应(内力符号可正可负)与厂房重力荷载(包括结构自重、雪荷载和积灰荷载,有吊车时还应考虑吊车的竖向荷载)效应,根据可能出现的最不利荷载情况组合。

单层厂房排架的地震作用效应与其他荷载效应组合时,一般不考虑风荷载效应,不考虑吊车横向水平制动力引起的内力,也不考虑竖向地震作用。因此,荷载效应组合的一般表达式为

$$S = \gamma_G S_{GE} + \gamma_{Eh} S_{Ehk} \tag{7-4}$$

式中:γ_G——重力荷载分项系数,一般的情况应采用 1.2;

$\quad\quad\gamma_{Eh}$——水平地震作用分项系数,可取 1.3;

$\quad\quad S_{GE}$——重力荷载代表值的效应,有吊车时,尚应包括悬吊物标准值的效应;

$\quad\quad S_{Ehk}$——水平地震作用标准值的效应,尚应乘以相应的增大系数或调整系数。

7）截面抗震验算

对单层钢筋混凝土柱厂房,排架柱截面的抗震验算应满足下列一般表达式的要求:

$$S \leqslant R/\gamma_{RE} \tag{7-5}$$

式中:R——结构构件承载力设计值,按《混凝土结构设计规范》规定的偏心受压构件的承载力计算公式计算;

$\quad\quad\gamma_{RE}$——承载力抗震调整系数,对钢筋混凝土偏心受压柱,当轴压比小于 0.15 时取 0.75,当轴压比不小于 0.15 时取 0.80。

对于两个主轴方向柱距均不小于 12 m,无桥式吊车且无柱间支撑的大柱网厂房,柱截面抗震验算应同时计算两个主轴方向的水平地震作用,并应计入位移引起的附加弯矩。

7.4.2　厂房的纵向抗震验算

从震害调查来看,单层厂房的纵向抗震能力较差,厂房在纵向水平地震作用下的破坏比横

向严重,厂房沿纵向发生破坏的例子很多,而且中柱列的破坏比边柱列严重得多。这是由于在纵向地震作用下,纵墙参与了工作,并且屋盖在其平面内产生了纵向水平变形,使中柱列侧移大于边柱列侧移。

单层厂房的纵向振动十分复杂。在纵向地震的作用下,质量和刚度分布均匀的等高厂房仅产生纵向水平振动,而质量中心和刚度中心不重合的高低跨厂房将产生纵向平动和扭转的耦联振动。因此在地震作用下,厂房的纵向是整体空间工作的。

因此,《建筑抗震设计规范》规定,对于混凝土无檩和有檩屋盖及有较完整支撑的轻型屋盖,一般情况下宜计及屋盖的纵向弹性变形,围护墙和隔墙的有效刚度,不对称时尚宜计及扭转的影响,按多质点进行空间结构分析;当柱顶标高不大于 15 m 且平均跨度不大于 30 m 的单跨或等高多跨钢筋混凝土柱厂房,采用"修正刚度法"进行近似计算;不等高和纵向不对称厂房,需要考虑厂房的扭转影响,现阶段尚无合适的简化方法。除了修正刚度法外,简化方法还有柱列法和拟能量法,柱列法适用于单跨厂房或轻屋盖等高多跨厂房;拟能量法仅适用于钢筋混凝土无檩及有檩屋盖的两跨不等高厂房。本节仅介绍修正刚度法。

1) 纵向基本自振周期的计算

《建筑抗震设计规范》根据对柱顶标高不大于 15 m 且平均跨度不大于 30 m 的单跨或等高多跨钢筋混凝土柱厂房的纵向基本周期实测结果,经统计整理,给出如下公式以计算纵向基本周期

$$T_1 = 0.23 + 0.000\,25\Psi_1 l\,\sqrt{H^3} \tag{7-6}$$

式中:Ψ_1——屋盖类型系数,大型屋面板钢筋混凝土屋架可采用 1.0,钢屋架采用 0.85;

l——厂房跨度(m),多跨厂房可取各跨的平均值;

H——基础顶面至柱顶的高度(m)。

对于敞开、半敞开或墙板与柱子柔性连接的厂房,可按式(7-6)计算并乘以以下围护墙影响系数:

$$\Psi_2 = 2.6 - 0.002l\,\sqrt{H^3} \tag{7-7}$$

式中:Ψ_2——围护墙影响系数,小于 1.0 时应采用 1.0。

2) 柱列的柔度和刚度的计算

要计算柱列的基本周期和抗侧力构件(柱、支撑、纵墙)的地震作用,需要知道柱列的柔度和刚度,柱列的刚度由柱列各抗侧力构件的刚度叠加而成。

(1) 柱的柔度和刚度

① 等截面柱

侧移柔度 $\qquad\qquad\qquad\qquad \delta_c = \dfrac{H^3}{3\mu E_c I_c} \tag{7-8}$

侧移刚度 $\qquad\qquad\qquad\qquad k_c = \dfrac{3\mu E_c I_c}{H^3} \tag{7-9}$

式中:H——柱的高度;

I_c——截面惯性矩;

E_c——混凝土弹性模量；

μ——屋盖、吊车梁等纵向构件对柱侧移刚度的影响系数，无吊车梁时 $\mu=1.1$，有吊车梁时 $\mu=1.5$。

② 变截面柱

侧移柔度
$$\delta_c = \frac{H^3}{C_0 E_c I'_c \mu} \tag{7-10}$$

式中：$E_c I'_c$——排架平面内下柱截面抗弯刚度；

C_0——变截面柱位移系数，等截面柱 $C_0=3$。

（2）柱间支撑的柔度和刚度

一般的柱间支撑均采用半刚性支撑，支撑杆件的长细比 $\lambda = 40 \sim 200$。在确定支撑柔度时，不计柱和水平杆的轴向变形，以简化计算。图 7-4 表示设有上柱支撑和下柱支撑的 X 形交叉柱间支撑，在单位力 $F=1$ 的作用下可求得柱顶的侧移，即支撑的侧移柔度如下式：

$$\delta_b = \frac{1}{EL^2}\left[\frac{l_1^3}{(1+\varphi_1)A_1} + \frac{l_2^3}{(1+\varphi_2)A_2}\right] \tag{7-11}$$

侧移刚度为

$$k_b = \frac{1}{\delta_b} \tag{7-12}$$

式中：l_1、A_1——下柱支撑的斜杆长和截面面积；

l_2、A_2——上柱支撑的斜杆长和截面面积；

E——钢材的弹性模量；

L——柱间支撑的宽度；

φ_1、φ_2——分别为下柱和上柱支撑斜杆受压时的稳定系数，根据杆件长细比 λ，由《钢结构设计规范》查得。

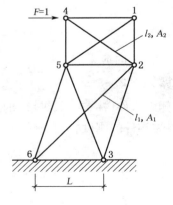

图 7-4　支撑的侧移

（3）纵向砖墙的柔度和刚度

① 纵向墙体底端为固定端的悬臂无洞单墙肢

$$\delta = \frac{H^3}{3EI} + \frac{\xi H}{A_G} \approx \frac{4\rho^3 + 3\rho}{Et} \tag{7-13}$$

式中:t——墙肢厚度;

    ρ——墙肢的高宽比,$\rho=\dfrac{H}{B}$,H、B 分别为墙肢的高度、宽度;

    E——墙肢的弹性模量,G 为墙肢的剪变模量。

② 纵向墙体上下端镶嵌且无洞的单肢墙

$$\delta=\frac{H^3}{12EI}+\frac{\xi H}{A_G}\approx\frac{\rho^3+3\rho}{Et}\qquad(7\text{-}14)$$

③ 纵向墙体的刚度。将纵向墙体的所有柔度相加可得墙体的柔度,取倒数后即为纵向墙体的侧移刚度 $\sum k_{\mathrm{w}}$。

④ 柱列的柔度和刚度。图 7-5 表示 i 柱列各抗侧力构件仅在柱顶设置水平连杆的简化力学模型,第 i 柱列柱顶标高的侧移刚度等于各抗侧力构件在同一标高的侧移刚度之和,即

$$k_i=\sum k_{\mathrm{c}}+\sum k_{\mathrm{b}}+\sum k_{\mathrm{w}}\qquad(7\text{-}15)$$

式中:k_{c}、k_{b}、k_{w}——分别是一根柱、一片支撑和一片墙体的顶点侧移刚度。

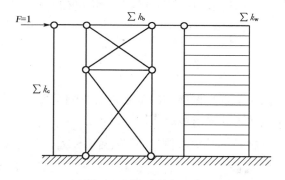

图 7-5　柱列刚度组成

为简化计算,对于钢筋混凝土柱,一个柱列内全部柱子的总侧移刚度 $\sum k_{\mathrm{c}}$ 可以近似取该柱列所有柱间支撑侧移刚度的 10%,即 $\sum k_{\mathrm{c}}=0.1\sum k_{\mathrm{b}}$。

考虑到在持续地震作用下,砖墙会裂开,导致刚度降低。对于贴墙上的砖墙围护,根据地震烈度的大小,取不同的刚度折减系数,则柱列的纵向刚度为

$$k_i'=\sum k_{\mathrm{c}}+\sum k_{\mathrm{b}}+\Psi_{\mathrm{k}}\sum k_{\mathrm{w}}\qquad(7\text{-}16)$$

或

$$k_i'=1.1\sum k_{\mathrm{b}}+\Psi_{\mathrm{k}}\sum k_{\mathrm{w}}\qquad(7\text{-}17)$$

式中:Ψ_{k}——砖墙开裂后的刚度降低系数,烈度 7 度、8 度、9 度时,分别取 0.6、0.4、0.2。

第 i 柱列的侧移柔度为

$$\delta_i=\frac{1}{k_i}\qquad(7\text{-}18)$$

3）柱列地震作用的计算

采用底部剪力法进行计算。对于无桥式吊车的厂房,整个柱列的各项重力荷载集中到柱顶标高处;对于有桥式吊车的厂房,整个柱列的各项重力荷载应分别集中到柱顶标高处和吊车梁顶标高处。

（1）屋盖标高处厂房的纵向地震作用。由换算到屋盖标高处的等效重力荷载代表值,产生的结构底部剪力为

$$F_{EK} = \alpha_1 G_{eq} = \alpha_1 \sum G_i \tag{7-19}$$

式中:G_i——结构底部内力相等的原则换算到第 i 柱列屋盖标高处的等效重力荷载代表值,按下式计算:

有吊车时

$$G_i = 1.0G_{屋盖} + 0.5G_{雪} + 0.5G_{灰} + 0.5G_{柱} + 0.5G_{横墙} + 0.7G_{纵墙} \tag{7-20}$$

无吊车时

$$G_i = 1.0G_{屋盖} + 0.5G_{雪} + 0.5G_{灰} + 0.1G_{柱} + 0.5G_{横墙} + 0.7G_{纵墙} \tag{7-21}$$

作用在屋盖标高处的第 i 柱列厂房纵向地震作用标准值为

$$F_i = \alpha_1 G_i \frac{K_{ai}}{\sum K_{ai}} \tag{7-22}$$

$$K_{ai} = \Psi_3 \Psi_4 k_i \tag{7-23}$$

式中:α_1——相应于厂房纵向基本自振周期的水平地震影响系数。

F_i——第 i 柱列柱顶标高处纵向地震作用标准值。

$\sum K_{ai}$——第 i 柱列柱顶的总侧移刚度,应包括 i 柱列内柱子和上、下柱间支撑的侧移刚度及纵墙的折算侧移刚度总和。贴砌砖围护墙侧移刚度的折减系数,在 7 度、8 度、9 度时分别取 0.6、0.4、0.2。

K_{ai}——考虑墙体刚度退化的第 i 柱列柱顶的调整侧移刚度。

Ψ_3——柱列侧移刚度的围护墙影响系数,有纵向砖围护墙的四跨或五跨厂房,由边柱列数起的第三柱列,可按表内相应数值的 1.5 倍采用。

表 7-4　围护墙影响系数

围护墙类别和烈度		边柱列	柱列和屋盖类别			
			中　柱　列			
240 砖墙	370 砖墙		无檩屋盖		有檩屋盖	
			边跨无天窗	边跨有天窗	边跨无天窗	边跨有天窗
	7 度	0.85	1.7	1.8	1.8	1.9
7 度	8 度	0.85	1.5	1.6	1.6	1.7
8 度	9 度	0.85	1.3	1.4	1.4	1.5
9 度		0.85	1.2	1.3	1.3	1.4
无墙、石棉瓦或挂板		0.90	1.1	1.1	1.2	1.2

Ψ_4——柱列侧移刚度的柱间支撑影响系数,纵向为砖围护墙时,边柱列可采用 1.0,中柱列可按表 7-5 采用。

表 7-5 纵向采用砖围护墙的中柱列柱间支撑影响系数

厂房单元内设置下柱支撑的柱间数	中柱列下柱支撑斜杆的长细比					中柱列无支撑
	≤40	41~80	81~120	121~150	>150	
一柱间	0.9	0.95	1.0	1.1	1.25	1.4
二柱间			0.9	0.95	1.0	

(2) 柱列各吊车梁顶标高的地震作用。对于有桥式吊车的厂房,集中到第 i 柱列的吊车梁顶标高处的等效重力荷载代表值 G_{ci} 为

$$G_{ci} = 0.4G_{柱} + 1.0G_{吊车梁} + 1.0G_{吊车桥} \qquad (7-24)$$

式中:G_{ci}——集中于第 i 柱列吊车梁顶标高处的等效重力荷载代表值;

$G_{吊车桥}$——集中于第 i 柱列吊车桥重力荷载代表值。

作用于第 i 柱列吊车梁顶标高处的地震作用标准值,可按下式确定:

$$F_{ci} = \alpha_1 G_{ci} \frac{H_{ci}}{H_i} \qquad (7-25)$$

式中:F_{ci}——第 i 柱列吊车梁顶标高处的纵向地震作用;

H_{ci}——第 i 柱列吊车梁顶标高度;

H_i——第 i 柱列高度。

4) 构件地震作用

(1) 无吊车厂房(仅柱列顶部作用地震力时)。因为在纵向地震力作用下各构件顶部的位移应相等,所以柱列地震作用应按各构件的侧移刚度分配至柱列中的各构件。

一根柱分配到的纵向地震作用标准值为

$$F_{ic} = \frac{K_c}{K_i'} F_i \qquad (7-26)$$

一片支撑分配到的纵向地震作用标准值为

$$F_{ib} = \frac{K_b}{K_i'} F_i \qquad (7-27)$$

一片墙分配到的纵向地震作用标准值为

$$F_{iw} = \frac{K_w}{K_i'} F_i \qquad (7-28)$$

式中:K_i'——考虑砖墙开裂后柱列的侧移刚度,即

$$K_i' = \sum k_c + \sum k_b + \Psi_k \sum k_w \qquad (7-29)$$

式中:Ψ_k——贴砌砖围护墙侧移刚度的折减系数,在 7 度、8 度、9 度时分别取 0.6、0.4、0.2。

（2）有吊车厂房（柱列有两个地震力时）。柱列在柱顶和吊车梁顶标高处都有地震作用，在 F_i 和 F_{ci} 作用点处柱列侧移为

$$\begin{Bmatrix} u_{i1} \\ u_{i2} \end{Bmatrix} = \begin{bmatrix} \delta_{11} & \delta_{12} \\ \delta_{21} & \delta_{22} \end{bmatrix} \begin{Bmatrix} F_i \\ F_{ci} \end{Bmatrix} \tag{7-30}$$

由上式可求出柱列在柱顶的侧移 u_{i1} 和吊车梁顶标高处的侧移 u_{i2}。

根据同一柱列的柱子、支撑和砖墙在柱顶标高处及吊车梁顶标高处位移协调的原则，第 i 柱列，柱子所分担的纵向地震作用为

$$\left.\begin{aligned} F_{c1} &= K_{c11}\mu_{i1} + K_{c12}\mu_{i2} \\ F_{c2} &= K_{c21}\mu_{i1} + K_{c22}\mu_{i2} \end{aligned}\right\} \tag{7-31}$$

第 i 柱列，柱间支撑所分担的纵向地震作用为

$$\left.\begin{aligned} F_{b1} &= K_{b11}\mu_{i1} + K_{b12}\mu_{i2} \\ F_{b2} &= K_{b21}\mu_{i1} + K_{b22}\mu_{i2} \end{aligned}\right\} \tag{7-32}$$

第 i 柱列，砖墙所分担的纵向地震作用为

$$\left.\begin{aligned} F_{w1} &= K_{w11}\mu_{i1} + K_{w12}\mu_{i2} \\ F_{w2} &= K_{w21}\mu_{i1} + K_{w22}\mu_{i2} \end{aligned}\right\} \tag{7-33}$$

式中：K_{c11}、K_{c12}、K_{c21}、K_{c22}、K_{b11}、K_{b12}、K_{b21}、K_{b22}、K_{w11}、K_{w12}、K_{w21}、K_{w22}——第 i 柱列中柱子、支撑、砖墙的侧移刚度。

5）天窗架的纵向抗震计算

天窗架的纵向抗震计算，可采用空间结构分析法，并计及屋盖平面弹性变形和纵墙的有效刚度。对于柱高不超过 15 m 的单跨和等高多跨混凝土无檩屋盖厂房的天窗架纵向地震作用计算，可采用底部剪力法，但天窗架上的地震作用效应应乘以增大系数 η。

单跨边跨屋盖或有纵向内隔墙的中跨屋盖，增大系数为

$$\eta = 1 + 0.5n \tag{7-34}$$

其他中跨屋盖的增大系数为

$$\eta = 0.5n \tag{7-35}$$

式中：n——厂房跨数，超过四跨时取 4。

用底部剪力法计算天窗架纵向地震作用时，可以近似按下式计算：

$$F = \alpha_1 G \frac{H_1}{H_2} \tag{7-36}$$

式中：G——集中于某跨天窗屋盖标高处的等效重力荷载代表值；

H_1、H_2——分别为该天窗屋盖和厂房屋盖的高度；

α_1——相应于基本自振周期的水平地震影响系数。

7.5　单层钢筋混凝土柱厂房抗震构造措施

1）屋盖

有檩屋盖构件的连接应符合下列要求：

（1）檩条应与混凝土屋架（屋面梁）焊牢，并应有足够的支承长度。

（2）双脊檩应在跨度1/3处相互拉结。

（3）压型钢板应与檩条可靠连接，瓦楞铁、石棉瓦等应与檩条拉结。

无檩屋盖构件的连接，应符合下列要求：

（1）大型屋面板应与混凝土屋架（屋面梁）焊牢，靠柱列的屋面板与屋架（屋面梁）的连接焊缝长度不宜小于80 mm。

（2）6度和7度时，有天窗厂房单元的端开间，或8度和9度时各开间，宜将垂直屋架方向两侧相邻的大型屋面板的顶面彼此焊牢。

（3）8度和9度时，大型屋面板端头底面的预埋件宜采用角钢并与主筋焊牢。

（4）非标准屋面板宜采用装配整体式接头，或将板四角切掉后与混凝土屋架（屋面梁）焊牢。

（5）屋架（屋面梁）端部顶面预埋件的锚筋，8度时不宜小于4ϕ10,9度时不宜小于4ϕ12。

屋盖支撑还应符合下列要求：

（1）天窗开洞范围内，在屋架脊点处应设上弦通长水平压杆；8度Ⅲ、Ⅳ类场地和9度时，梯形屋架端部上节点应沿厂房纵向设置通长水平压杆。

（2）屋架跨中竖向支撑在跨度方向的间距，6~8度时不大于15 m,9度时不大于12 m；当仅在跨中设一道时，应设在跨中屋架屋脊处；当设两道时，应在跨度方向均匀布置。

（3）屋架上、下弦通长水平系杆与竖向支撑宜配合设置。

（4）柱距不小于12 m且屋架间距6 m的厂房，托架（梁）区段及其相邻开间应设下弦纵向水平支撑。

（5）屋盖支撑杆件宜用型钢。

屋盖支撑桁架的腹杆与弦杆连接的承载力，不宜小于腹杆的承载力。屋架竖向支撑桁架应能传递和承受屋盖的水平地震作用。

突出屋面的钢筋混凝土天窗架，其两侧墙板与天窗立柱宜采用螺栓连接。采用焊接等刚性连接方式时，由于缺乏延性，会造成应力集中而加重震害。

钢筋混凝土屋架的截面和配筋，应符合下列要求：

（1）屋架上弦第一节间和梯形屋架端竖杆的配筋，6度和7度时不宜少于4ϕ12,8度和9度时不宜少于4ϕ14。

（2）梯形屋架的端竖杆截面宽度宜与上弦宽度相同。

（3）拱形和折线形屋架上弦端部支撑屋面板的小立柱的截面不宜小于200 mm×200 mm,高度不宜大于500 mm,主筋宜采用Ⅱ形,6度和7度时不宜少于4ϕ12,8度和9度时不宜少于4ϕ14,箍筋可采用ϕ6,间距宜为100 mm。

2）柱

厂房柱子的箍筋,应符合下列要求:

(1)下列范围内柱的箍筋应加密:

① 柱头,到柱顶以下500 mm并不小于柱截面长边尺寸。

② 上柱,取阶形柱自牛腿面至吊车梁顶面以上300 mm高度范围内。

③ 牛腿(柱肩),取全高。

④ 柱根,取下柱柱底至室内地坪以上500 mm。

⑤ 柱间支撑与柱连接节点和柱变位受平台等约束的部位,到节点上、下各300 mm。

(2)加密区箍筋间距不应大于100 mm,箍筋肢距和最小直径应符合表7-6的规定。

表7-6 柱加密区箍筋最大肢距和最小箍筋直径

烈度和场地类别		6度和7度Ⅰ、Ⅱ类场地	7度Ⅲ、Ⅳ类场地和8度Ⅰ、Ⅱ类场地	8度Ⅲ、Ⅳ类场地和9度
箍筋最大肢距(mm)		300	250	200
箍筋的最小直径	一般柱头和柱根	$\phi6$	$\phi8$	$\phi8(\phi10)$
	角柱柱头	$\phi8$	$\phi10$	$\phi10$
	上柱、牛腿和有支撑的柱根	$\phi8$	$\phi8$	$\phi10$
	有支撑的柱头和柱变位受约束的部位	$\phi8$	$\phi10$	$\phi10$

注:括号内数值用于柱根。

山墙抗风柱的配筋,应符合下列要求:

(1)抗风柱柱顶以下300 mm和牛腿(柱肩)面以上300 mm范围内的箍筋,直径不宜小于6 mm,间距不应大于100 mm,肢距不宜大于250 mm。

(2)抗风柱的变截面牛腿(柱肩)处,宜设置纵向受拉钢筋。

大柱网厂房柱的截面和配筋构造,应符合下列要求:

(1)柱截面宜采用正方形或接近正方形的矩形,边长不宜小于柱全高的1/18～1/16。

(2)重屋盖厂房考虑地震组合的柱轴压比,6、7度时不宜大于0.8,8度时不宜大于0.7,9度时不宜大于0.6。

(3)纵向钢筋宜沿柱截面周边对称配置,间距不宜大于200 mm,角部宜配置直径较大的钢筋。

(4)柱头和柱根的箍筋应加密,并应符合下列要求:加密范围,柱根取基础顶面至室内地坪以上1 m,且不小于柱全高的1/6;柱头取柱顶以下500 mm,且不小于柱截面长边尺寸。

3）柱间支撑

厂房柱间支撑的构造,应符合下列要求:

(1)柱支撑应采用型钢,支撑形式宜采用交叉式,其斜杆与水平面的交角不宜大于55°。

(2)支撑杆件的长细比,不宜超过表7-7的规定。

(3)下柱支撑的下节点位置和构造措施,应保证将地震作用直接传给基础;当6度和7度(0.10g)不能直接传给基础时,应考虑支撑对柱和基础的不利影响。

（4）交叉支撑在交叉点应设置节点板，其厚度不应小于 10 mm，斜杆与交叉节点板应焊接，与端节点板宜焊接。

表 7-7　交叉支撑斜杆的最大长细比

位　置	烈度			
	6 度和 7 度Ⅰ、Ⅱ类场地	7 度Ⅲ、Ⅳ类场地和 8 度Ⅰ、Ⅱ类场地	8 度Ⅲ、Ⅳ类场地和 9 度Ⅰ、Ⅱ类场地	9 度Ⅲ、Ⅳ类场地
上柱支撑	250	250	200	150
下柱支撑	200	200	150	150

4）连接节点

屋架（屋面梁）与柱顶的连接有焊接、螺栓连接和钢板铰连接 3 种形式。焊接连接的构造接近刚性，变形能力差。故 8 度时宜采用螺栓，9 度时宜采用钢板铰，亦可采用螺栓；屋架（屋面梁）端部支承垫板的厚度不宜小于 16 mm。

柱顶预埋件的锚筋，8 度时不宜少于 $4\phi14$，9 度时不宜少于 $4\phi16$，有柱间支撑的柱子，柱顶预埋件尚应增设抗剪钢板。

山墙抗风柱的柱顶，应设置预埋板，使柱顶与端屋架上弦（屋面梁上翼缘）可靠连接。连接部位应在上弦横向支撑与屋架的连接点处，不符合时可在支撑中增设次腹杆或设置型钢横梁，将水平地震作用传至节点部位。

支承低跨屋盖的中柱牛腿（柱肩）的构造应符合下列要求：牛腿顶面的预埋件，应与牛腿（柱肩）中按计算承受水平拉力部分的纵向钢筋焊接，且焊接的钢筋，6 度和 7 度时不应少于 $2\phi12$，8 度时不应少于 $2\phi14$，9 度时不应少于 $2\phi16$。

柱间支撑与柱连接节点预埋件的锚接，8 度Ⅲ、Ⅳ类场地和 9 度时，宜采用角钢加端板，其他情况可采用不低于 HRB 335 级的热轧钢筋，但锚固长度不应小于 30 倍锚筋直径或增设端板。

厂房中的吊车走道板、端屋架与山墙间的填充小屋面板、天沟板、天窗端壁板和天窗侧板下的填充砌体等构件应与支承构件有可靠的连接。

基础梁的稳定性较好，一般不需采用连接措施。但在 8 度Ⅲ、Ⅳ类场地和 9 度时，相邻基础梁之间应采用现浇接头，以提高基础梁的整体稳定性。

本章小结

1. 结合单层钢筋混凝土柱厂房震害现象的分析，为减轻震害，不仅需要考虑各结构构件的抗震能力，还需要考虑结构整体的抗震能力。在结构的体型及总体布置等方面采取有效的措施，提高厂房的整体抗震性能，包括合理选用和设置屋盖体系（天窗架、屋架及屋盖支撑）、结构构件（排架柱及柱间支撑）以及围护墙体，满足抗震设防的基本要求。

2. 对单层钢筋混凝土柱厂房的抗震计算，需要按横向、纵向两种地震作用情况分别进行，验算各构件的抗震承载力。横向抗震分析时，一般采用平面排架体系计算，而进行纵向抗震分析时，对于单跨或等高多跨的钢筋混凝土柱厂房，可以使用较为简便的修正刚度法。

3. 横向抗震分析采用平面排架体系计算时，单层单跨和单层等高多跨厂房将厂房质量集中于柱屋盖标高处,使其简化为单质点体系。横向水平地震作用的计算可采用底部剪力法进行,并对排架柱的地震剪力和弯矩进行调整,以考虑空间工作、扭转及吊车桥架的影响。

4. 采用修正刚度法进行单层厂房结构的纵向抗震分析时,取整个抗震缝区段为纵向计算单元,按整体计算基本周期和纵向地震作用,求出纵向地震作用后,考虑到围护墙及柱间支撑对厂房空间作用的影响,对柱列的纵向侧移刚度进行修正,再按修正后的柱列刚度在各柱列间分配地震作用,使得结果逼近于按空间分析的结果。算出柱列的纵向地震作用,并求出纵向构件侧移刚度后,就可将地震作用按刚度比例分配给柱列中的各个构件,从而对各构件进行抗震承载力验算。

5. 需要对屋盖系统、柱与柱间支撑以及隔墙和围护墙体采取必要的抗震构造措施,满足抗震设防的要求。

7.1 单层厂房在平面布置上有何要求?

7.2 如何进行单层厂房的横向抗震计算?

7.3 如何进行单层厂房的纵向抗震计算?

7.4 简述厂房柱间支撑的设置构造要求。

7.5 简述厂房系杆的设置及构造要求。

8 隔震与消能减震及非结构构件抗震设计

本章主要介绍了隔震与消能减震设计及非结构构件的抗震设计,主要内容包括:结构隔震的概念和原理、隔震系统的组成、隔震结构的设计方法;消能减震的原理和概念、减震的装置和部件、消能减震的设计方法和步骤以及非结构构件的抗震要求和措施。学习时要求理解隔震、消能减震的基本原理;掌握隔震结构与消能减震结构的设计与计算方法;了解非结构构件的计算要求与抗震措施。

8.1 概述

传统的抗震设计方法依靠结构的强度、刚度和延性来抗御地震作用,称之为"抗震设计"。这种设计,结构处于被动承受地震作用的地位,是一种消极设计方法。随着社会的发展,对结构物提出了比以往更为严格的抗震安全性和适用性要求。传统的抗震设计方法,通过发展延性消耗输入到结构内部的能量,会使结构产生过大变形并导致结构损伤或非结构构件的损坏,对于有严格要求的重要结构往往难以满足变形条件。为此,世界各国地震工程学者探索和发展了一种积极抗震设计方法,这就是以结构隔震、减震、制振技术为特点的结构振动控制设计方法。

结构振动控制主要可分为基础隔震、被动耗能减震、主动和半主动控制、混合控制。基础隔震就是在上部结构与基础之间设置某种隔震消能装置,以减小地震能量向上部的传输,从而达到减小上部结构振动的目的。被动耗能减震则是通过在建筑物中设置消能部件(消能部件可由消能器及斜撑、填充墙、梁或节点等组成),使地震输入到建筑物的能量一部分被消能部件所消耗,一部分由结构的动能和变形能承担,以此来达到减少结构地震反应的目的。主动控制体系是利用外部能源,在结构振动过程中,瞬时改变结构的动力特性并施加控制力以衰减结构反应的控制系统。半主动控制是以被动控制为基础,利用控制机构来主动调节系统内部的参数,对被动控制系统的工作状态进行切换,使结构控制处于最优状态。混合控制是主动控制和被动控制的联合应用,使其协调起来共同工作。结构振动的智能控制是国际振动控制研究的前沿领域。由智能材料制成的智能可调阻尼器和智能材料驱动器构造简单、调节驱动容易、耗能小、反应迅速、几乎无时滞,在结构主动控制、半主动控制、被动控制中有广阔的应用前景。

　　在以上各项减震技术中,基础隔震和被动耗能减震是目前发展比较成熟的结构控制技术。许多国家,如美国、日本,陆续出台了与之相应的规范或标准,这标志着这些技术进入了推广应用的实用化阶段。本章重点讲述结构隔震和消能减震的思想、原理和设计方法。

8.2　结构隔震设计

8.2.1　结构隔震的概念和原理

1）隔震的概念

　　在建筑物基础与上部结构之间设置隔震装置（或系统）形成隔震层,把房屋结构与基础隔离开来,利用隔震装置来隔离或耗散地震能量以避免或减少地震能量向上部结构传输,以减少建筑物的地震反应,实现地震时建筑物只发生轻微运动和变形,从而使建筑物在地震作用下不损坏或倒塌。图 8-1 为隔震结构的模型图。隔震系统一般由隔震器、阻尼器等构成,它具有竖向刚度大、水平刚度小,能提供较大阻尼的特点。

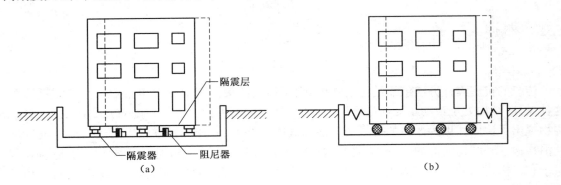

图 8-1　隔震结构的模型图

2）隔震的原理

　　通过设置隔震装置系统形成隔震层,延长结构的周期,适当增加结构的阻尼,使结构的加速度反应大大减少,同时使结构的位移集中于隔震层,上部结构像刚体一样,自身相对位移很小,结构基本上处于弹性工作状态,从而建筑物不产生破坏或倒塌。

8.2.2　隔震系统的组成

　　隔震系统一般由隔震器、阻尼器、地基微震动与风反应控制装置等部分组成。

　　隔震器的主要作用是在竖向支撑建筑物的重量,以及在水平方向具有弹性,能提供一定的水平刚度,延长建筑物的基本周期,以避开地震动的卓越周期,降低建筑物的地震反应,并提供较大的变形能力和自复位能力。

　　阻尼器的主要作用是吸收或耗散地震能量,抑制结构产生大的位移反应,同时在地震终了时帮助隔震器迅速复位。

地基微震动与风反应控制装置的主要作用是增加隔震系统的初期刚度,使建筑物在风荷载或轻微地震作用下保持稳定。

常用的隔震器有叠层橡胶支座、螺旋弹簧支座、摩擦滑移支座等。目前国内外应用最广泛的是叠层橡胶支座,它又可分为普通橡胶支座、铅芯橡胶支座、高阻尼橡胶支座等。

常用的阻尼器有弹塑性阻尼器、黏弹性阻尼器、黏滞阻尼器、摩擦阻尼器等。

常用的隔震系统主要有叠层橡胶支座隔震系统、摩擦滑移加阻尼器隔震系统、摩擦滑移摆隔震系统等。

8.2.3 隔震结构的设计要点

1) 隔震结构方案的采用

应根据建筑抗震设防类别、抗震设防烈度、场地条件、建筑结构方案和建筑使用要求,与采用抗震设计的设计方案进行技术、经济可行性的对比分析后,确定其设计方案。需要减少地震作用的多层砌体和钢筋混凝土框架等结构类型的房屋,采用隔震设计时应符合下列各项要求:

(1)结构高宽比宜小于4,且不应大于相关规程规范对非隔震结构的具体规定,其变形特征接近剪切变形,最大高度应满足抗震规范非隔震结构的要求;高宽比大于4或非隔震结构相关规定的结构采用隔震设计时,应进行专门研究。

(2)建筑场地宜为Ⅰ、Ⅱ、Ⅲ类,并应选用稳定性较好的基础类型。

(3)风荷载和其他非地震作用的水平荷载标准值产生的总水平力不宜超过结构总重力的10%。

(4)隔震层应提供必要的竖向承载力、侧向刚度和阻尼;穿过隔震层的设备配管、配线,应采用柔性连接或其他有效措施适应隔震层的罕遇地震水平位移。

隔震层宜设在结构第一层以下的部位。

2) 隔震结构的抗震计算

(1)隔震结构的地震作用计算

① 隔震体系的计算简图可采用剪切型结构模型(见图8-2)。当上部结构的质心与隔震层刚度中心不重合时应计入扭转变形的影响。隔震层顶部的梁板结构,对钢筋混凝土结构应作为其上部结构的一部分进行计算和设计。

② 一般情况下,宜采用时程分析法进行计算;砌体结构及基本周期与其相当的结构可以采用底部剪力法。

③ 隔震层以上结构的地震作用计算,应符合下列规定:

a. 水平地震作用沿高度可采用矩形分布;一般情况下,水平向减震系数应根据结构隔震与非隔震两种情况下各层层间剪力的最大比值,按表8-1确定。

b. 水平向减震系数不宜低于0.25,且隔震后结构的总水平地震作用不得低于非隔震结构在6度设防时的总水平地震作用;各楼层

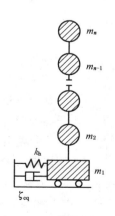

图 8-2　隔震结构计算简图

的水平地震剪力尚应符合有关最小地震剪力系数的规定。

　c. 9 度时和 8 度且水平向减震系数为 0.25 时,隔震层以上的结构应进行竖向地震作用的计算;8 度且水平向减震系数不大于 0.5 时,宜进行竖向地震作用的计算。

表 8-1　层间剪力最大比值与水平向减震系数的对应关系

层间剪力最大比值	0.53	0.35	0.26	0.18
水平向减震系数	0.75	0.5	0.38	0.25

　(2) 隔震层的抗震计算

　隔震支座应进行竖向承载力的验算和罕遇地震下水平位移的验算。

　① 橡胶隔震支座平均压应力限值和拉应力规定

　橡胶支座的平均压应力限值是保证隔震层在罕遇地震作用下强度和稳定的重要指标,它是设计或选用隔震支座的关键因素之一。《建筑抗震设计规范》规定,橡胶隔震支座在重力荷载代表值的竖向压应力设计值,不应超过表 8-2 的规定。

表 8-2　橡胶隔震支座压应力限值

建筑类型	甲类建筑	乙类建筑	丙类建筑
压应力限值(MPa)	10	12	15

注:① 压应力设计值应按永久荷载和可变荷载组合计算,对需验算倾覆的结构应包括水平地震作用效应组合;对需进行竖向地震作用计算的结构,尚应包括竖向地震作用效应组合。

　② 当橡胶支座的第二形状系数(有效直径与各橡胶层总厚度之比)小于 5.0 时应降低压应力限值:小于 5 不小于 4 时降低 20%,小于 4 不小于 3 时降低 40%。

　③ 外径小于 300 mm 的橡胶支座,其压应力限值对丙类建筑为 10 MPa。

　② 隔震支座的水平剪力

　隔震支座的水平剪力应根据隔震层在罕遇地震作用下的水平剪力按各隔震支座的水平刚度分配。当考虑扭转时,尚应计及隔震支座的扭转刚度。

　③ 隔震支座在罕遇地震作用下的水平位移验算

　隔震支座在罕遇地震作用下的水平位移,应符合下列要求:

$$u_i \leqslant [u_i] \tag{8-1}$$

$$u_i = \beta_i u_c \tag{8-2}$$

式中:u_i——罕遇地震作用下第 i 个隔震支座考虑扭转的水平位移;

　　　$[u_i]$——第 i 个隔震支座的水平位移限值;对橡胶隔震支座,不应超过该支座有效直径的 0.55 倍和支座各橡胶层总厚度 3.0 倍二者的较小值;

　　　u_c——罕遇地震下隔震层质心处或不考虑扭转的水平位移;

　　　β_i——第 i 个隔震支座的扭转影响系数,应取考虑扭转和不考虑扭转时 i 支座计算位移的比值;当隔震层以上结构的质心与隔震层刚度中心在两个主轴方向均无偏心时,边支座的扭转影响系数不应小于 1.15。

　(3) 基础及隔震层以下结构的设计

　隔震层以下结构(包括地下室)的地震作用和抗震验算,应采用罕遇地震下隔震支座底部的竖向力、水平力和力矩进行计算,基础设计时不考虑隔震产生的减震效应。隔震建筑地基基础的抗震验算和地基处理仍应按本地区抗震设防烈度进行,甲、乙类建筑的抗液化措施应按提高一个液化等级确定,直至全部消除液化沉陷。

(4)竖向地震作用的计算

考虑到隔震层不能隔离结构的竖向地震作用,隔震结构的竖向地震作用可能大于水平地震作用,因此,竖向地震的影响不可忽略。

《建筑抗震设计规范》规定,当抗震设防烈度为 9 度时,或 8 度且水平向减震系数不大于 0.3 时,隔震层以上的结构应进行竖向地震作用的计算。

3)隔震结构的构造要求

隔震结构应满足如下构造要求:

(1)隔震层以上结构应采取不阻碍隔震层在罕遇地震下发生大变形的下列措施:

① 上部结构的周边应设置竖向隔离缝,缝宽不宜小于各隔震支座在罕遇地震下的最大水平位移值的 1.2 倍且不小于 200 mm。对两相邻隔震结构,其缝宽取最大水平位移值之和,且不小于 400 mm。

② 上部结构与下部结构之间,应设置完全贯通的水平隔离缝,缝高可取 20 mm,并用柔性材料填充;当设置水平隔离缝确有困难时,应设置可靠的水平滑移垫层。

③ 穿越隔震层的门廊、楼梯、电梯、车道等部位,应防止可能的碰撞。

(2)隔震层顶部应设置梁板式楼盖,且应符合下列要求:

① 隔震支座的相关部位应采用现浇混凝土梁板结构。现浇板厚度不应小于 160 mm。

② 隔震层顶部梁、板的刚度和承载力,宜大于一般楼盖梁板的刚度和承载力。

③ 隔震支座附近的梁、柱应计算冲切和局部承压,加密箍筋并根据需要配置网状钢筋。

(3)隔震支座和阻尼器的连接构造,应符合下列要求:

① 隔震支座和阻尼装置应安装在便于维护人员接近的部位。

② 隔震支座与上部结构、下部结构之间的连接件,应能传递罕遇地震下支座的最大水平剪力和弯矩。

③ 外露的预埋件应有可靠的防锈措施。预埋件的锚固钢筋应与钢板牢固连接,锚固钢筋的锚固长度宜大于 20 倍锚固钢筋直径,且不应小于 250 mm。

8.3　结构消能减震设计

8.3.1　消能减震概念与原理

1)消能减震技术的概念

结构消能减震技术是在结构的抗侧力构件中设置消能部件,这些部件通常由阻尼器、耗能支撑等组成。当结构承受地震作用时,消能部件产生弹塑性滞回变形,吸收并消耗地震输入结构中的能量,以减少主体结构的地震响应,从而避免结构的破坏或倒塌,达到减震控震的目的。装有消能装置的结构物为消能减震结构。

2）消能减震的原理

消能减震的原理可以从能量的角度来描述,如图 8-3 所示,结构在地震中任意时刻的能量方程为:

传统抗震结构:

$$E_{in} = E_V + E_K + E_C + E_S \tag{8-3}$$

消能减震结构:

$$E_{in} = E_V + E_K + E_C + E_S + E_D \tag{8-4}$$

式中:E_{in}——地震过程中输入结构体系的能量;

E_V——结构体系的动能;

E_K——结构体系的弹性应变能(势能);

E_C——结构体系本身的阻尼耗能;

E_S——结构构件的弹塑性变形(或损坏)消耗的能量;

E_D——消能(阻尼)装置或耗能部件耗散或吸收的能量。

在上述能量方程中,E_V 和 E_K 仅仅是能量转换,不产生耗能;E_C 只占总能量的很小部分,可以忽略不计。在传统的抗震结构中,主要依靠 E_S 消耗输入结构的地震能量。但结构构件在利用自身弹塑性变形消耗地震能量的同时,构件将受到损伤甚至破坏。结构构件耗能越多,则破坏越严重。在消能减震结构体系中,消能装置或部件在主体结构进入非弹性状态前率先进入耗能工作状态,充分发挥耗能作用,消耗掉输入结构体系的大量地震能量,使结构本身消耗很少的能量,这意味着结构反应将大大减小,从而有效地保护了主体结构,使其不再受到损伤或破坏。试验表明,消能装置可消耗地震总输入能量的 90% 以上。

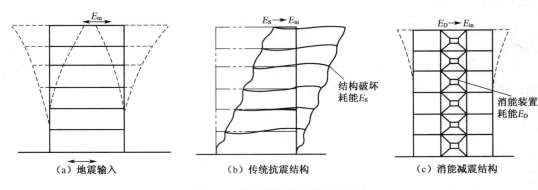

（a）地震输入　　　　　（b）传统抗震结构　　　　　（c）消能减震结构

图 8-3　结构能量转换途径对比

由于消能减震结构具有减震机理明确、减震效果显著、安全可靠、经济合理、适用范围广等特点,目前已被成功用于工程结构的减震控制中。

8.3.2　消能减震装置与部件

消能减震装置的种类很多,根据消能机制的不同可分为摩擦消能器、金属屈服阻尼器、铅

挤压阻尼器、黏弹性阻尼器和黏滞阻尼器等,根据消能器耗能的依赖性可主要分为速度相关型
(如黏弹性阻尼器和黏滞阻尼器)和位移相关型(如摩擦消能器、金属屈服阻尼器、铅挤压阻尼
器)等,见图 8-4 和图 8-5。

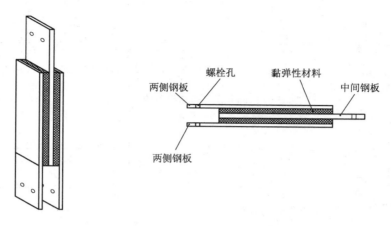

图 8-4 黏弹性阻尼器

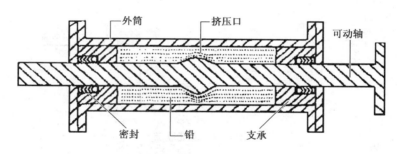

图 8-5 铅挤压阻尼器

消能部件可由消能器及斜撑、墙体、梁或节点等支承构件组成,如图 8-6~图 8-9 所示。
消能减震设计时,应根据罕遇地震下的预期结构位移控制要求,设置适当的消能部件。

消能部件可根据需要沿结构的两个主轴方向分别设置。消能部件宜设置在层间变形较大
的位置,其数量和分布应通过综合分析合理确定,并有利于提高整个结构的消能减震能力,形
成均匀合理的受力体系。

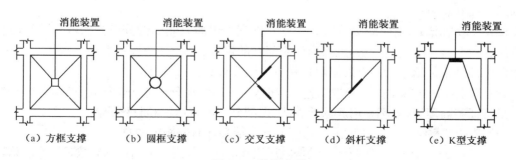

图 8-6 消能支撑

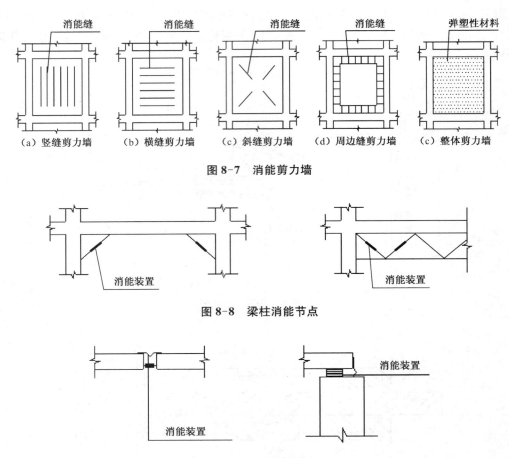

（a）竖缝剪力墙　　（b）横缝剪力墙　　（c）斜缝剪力墙　　（d）周边缝剪力墙　　（c）整体剪力墙

图 8-7　消能剪力墙

图 8-8　梁柱消能节点

图 8-9　消能联结

8.3.3　消能减震结构的设计要点

1）消能减震的设计原则

（1）出于加上消能部件后不改变主体承载结构的基本形式，除消能部件外的结构设计仍应符合《建筑抗震设计规范》相应类型结构的要求。因此，计算消能减震结构的关键是确定结构的总刚度和总阻尼。

（2）一般情况下，消能减震结构的计算分析宜采用静力非线性分析方法或非线性时程分析方法。对非线性时程分析法，宜采用消能部件的恢复力模型计算；对静力非线性分析法，可采用消能部件附加给结构的有效阻尼比和有效刚度计算。

（3）当主体结构基本处于弹性工作阶段时，可采用线性分析方法作简化估算，并根据结构的变形特征和高度等，分别采用底部剪力法、振型分解反应谱法和时程分析法。

（4）消能减震结构的总刚度为结构刚度和消能部件有效刚度的总和。

（5）消能减震结构的总阻尼比为结构阻尼比和消能部件附加给结构的有效阻尼比的总和。

（6）消能减震结构的层间弹塑性位移角限值，应符合预期的变形控制要求，宜比非消能减震结构适当减小。

2）消能部件附加给结构的有效刚度和有效阻尼比的确定

对非线性时程分析法,消能部件附加给结构的有效刚度和有效阻尼比宜采用消能部件的恢复力模型计算。

当采用底部剪力法、振型分解反应谱法和静力非线性分析法时,消能器的有效刚度可取消能器的恢复力滞回环在相对水平位移 Δu_j 时的割线刚度。消能部件附加的有效阻尼比可按下式估算:

$$\zeta_a = W_c / (4\pi W_s) \tag{8-5}$$

式中:ζ_a——消能减震结构的附加有效阻尼比;

　　W_c——所有消能部件在结构预期位移下往复一周所消耗的能量;

　　W_s——设置消能部件的结构在预期位移下的总应变能。

W_c 和 W_s 可分别按下面规定计算:

（1）不计及扭转影响时,消能减震结构在其水平地震作用下的总应变能,可按下式估算:

$$W_s = (1/2) \sum F_i u_i \tag{8-6}$$

式中:F_i——质点 i 的水平地震作用标准值;

　　u_i——质点 i 对应于水平地震作用标准值的位移。

（2）速度线性相关型消能器在水平地震作用下所消耗的能量,可按下式估算:

$$W_c = (2\pi^2 / T_1) \sum C_j \cos^2 \theta_j \Delta u_j^2 \tag{8-7}$$

式中:T_1——消能减震结构的基本自振周期;

　　C_j——第 j 个消能器由试验确定的线性阻尼系数;

　　θ_j——第 j 个消能器的消能方向与水平面的夹角;

　　Δu_j——第 j 个消能器两端的相对水平位移。

当消能器的阻尼系数和有效刚度与结构振动周期有关时,可取相应于消能减震结构基本自振周期的值。

（3）位移相关型、速度非线性相关型和其他类型消能器在水平地震作用下所消耗的能量,可按下式估算:

$$W_c = A_j \tag{8-8}$$

式中:A_j——第 j 个消能器的恢复力滞回环在相对水平位移 Δu_j 时的面积。

3）消能部件的性能要求

消能部件应满足下列要求:

（1）消能器应具有足够的吸收和耗散地震能量的能力和恰当的阻尼。消能部件附加给结构的有效阻尼比宜大于 10%,超过 25% 时宜按 25% 计算。

（2）消能部件应具有足够的初始刚度,并满足下列要求:

① 速度线性相关型消能器与斜撑、墙体或梁等支承构件组成消能部件时,该支承构件在消能器消能方向的刚度可按下式计算:

$$K_b = (6\pi / T_1) C_v \qquad\qquad (8-9)$$

式中：K_b——支承构件在消能器方向的刚度；

$\quad$ C_v——消能器由试验确定的相应于结构基本自振周期的线性阻尼系数；

$\quad$ T_1——消能减震结构的基本自振周期。

② 位移相关型消能器应由往复静力加载确定设计容许位移、极限位移和恢复力模型参数。位移相关型消能器与斜撑、墙体或梁等支承构件组成消能部件时，该部件的恢复力模型参数宜符合下列要求：

$$\Delta u_{py}/\Delta u_{sy} \leqslant 2/3 \qquad\qquad (8-10)$$

$$(K_p / K_s)(\Delta u_{py}/\Delta u_{sy}) \geqslant 0.8 \qquad\qquad (8-11)$$

式中：K_p——消能部件在水平方向的初始刚度；

$\quad$ Δu_{py}——消能部件的屈服位移；

$\quad$ K_s——设置消能部件的结构楼层侧向刚度；

$\quad$ Δu_{sy}——设置消能部件的结构层间屈服位移。

（3）消能器与斜撑、墙体、梁或节点等支承构件的连接，应符合钢构件连接或钢与钢筋混凝土构件连接的构造要求，并能承担消能器施加给连接节点的最大作用力。

（4）与消能部件相连的结构构件，应计入消能部件传递的附加内力，并将其传递到基础。

（5）消能器和连接构件应具有耐久性能和较好的易维护性。

8.3.4　消能减震结构的设计步骤

消能减震结构的设计步骤可概括如下：

（1）根据建筑物的重要性标准、设防烈度、场地条件等因素，结合罕遇地震作用下的预期结构位移控制要求，确定结构的减震要求。

（2）根据结构的减震要求，初步选定结构构件的断面尺寸，对主体结构进行初步设计。

（3）选择消能装置，确定其数量、布置和所能提供的阻尼的大小，设计相应的消能构件。

（4）根据设计要求和规范要求选择合适的分析方法，如底部剪力法、振型分解法和时程分析法等，进行消能减震结构的抗震设计。

（5）在满足设计的各项要求后，采取一定的构造措施，以保证减震结构的整体安全性。

8.4　非结构构件抗震设计

非结构构件包括持久性的建筑非结构构件和支承于建筑结构的附属机电设备。建筑非结构构件指建筑中除承重骨架体系以外的固定构件和部件，主要包括非承重墙体，附着于楼面和屋面结构的构件、装饰构件和部件，固定于楼面的大型储物架等。建筑附属机电设备指为现代建筑使用功能服务的附属机械、电气构件、部件和系统，主要包括电梯、照明和应急电源、通信设备，管道系统，采暖和空气调节系统，烟火监测和消防系统，公用天线等。

非结构构件应根据所属建筑的抗震设防类别和非结构地震破坏的后果及其对整个建筑结构影响的范围,采取不同的抗震措施,达到相应的性能化设计目标。

8.4.1 基本计算要求

(1)建筑结构抗震计算时,应按下列规定计入非结构构件的影响:

① 地震作用计算时,应计入支承于结构构件的建筑构件和建筑附属机电设备的重力。

② 对柔性连接的建筑构件,可不计入刚度;对嵌入抗侧力构件平面内的刚性建筑非结构构件,可采用周期调整等简化方法计入其刚度影响;一般情况下不应计入其抗震承载力,当有专门的构造措施时,尚可按有关规定计入其抗震承载力。

③ 支承非结构构件的结构构件,应将非结构构件地震作用效应作为附加作用对待,并满足连接件的锚固要求。

(2)非结构构件的地震作用计算方法,应符合下列要求:

① 各构件和部件的地震力应施加于其重心,水平地震力应沿任一水平方向。

② 一般情况下,非结构构件自身重力产生的地震作用可采用等效侧力法计算;对支承于不同楼层或防震缝两侧的非结构构件,除自身重力产生的地震作用外,尚应同时计及地震时支承点之间相对位移产生的作用效应。

③ 建筑附属设备(含支架)的体系自振周期大于 0.1 s 且其重力超过所在楼层重力的 1%,或建筑附属设备的重力超过所在楼层重力的 10%时,宜进入整体结构模型的抗震设计,也可采用楼面谱方法计算。其中,与楼盖非弹性连接的设备,可直接将设备与楼盖作为一个质点计入整个结构的分析中得到设备所受的地震作用。

对只在一个楼层有支点的附属系统,称为单支点系统,为简化计算,通过对大量建筑不同楼层上不同周期的附属系统反应的计算结果进行统计,直接给出附属系统的地震作用简化公式,即等效侧力法。采用等效侧力法时,水平地震作用标准值宜按下列公式计算:

$$F = \gamma \eta \zeta_1 \zeta_2 \alpha_{\max} G \tag{8-12}$$

式中:F——沿最不利方向施加于非结构构件重心处的水平地震作用标准值;

γ——非结构构件功能系数,由相关标准根据建筑设防类别和使用要求等确定;

η——非结构构件类别系数,由相关标准根据构件材料性能等因素确定;

ζ_1——状态系数,对预制建筑构件、悬臂类构件、支承点低于质心的任何设备和柔性体系宜取 2.0,其余情况可取 1.0;

ζ_2——位置系数,建筑的顶点宜取 2.0,底部宜取 1.0,沿高度线性分布;对要求采用时程分析法补充计算的结构,应按其计算结果调整;

$\alpha_{\max}$——地震影响系数最大值;

G——非结构构件的重力,应包括运行时有关的人员、容器和管道中的介质及储物柜中物品的重力。

楼面反应谱是计算非结构构件和设备地震作用的有效方法。其中楼面反应谱对应于结构设计所用地面反应谱,即反映支承非结构构件的结构自身动力特性、非结构构件所在楼层位置,以及结构和非结构阻尼特性对地面地震运动的放大作用。当采用楼面反应谱法时,非结

构件通常采用单质点模型,其水平地震作用标准值宜按下列公式计算:

$$F = \gamma\eta\beta_s G \tag{8-13}$$

式中:β_s——非结构构件的楼面反应谱值,取决于设防烈度、场地条件、非结构构件与结构体系之间的周期比、质量比和阻尼,以及非结构构件在结构的支承位置、数量和连接性质。通常将非结构构件简化为支承于结构的单质点体系,对支座间有相对位移的非结构构件则采用多支点体系,按专门方法计算。

(3)其他要求

① 非结构构件的地震作用效应(包括自身重力产生的效应和支座相对位移产生的效应)和其他荷载效应的基本组合,应按相关规定计算;幕墙需计算地震作用效应与风荷载效应的组合;容器类尚应计及设备运转时的温度、工作压力等产生的作用效应。

② 非结构构件抗震验算时,摩擦力不得作为抵抗地震作用的抗力;承载力抗震调整系数,连接件可采用 1.0,其余可按相关标准的规定采用。

8.4.2　建筑非结构构件的基本抗震措施

1)结构体系相关部位的要求

建筑结构中,设置连接幕墙、围护墙、隔墙、女儿墙、雨篷、商标、广告牌、顶篷支架、大型储物架等建筑非结构构件的预埋件、锚固件的部位,应采取加强措施,以承受建筑非结构构件传给主体结构的地震作用。

2)非承重墙体的抗震措施

非承重墙体的材料、选型和布置,应根据烈度、房屋高度、建筑体型、结构层间变形、墙体自身抗侧力性能的利用等因素,经综合分析后确定,并应符合下列要求:

(1)非承重墙体宜优先采用轻质墙体材料;采用砌体墙时,应采取措施减少对主体结构的不利影响,并应设置拉结筋、水平系梁、圈梁、构造柱等与主体结构可靠拉结。

(2)刚性非承重墙体的布置,应避免使结构形成刚度和强度分布上的突变;当围护墙非对称均匀布置时,应考虑质量和刚度的差异对主体结构抗震的不利影响。

(3)墙体与主体结构应有可靠的拉结,应能适应主体结构不同方向的层间位移;8、9 度时应具有满足层间变位的变形能力,与悬挑构件相连接时,尚应具有满足节点转动引起的竖向变形的能力。

(4)外墙板的连接件应具有足够的延性和适当的转动能力,宜满足在设防地震下主体结构层间变形的要求。

(5)砌体女儿墙在人流出入口和通道处应与主体结构锚固;非出入口无锚固的女儿墙高度,6～8 度时不宜超过 0.5 m,9 度时应有锚固。防震缝处女儿墙应留有足够的宽度,缝两侧的自由端应予以加强。

3)砌体墙的抗震措施

砌体墙应采取措施减少对主体结构的不利影响,并应设置拉结筋、水平系梁、圈梁、构造柱等与主体结构可靠拉结。

(1)多层砌体结构

多层砌体结构中,后砌的非承重隔墙应沿墙高每隔 500～600 mm 配置 2φ6 拉结钢筋与承重墙或柱拉结,每边伸入墙内不应少于 500 mm;8 度和 9 度时,长度大于 5 m 的后砌隔墙,墙顶尚应与楼板或梁拉结,独立墙肢端部及大门洞边宜设钢筋混凝土构造柱。

(2) 钢筋混凝土结构

钢筋混凝土结构中的砌体填充墙,宜与柱脱开或采用柔性连接,并应符合下列要求:

① 填充墙在平面和竖向的布置,宜均匀对称,宜避免形成薄弱层或短柱。

② 砌体的砂浆强度等级不应低于 M5,实心块体的强度等级不宜低于 MU2.5,空心块体的强度等级不宜低于 MU3.5,墙顶应与框架梁密切结合。

③ 填充墙应沿框架柱全高每隔 500～600 mm 设 2φ6 拉筋,拉筋伸入墙内的长度,6、7 度时宜沿墙全长贯通,8、9 度时应全长贯通。

④ 墙长大于 5 m 时,墙顶与梁宜有拉结;墙长超过 8 m 或层高 2 倍时,宜设置钢筋混凝土构造柱;墙高超过 4 m 时,墙体半高宜设置与柱连接且沿墙全长贯通的钢筋混凝土水平系梁。

(3) 单层钢筋混凝土柱厂房

单层钢筋混凝土柱厂房的砌体隔墙和围护墙应符合下列要求:

① 厂房的围护墙宜采用轻质墙板或钢筋混凝土大型墙板,砌体围护墙应采用外贴式并与柱可靠拉结;外侧柱距为 12 m 时应采用轻质墙板或钢筋混凝土大型墙板。

② 刚性围护墙沿纵向宜均匀对称布置,不宜一侧为外贴式,另一侧为嵌砌式或开敞式;不宜一侧采用砌体墙,另一侧采用轻质墙板。

③ 不等高厂房的高跨封墙和纵横向厂房交接处的悬墙宜采用轻质墙板,6、7 度采用砌体时,不应直接砌在低跨屋面上。

④ 砌体围护墙在下列部位应设置现浇钢筋混凝土圈梁:

a. 梯形屋架端部上弦和柱顶的标高处应各设一道,但屋架端部高度不大于 900 mm 时可合并设置。

b. 应按上密下稀的原则每隔 4 m 左右在窗顶增设一道圈梁,不等高厂房的高低跨封墙和纵墙跨交接处的悬墙,圈梁的竖向间距不应大于 3 m。

c. 山墙沿屋面应设钢筋混凝土卧梁,并应与屋架端部上弦标高处的圈梁连接。

⑤ 圈梁的构造应符合下列规定:

a. 圈梁宜闭合,圈梁截面宽度宜与墙厚相同,截面高度不应小于 180 mm;圈梁的纵筋,6～8 度时不应少于 4φ12,9 度时不应少于 4φ14。

b. 厂房转角处柱顶圈梁在端开间范围内的纵筋,6～8 度时不宜少于 4φ14,9 度时不宜少于 4φ16,转角两侧各 1 m 范围内的箍筋直径不宜小于 φ8,间距不宜大于 100 mm;圈梁转角处应增设不少于 3 根且直径与纵筋相同的水平斜筋。

c. 圈梁应与柱或屋架牢固连接,山墙卧梁应与屋面板拉结;顶部圈梁与柱或屋架连接的锚拉钢筋不宜少于 4φ12,且锚固长度不宜少于 35 倍钢筋直径,防震缝处圈梁与柱或屋架的拉结宜加强。

⑥ 墙梁宜采用现浇,当采用预制墙梁时,梁底应与砖墙顶面牢固拉结并应与柱锚拉;厂房转角处相邻的墙梁,应相互可靠连接。

(4) 单层钢结构厂房

单层钢结构厂房的砌体围护墙不应采用嵌砌式,8 度时尚应采取措施使墙体不妨碍厂房柱列沿纵向的水平位移。

(5) 其他

砌体女儿墙在人流出入口应与主体结构锚固;防震缝处应留有足够的宽度,缝两侧的自由端应予以加强。

4）其他措施

（1）各类顶棚的构件与楼板的连接件，应能承受顶棚、悬挂重物和有关机电设施的自重和地震附加作用；其锚固的承载力应大于连接件的承载力。

（2）悬挑雨篷或一端由柱支承的雨篷，应与主体结构可靠连接。

（3）玻璃幕墙、预制墙板、附属于楼屋面的悬臂构件和大型储物架的抗震构造，应符合相关专门标准的规定。

8.4.3 建筑附属机电设备支架的基本抗震措施

附属于建筑的电梯、照明和应急电源系统、烟火监测和消防系统、采暖和空气调节系统、通信系统、公用天线等与建筑结构的连接构件和部件的抗震措施，应根据设防烈度、建筑使用功能、房屋高度、结构类型和变形特征、附属设备所处的位置和运转要求等 ，按相关专门标准的要求经综合分析后确定。

1）小型设备无抗震设防要求

（1）重力不超过 1.8 kN 的设备。

（2）内径小于 25 mm 的煤气管道和内径小于 60 mm 的电气配管。

（3）矩形截面面积小于 0.38 m² 和圆形直径小于 0.70 m 的风管。

（4）吊杆计算长度不超过 300 mm 的吊杆悬挂管道。

2）建筑附属设备的布置

建筑附属设备不应设置在可能导致其使用功能发生障碍等二次灾害的部位；对于有隔振装置的设备，应注意其强烈振动对连接件的影响，并防止设备和建筑结构发生谐振现象。建筑附属机电设备的支架应具有足够的刚度和强度；其与建筑结构应有可靠的连接和锚固，应使设备在遭遇设防烈度地震影响后能迅速恢复运转。

3）管道、电缆、通风管和设备等

管道、电缆、通风管和设备的洞口设置，应减少对主要承重结构构件的削弱；洞口边缘应有补强措施。管道和设备与建筑结构的连接，应允许二者间有一定的相对变位。

4）基座或连接件

建筑附属机电设备的基座或连接件应能将设备承受的地震作用全部传递到建筑结构上。建筑结构中，用以固定建筑附属机电设备预埋件、锚固件的部位，应采取加强措施，以承受附属机电设备传给主体结构的地震作用。

5）高位水箱

建筑内的高位水箱应与所在的结构构件可靠连接，且应计及水对建筑结构产生的附加地震作用效应。

6）其他

在设防烈度地震下需要连续工作的附属设备，宜设置在建筑结构地震反应较小的部位；相关部位的结构构件应采取相应的加强措施。

本章小结

1. 结构振动控制主要可分为基础隔震、被动耗能减震、主动和半主动控制、混合控制。基底隔震是在建筑物基础与上部结构之间设置隔震装置(或系统)形成隔震层,把房屋结构与基础隔离开来,利用隔震装置来隔离或耗散地震能量以避免或减少地震能量向上部结构传输,以减少建筑物的地震反应,实现地震时建筑物只发生轻微运动和变形,从而使建筑物在地震作用下不损坏或倒塌。隔震装置由隔震器、阻尼器、复位装置组成,目前应用最多的隔震装置是叠层橡胶支座。

2. 隔震结构动力分析模型可根据具体情况运用单质点模型、多质点模型或空间模型。隔震体系水平位移主要集中在隔震层,可近似将上部结构当作一个刚体,将隔震结构简化为单质点模型分析。在分析上部结构的地震反应时,可以按照多质点模型采用底部剪力法或时程分析法进行计算。当采用底部剪力法分析时,隔震层上以结构的水平地震作用,沿高度可采用矩形分布。但应乘以水平向减震系数对水平地震影响系数最大值进行折减。

3. 结构消能减震和阻尼减震则是通过在建筑物中设置消能部件(消能部件可由消能器及斜撑、填充墙、梁或节点等组成),使地震输入到建筑物的能量一部分被消能部件所消耗,一部分由结构的动能和变形能承担,以此来达到减少结构地震反应的目的。消能减震装置的种类很多,根据消能机制的不同可分为摩擦消能器、金属屈服阻尼器、铅挤压阻尼器、黏弹性阻尼器和黏滞阻尼器等,根据消能器耗能的依赖性可主要分为速度相关型(如黏弹性阻尼器和黏滞阻尼器)和位移相关型(如摩擦消能器、金属屈服阻尼器、铅挤压阻尼器)等。

4. 主体结构加上消能部件后不改变主体承载结构的基本形式,计算消能减震结构的关键是确定消能部件附加给结构的有效刚度和有效阻尼比,进而可确定结构的总刚度和总阻尼比。消能减震结构的计算分析宜采用非线性时程分析法或静力非线性分析的方法。

5. 非结构构件包括持久性的建筑非结构构件和支承于建筑结构的附属机电设备。建筑非结构构件指建筑中除承重骨架体系以外的固定构件和部件,主要包括非承重墙体,附着于楼面和屋面结构的构件、装饰构件和部件、固定于楼面的大型储物架等。建筑附属机电设备指为现代建筑使用功能服务的附属机械、电气构件、部件和系统,主要包括电梯、照明和应急电源、通信设备、管道系统、采暖和空气调节系统、烟火监测和消防系统、公用天线等。

思 考 题

8.1　隔震结构与传统抗震结构的区别及联系是什么?

8.2　结构隔震的概念和原理是什么?

8.3　隔震系统由什么组成?

8.4　隔震结构的计算模型如何取?隔震结构的计算内容包括什么?

8.5　消能减震的概念和原理是什么?

8.6　消能部件附加给结构的有效刚度和有效阻尼比如何确定?

8.7　消能减震结构的设计步骤是什么?

8.8　建筑非结构构件的基本抗震措施有哪些?

参 考 文 献

[1] 建筑抗震设计规范(GB 50011—2010).北京:中国建筑工业出版社,2010

[2] 混凝土结构设计规范(GB 50010—2010).北京:中国建筑工业出版社,2011

[3] 高层建筑混凝土结构技术规程(JGJ3—2010).北京:中国建筑工业出版社,2011

[4] 中国地震动参数区划图(GB 18306—2001).北京:中国标准出版社,2001

[5] 张小云.建筑抗震.北京:高等教育出版社,2015

[6] 王显利.工程结构抗震设计.北京:机械工业出版社,2015

[7] 薛素铎,赵均,高向宇.建筑抗震设计(第三版).北京:科学出版社,2012

[8] 李国强,李杰,苏小卒.建筑结构抗震设计(第二版).北京:中国建筑工业出版社,2008

[9] 王社良.抗震结构设计(第3版).武汉:武汉理工大学出版社,2007

[10] 周云,等.土木工程抗震设计.北京:科学出版社,2005

[11] 郭继武.建筑抗震设计(第二版).北京:中国建筑工业出版社,2008

[12] (美)乔普拉.结构动力学:理论及其在地震工程中的应用(第2版).谢礼立,吕大刚,等,译.北京:高等教育出版社,2007

[13] 祝英杰.建筑抗震设计.北京:中国电力出版社,2006

[14] 熊丹安.建筑抗震设计简明教程.广州:华南理工大学出版社,2006

[15] 王亚勇.建筑抗震设计规范算例.北京:中国建筑工业出版社,2006

[16] 柳炳康,沈小璞.工程结构抗震设计(精编本).武汉:武汉理工大学出版社,2005

[17] 艾伦·威廉斯.建筑与桥梁抗震设计.北京:中国水利水电出版社,2002

[18] 吕西林,周德源,李恩明.建筑结构抗震设计理论与实例.上海:同济大学出版社,2002

[19] 高小旺,龚思礼,等.建筑抗震设计规范理解与应用.北京:中国建筑工业出版社,2002

[20] T.鲍雷,M.J.N.普里斯特利.钢筋混凝土和砌体结构的抗震设计.戴瑞同,陈世鸣,林宗凡,等,译.北京:中国建筑工业出版社,1999

[21] 龚思礼.建筑抗震设计手册(第二版).北京:中国建筑工业出版社,2002

[22] 李爱群,丁幼亮,高振世.工程结构抗震设计.北京:中国建筑工业出版社,2005

[23] 窦立军.建筑结构抗震.北京:机械工业出版社,2006